水稻植质钵育机械化栽培技术体系研究

Study on Mechanized Cultivation Technology System of Seedling-Growing Tray Made of Paddy-Straw

汪 春 著

科学出版社

北 京

内 容 简 介

水稻植质钵育机械化栽培技术是为解决目前中国水稻生产中遇到的一系列问题而开发的一种新型水稻栽培模式。本书汇集了有关该项技术多年来的研究成果，详细介绍了水稻植质钵育秧盘模具开发、制备工艺及参数优化，以及水稻植质钵育秧盘蒸汽干燥理论研究及其装置与工艺开发；水稻植质钵育秧盘播种机相关理论研究与装置开发；水稻植质钵育栽植机改进；水稻植质钵育秧盘产业化实现及在水稻移栽上的综合利用与效益分析，各环节相互衔接，构建成熟的水稻植质钵育机械化栽培技术体系。水稻植质钵育机械化栽培技术的推广应用对中国粮食安全起着重要的保障作用，对提高中国水稻生产水平具有重要意义。

本书主要面向水稻种植户和广大水稻科学研究工作者。

图书在版编目 (CIP) 数据

水稻植质钵育机械化栽培技术体系研究／汪春著.—北京：科学出版社，2013.11
ISBN 978-7-03-038772-1

Ⅰ.①水… Ⅱ.①汪… Ⅲ.①水稻-机械化栽培-技术体系-研究 Ⅳ.①S511.048

中国版本图书馆 CIP 数据核字（2013）第 234979 号

责任编辑：罗 静 王 静 白 雪／责任校对：宣 慧
责任印制：钱玉芬／封面设计：北京美光制版有限公司

科学出版社 出版
北京东黄城根北街 16 号
邮政编码：100717
http://www.sciencep.com

北京通州皇家印刷厂 印刷
科学出版社发行 各地新华书店经销

*

2013 年 11 月第 一 版 开本：787×1092 1/16
2013 年 11 月第一次印刷 印张：15 1/2
字数：312 000

定价：128.00 元
（如有印装质量问题，我社负责调换）

作 者 简 介

汪春教授（1963～　），延寿县人，博士，黑龙江八一农垦大学博士生导师，黑龙江省重点学科农业工程带头人梯队带头人，国务院特殊津贴及全国"五一"劳动奖章获得者；多年来主持国家级课题 5 项、省部级课题 10 项，课题鉴定 15 项，获得各级奖励 8 项，其中黑龙江省科学技术进步奖一等奖 2 项（第 1 名）、三等奖 2 项（第 1 名），全国农牧渔业丰收奖一等奖 1 项（第 1 名），神农中华农业科技奖三等奖 1 项（第 1 名）；获得专利 22 项，其中发明专利 4 项；出版专著 2 部，在国际学术交流会上发表论文 3 篇，在国内期刊上发表论文 40 余篇，其中 EI 收录 12 篇；曾获得全国先进工作者、全国农业科技推广标兵、全国农业机械化与设施农业工程技术专家库专家、黑龙江省垦区优秀专家、黑龙江省数字化农业研究领域首席专家、黑龙江省第八届劳动模范、第三届黑龙江省青年科技奖等荣誉称号。

前　言

为突破中国水稻生产遇到的瓶颈，以及由于成本高、操作难等原因日本钵育栽培技术难以在中国大面积推广应用等问题，结合中国农村实际，瞄准水稻栽培技术发展前沿，灵活运用钵育理念，课题组历经 10 余年成功地构建了具有中国特色的钵育栽培技术体系，即水稻植质钵育机械化栽培技术体系，并将其大面积推广应用。

水稻植质钵育机械化栽培技术体系特色体现在：一是发明水稻植质钵育秧盘，以水稻秸秆为原材料，可以分别通过冷压和热压 2 种方法制备水稻植质钵育秧盘，并以此开发出水稻植质钵育秧盘蒸汽干燥装置；二是研制出适合水稻植质钵育秧盘的播种机，采用气吸和型孔板充种 2 种方式，充种率高、种量均匀、投种准确；三是研制出植质钵育栽植机，对现有插秧机进行必要的改造，从而满足常规技术和植质钵育机械化栽培技术的双重技术要求，实现一机双用。

本书正是对以上内容的详细介绍。第 1 章主要阐述项目研究的目的、意义及相关背景；第 2 章和第 3 章主要介绍水稻植质钵育秧盘制备装置、制备工艺及参数优化；第 4 章至第 6 章详细地介绍水稻植质钵育秧盘蒸汽干燥相关理论、装置开发和工艺及参数优化；第 7 章对水稻植质钵育秧盘产业化实现和效益进行了阐述和分析；第 8 章主要介绍水稻植质钵育秧盘气吸式播种机相关理论研究、装置设计和试验研究；第 9 章主要介绍水稻植质钵育秧盘型孔式播种机相关理论研究、装置设计和参数优化；第 10 章主要阐述基于现有 2 种类型插秧机对水稻植质钵育栽植机的改进；第 11 章介绍水稻植质钵育机械化栽培技术各环节操作规程；第 12 章全面介绍水稻植质钵育机械化栽培技术体系在水稻移栽上的综合利用，并对其进行经济效益分析。

水稻植质钵育机械化栽培技术在研究和推广应用过程中，得到有关领导的大力支持，中国工程院蒋亦元院士、汪懋华院士和罗锡文院士莅临研究基地进行项目指导；黑龙江省吕维峰副省长、农业部农垦局李伟国局长、时任黑龙江省农垦总局局长的隋凤富等领导多次来研究基地视察工作，对项目提出了具体的建议和要求，在此深表感谢。该项目在研究过程中也得到了社会各界、黑龙江八一农垦大学各级领导和相关老师的大力支持，在此一并表示感谢，尤其向对项目付出巨大心血而早逝的丁元贺老师、李金峰老师和汪斌先生鞠躬以表谢意。

本书在写作过程中难免出现错误，敬请广大读者批评指正。

汪　春

于黑龙江八一农垦大学水稻植质钵育机械化栽培技术研究中心

2013 年 3 月 26 日

水稻植质钵育机械化栽培技术体系大事记

第Ⅰ代水稻植质钵育秧盘（2006 年）

汪春教授与中国工程院蒋亦元院士（左）探讨水稻植质钵育秧盘（2007 年）

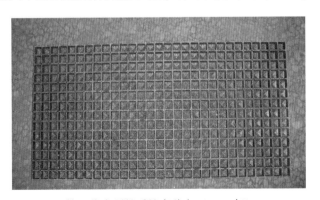

第Ⅱ代水稻植质钵育秧盘（2007 年）

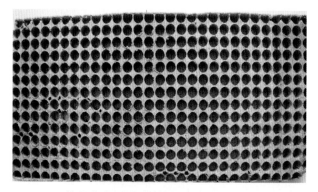

第Ⅲ代水稻植质钵育秧盘（2007 年）

水稻植质钵育秧盘联合精量真空播种机（2007 年）

基于 2ZT-9356 插秧机改进的水稻植质钵育栽植机（2007 年）

黑龙江省副省长（左二）吕维峰莅临黑龙江八一农垦大学水稻植质钵育机械化
栽培技术研究基地指导工作（2008 年）

农业部农垦局局长李伟国（左二）莅临黑龙江八一农垦大学水稻植质钵育机械化
栽培技术研究基地指导工作（2008 年）

时任黑龙江省农垦总局党委书记、局长的隋凤富（前排左三）莅临黑龙江八一农垦
大学水稻植质钵育机械化栽培技术研究基地指导工作（2008 年）

科技部农村科技司副司长贾敬敦（左一）莅临黑龙江八一农垦大学水稻植质钵育机械化
栽培技术研究基地指导工作（2008年）

第Ⅰ代水稻植质钵育秧盘型孔式播种机（2008年）

第Ⅱ代水稻植质钵育秧盘型孔式播种机（2008年）

第Ⅳ代水稻植质钵育秧盘（2009 年）

水稻植质钵育秧盘产业化生产基地（热压）（2010 年）

第Ⅴ代水稻植质钵育秧盘（2011 年）

水稻植质钵育秧盘产业化生产基地（冷压）（2011 年）

水稻植质钵育秧盘圆式蒸汽干燥装置（2011 年）

水稻植质钵育秧盘厢式蒸汽干燥装置（2011 年）

第Ⅲ代水稻植质钵育秧盘型孔式播种机（2011 年）

第Ⅳ代水稻植质钵育秧盘型孔式播种机（2011 年）

基于东洋六行插秧机改进的水稻植质钵育栽植机（2012 年）

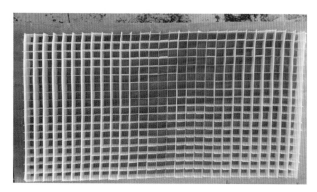

第Ⅵ代水稻植质钵育秧盘（2013 年）

中国工程院罗锡文院士（左二）视察水稻植质钵育机械化栽培技术三亚育秧基地（2013 年）

黑龙江八一农垦大学党委书记李佐同（左三）、副校长安增龙（右一）和工程学院院长
张伟（左二）视察水稻植质钵育机械化栽培技术三亚育秧基地（2013 年）

目　　录

第1章 绪 论

1.1 研究目的和意义

水稻是中国的主要粮食作物（小麦、玉米和水稻）之一，是与其他作物相比更具有经济效益的作物，其 2011 年产量约占中国粮食总产量的 30%；与小麦和玉米的种植方式相比，水稻的生长发育环境和种植技术措施最复杂、耕作栽培制度最精细、生产环节最多、栽培季节性最强，且其栽培所需劳动强度最大、用工量也最多（朱德峰等，2009）。中国是世界上最大的水稻生产和消费国，水稻生产不仅担负着确保国家粮食安全的重任，也肩负着实现种粮增效、稻农增收和推进新农村建设的重要使命，同时也是新阶段中国农业和农村经济发展的中心任务之一。人口增加和耕地减少是中国基本国情，预计到 2030 年，中国人口将达到 16 亿，粮食单产需在现有基础上提高 50% 以上才能满足粮食安全供给；并且，随着生活质量的提高，人类对稻米品质提出更高的要求。因此，研究和开发新型水稻栽培模式具有重要意义。

实践证明，钵育栽培技术模式是实现水稻增产和提高稻米品质的有效手段之一（陈恒高，2005）。

20 世纪 80 年代中期，日本钵育栽培技术引入中国（祝国虹等，2005）。该技术具有带土移栽、秧苗素质好、低节位分蘖多、成穗率高等优点，尤其能够解决中国北方寒冷地区由低温、返青慢等因素造成的低产问题，其明显的增产和稳产优势被广大稻农所接受。

但日本钵育栽培技术专属的塑料钵育秧盘、精量播种机和插秧机价格十分昂贵（袁钊和等，1998；程泽强等，1999；王吉祥，2000），仅塑料钵育秧盘每公顷就需要近万元的投入，投入过高使农户难以承受，这就极大地局限了其推广的范围和力度。

为了构建适合中国国情的钵育栽培技术，瞄准现代水稻科学栽培技术发展方向，水稻植质钵育机械化栽培技术应运而生。

水稻植质钵育机械化栽培技术是以水稻植质钵育秧盘制备技术为核心，以相应的水稻植质钵育秧盘播种机和水稻植质钵育栽植机相配套，在常规水稻栽培管理条件下，应用一般水稻品种，产量可以达到 11 250kg/hm^2 以上的新型水稻栽培模式，该模式具有"四省"（即省种、省水、省肥、省土）及优质高产等特点，且可以提高水稻的品质达国标 3 级以上。水稻植质钵育机械化栽培技术是继水稻旱育稀植技术之后，在栽培体系上具有突破性的重大技术改进，是大幅度提高水稻产量与质量的综合性配套技术，其将有力地推动中国水稻生产的发展及水稻科学技术的进步。

1.2 研究背景

1.2.1 水稻的地位

中国是世界水稻种植面积第二、产量第一的国家。2012 年中国稻谷产量约20 429 万 t，占中国粮食总产量的35%，由此可知，水稻在中国粮食生产中占有举足轻重的地位。

1.2.2 水稻生产存在的瓶颈

1. 水稻种植面积难以大幅度扩大的问题

近年来，中国稻谷价格持续攀升，种植收益相对较高，加之 2012 年稻谷最低收购价格继续大幅上提，均有利于调动农户的种稻积极性。不过，受自然资源及建设用地持续增加等因素限制，中国水稻播种面积再增已十分困难。2012 年全国水稻种植面积约 0.31 亿 hm²，同比增长 13.3 万 hm²，增幅 0.4%，其主要是一些近水源、旱田较容易改水田的土地。其中，早籼稻 578.5 万 hm²，同比增长 0.33 万 hm²，增幅 0.06%；中晚籼稻 0.153 亿 hm²，同比增长 4 万 hm²，增幅 0.3%；粳稻 0.9 亿 hm²，同比增长 6 万 hm²，增幅 0.07%。随着旱田改水田困难的加剧和建设用地需求的强劲，水稻种植面积难以大幅度扩大。

2. 种植业结构难以进行重大调整的问题

种植业结构调整是农业生产可持续发展的核心问题。农业生产是一个复杂的系统，它包括种植业、养殖业及其加工业等，而种植业是基础（亢四毛和陈益平，2006；赵镛洛等，2004）。种植业结构调整受到国民经济各部门综合发展的制约，因此短期内难以对种植业结构进行重大调整。

3. 在现有水稻生产方式下单产水平难以较大幅度提高的问题

水稻单产提高是良种、良法、良田和良好的生态环境综合作用的结果（陈翻身和许四五，2006）。良种是指培育出性状良好的水稻品种；良法是指良好的水稻栽培模式；良田是指土壤肥沃的田地；良好的生态环境是指提供适合水稻生长的外在环境。在良种、良田和良好的生态环境短时间内相对稳定的环境下，以现有水稻生产方式较大幅度提高单产水平具有很大的难度。

4. 水稻品质相对下降的问题

　　随着农业生产随外在条件的波动起伏，在稻谷品质下滑的同时，中国水稻品质改良明显滞后（吴文革等，2006）。其主要体现在 3 个方面：一是品种多、乱和杂。中国多数水稻品种种植面积在几千到几万亩①，百万亩以上的品种很少。到 2012 年，推广面积达到 0.7 万 hm² 的水稻品种达到 1479 个，多数水稻生产主省份都有成百上千的品种，混杂着籼、粳、早、中、晚、杂交和常规等各种类型的水稻。二是早籼稻和普通稻比例大，优质稻和其他名稻、特稻比例小。目前中国稻谷仍以籼稻为主，2012 年，在种植面积和产量方面，籼稻分别占 59.9% 和 59.6%。早籼稻由于口感差、加工碎米率高、用途单一、不适宜作口粮，与中国消费结构脱节。三是优质品种少，专用品种不明显，多数品种的使用品质为中下水平。

　　因此，总体而言，稻米品质相对处于下降趋势。

5. 有效水资源日趋短缺的问题

　　随着人口增长和经济社会的快速发展，水资源问题，尤其是水资源短缺与经济社会发展的矛盾已经充分暴露（杨龙寿，2006）。中国水稻平均每年因旱受灾的面积约 0.3 亿 hm²。正常年份中国灌区每年缺水 300 亿 m³，城市缺水 60 亿 m³。在缺水的同时，还存在着严重的用水浪费，中国农业灌溉用水有效利用系数大多只有 0.4，而很多国家已达到 0.7~0.8；中国工业万元产值用水量为 103m³，是发达国家的 10~20 倍；中国水的重复利用率为 50% 左右，而发达国家为 85% 以上。水污染严重，中国年排放污水总量近 600 亿 t，其中大部分未经处理直接排入水域。在中国调查评价的 700 多条重要河流中，有近 50% 的河段、90% 以上的城市沿河水域遭到污染。水污染不仅破坏了生态环境，而且使有效水资源短缺问题更为严重。

6. 农业化学品大量使用造成面源污染的问题

　　2012 年中国农药总施用量达 131.2 万 t（成药），平均施用 13.96kg/hm²，比发达国家高出一倍。特别是随着蔬菜和水果播种面积的大幅度增长，农药用量可超过 100kg/hm²，甚至高达 219kg/hm²，较粮食作物高出 1~2 倍（于林惠，2006）。农药施用后在土壤中的残留量为 50%~60%。在中国 16 个省份的检查结果显示，蔬菜、水果中农药总检出率为 20%~60%，总超标率为 20%~45%；近年来，中国沿海大部分地区的大田耕地土壤中持久性毒害物质大量积累，许多低浓度有毒污染物的影响是慢性的和长期的，可能长达数十年乃至影响数代人（闵桂根，1998）。

　　过量施用化肥也会造成污染。2012 年中国氮用量达 1726 万 t，占世界的 21.6%。据中国 31 个省、市、自治区调查，目前在农业结构调整后的蔬菜、水

---

①1 亩 ≈ 666.7m²

果地里，单季作物化肥（折合纯养分）用量通常可达 569~2000kg/hm² 以上，个别地区化肥平均用量已达 1146kg/hm²。滇池流域蔬菜花卉基地，一季作物氮磷肥（折合纯养分）用量达 687kg/hm²，最高可达 3300kg/hm²；其化肥用量远高于中国平均水平（390kg/hm²），较世界使用化肥量居第二位的荷兰还高出一倍多。每年农田使用化肥导致进入环境的氮素达 1000 万 t 左右，有些地区饮用水及农产品中，硝态氮和亚硝态氮的含量均明显超标。

7. 农业生态环境日益下降的问题

中国农业生态环境建设和保护虽然取得了很大的成绩，但中国工业"三废"对农业环境的污染正在由局部向整体蔓延。因固体废弃物堆存而被占用和毁损的农田面积已达 13.3 万 hm² 以上（陈万胜，2001），533 万 hm² 以上的耕地遭受不同程度的大气污染，仅淮河流域因农田大气污染累计损失就超过 1.7 亿元。中国利用污水灌溉的面积已占总灌溉面积的 7.3%，比 20 世纪 80 年代增加了 1.6 倍。中国遭受不同程度农药污染的农田面积也已达到 0.93 亿 hm²。农业环境问题日趋严重，耕地环境质量不断下降，已成为制约中国农业和农村经济发展的重要因素。加强对主要农畜产品污染的监测和管理，对重点污染区进行综合治理，实属重大而紧迫的工作。

1.2.3 拟解决的主要问题

在解析水稻生产重要性和分析水稻生产瓶颈的基础上，黑龙江八一农垦大学灵活运用钵育栽植理念，创造性地研究出了中国首创、具有自主知识产权、核心技术达到国际领先水平、整体技术达到国际先进水平的水稻植质钵育机械化栽培技术体系。该技术体系以水稻秸秆为原料，创新性在于以水稻植质钵育秧盘为关键技术，以自主研制的水稻植质钵育秧盘播种机、钵育栽植机等为配套技术，实现了水稻生产的低碳、环保、优质、高产、高效和可持续发展，主要解决和实现以下问题和目标。

（1）改变传统种植方式，提高水稻单产水平，保持北方粳稻优良品质。

（2）发挥育秧过程中水稻植质钵育秧盘蓄水保水的作用，减少水的消耗。

（3）通过稻草间接还田，改善土壤结构，培肥地力。

（4）发挥植质钵育苗壮、抗病力强的优势，减少对农业化学品的依赖，逐步改善农业生态环境。

1.3 技术体系构建

水稻植质钵育机械化栽培技术提出"适早育秧、精量播种、植质钵苗、机械移栽、实施浅栽、稀育密植"24 字方针和钵育理念，水稻植质钵育机械化栽培技术体系如图 1-1 所示。

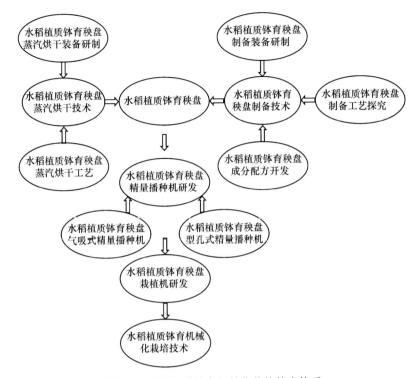

图 1-1 水稻植质钵育机械化栽培技术体系

Fig. 1-1 Planting technology system of the seedling-growing tray made of paddy-straw

参 考 文 献

陈翻身,许四五.2006.水稻直播栽培三个技术瓶颈问题形成原因及对策.中国稻米,(2):33-34.

陈恒高.2005.水稻钵育机械化栽培技术研究.哈尔滨:东北林业大学出版社:35-40.

陈万胜.2001.浅谈水稻直播栽培的三大难点及对策.中国稻米,(1):33-35.

程泽强,唐保军,尹海庆,等.1999.水稻塑料软盘旱育壮秧培育技术.农业科技通讯,(11):9-11.

亢四毛,陈益平.2006.水稻直播栽培技术.安徽农学通报,12(6):89-92.

闵桂根.1998.改革稻作农艺,推广塑料秧盘育秧抛栽.上海农业科技,(2):19-21.

王吉祥.2000.水稻塑料软盘稀植旱育秧技术.山东农机,(2):8-9.

王小宁.1998.日本的水稻生产及对我们的启示.科技与经济,(5):30-32.

吴文革,陈烨,钱银飞,等.2006.水稻直播栽培的发展概况与研究进展.中国农业科技导报,8(4):32-36.

杨龙寿.2006.水稻育秧盘抛栽技术.安徽农学通报,12(6):93-94.

于林惠.2006.机插水稻育秧技术.农机科技推广,(2):37-41.

袁钊和,陈巧敏,杨新春.1998.论我国水稻抛秧、插秧、直播机械化技术的发展.农业机械学报,9(3):181-183.

赵镛洛,张云江,王继馨,等.2004.韩国水稻直播栽培技术简介.黑龙江农业科学,(4):42-44.

朱德峰,张玉屏,林贤青,等.2009.浅述2008年全球水稻生产、价格和技术.中国稻米,(1):71-73.

祝国虹,崔玉梅,刘正茂.2005.浅谈黑龙江垦区水稻栽植机械化发展战略.现代化农业,(7):30-33.

第2章　水稻植质钵育秧盘成型装备研究

为解决中国大量农业废弃物再利用问题，黑龙江八一农垦大学灵活运用钵育理念，将农业废弃物和水稻育秧载体有机结合，创造发明出水稻植质钵育秧盘。水稻植质钵育秧盘是以水稻秸秆为主原料，添加一定的胶黏剂经一定的压制工艺制备而成；且在研究水稻植质钵育秧盘制备工艺时，首先需要对水稻植质钵育秧盘成型装备进行研究。因此，本章首先从目前国内外水稻种植技术、秸秆利用、胶黏剂、成型装备的研究现状出发，结合水稻育秧农艺要求，对水稻植质钵育秧盘成型装备进行深入研究。

2.1　水稻种植技术研究现状

据资料显示，世界上水稻种植技术主要有两种模式：一种是水稻直播种植技术，一种是水稻育秧移栽种植技术，此两种模式分布在不同国家地理区域内。其中，采用直播种植技术的国家主要包括美国、澳大利亚、意大利及其他欧美发达国家，其中美国水稻种植水平最高；采用水稻育秧移栽种植技术的国家主要分布在亚洲地区，其中以日本的移栽技术最为先进。

水稻直播种植方式具有效率高、劳动强度低、成本低等优点，便于规模化和机械化种植，适合耕地面积大、劳动力稀缺的发达国家。利用直播种植技术生产水稻的欧美国家，在正常气候条件下，一般是在每年4月中旬播种，同年9月底收获。水稻直播种植方法主要有旱直播、湿直播和水直播3种：旱直播指在土壤含水量低于田间持水量的土壤中进行直接撒种播种，种子是未泡水催芽的干种，种子靠汲取日后浇灌的水分和适宜的温度而发芽；湿直播是指在土壤水分达到饱和但未见明水的田间直接播撒种子的种植模式，多采用已催芽的种子；水直播是指在已经灌溉有明显水分的田间进行播种的种植模式，可采用未催芽种子或催芽种子两种形式。尽管水稻直播具有诸多优点，适合大面积种植，但它也存在着诸多弊端，如直播种植对于种子要求甚高，种子必须是经过严格考察而筛选出来的优质良种，同时具有抗低温、抗低氧和发芽能力强等优点。

亚洲地区水稻种植水平最具有代表性的国家是日本和韩国。日本和韩国水稻种植模式比较多样化，兼有直播和移栽二元种植模式。其中，移栽是主要种植模式，机械化程度也最高，也最具有代表性，因此本章重点阐述日本和韩国水稻种植模式。

日本是一个人口众多和耕地面积较少的国家，稻米是日本的主要粮食来源，日本水稻种植具有 2000 多年的历史，从某种意义上可以说水稻种植技术的发展推动着日本历史的发展。日本水稻育苗插秧的机械化水平一直走在世界的前列，20 世纪 80 年代，日本全国就已经基本实现了水稻育苗标准化、播种移栽机械化的统一种植模式，这种种植模式的移栽方式有插秧、抛秧及摆栽等。日本适合移栽的传统育秧系统是育秧箱，育秧箱加上育秧土壤的重量共 6kg，从播种到移栽需要搬动多次，所需劳动力较多，劳动强度较大。为改变这种育秧方式，出现了长毡式育秧载体，长毡式育秧是无土栽培技术，在育秧盘上铺一层无纺织物，将水稻发芽种子撒播在上面，利用水泵循环喷出营养物质，然后用 20 ～ 30℃ 的水温进行管理，经过两周育至苗高 10 ～ 12cm、叶龄 2.0 便可移栽插秧，这种育秧方式与传统育秧箱的带土毯式苗相比，对于同等数量的秧苗而言在一定程度上可降低搬运强度、减少秧苗补给次数、提高运苗效率。但长毡式育秧的秧苗带较长，不方便运送秧苗到田间插秧；而且由于长毡式秧苗的秧根较软且韧，在插秧机移栽前有死根现象，对于移栽后的秧苗生长产生极其不利的影响；同时还要在插秧机上增加压秧装置。上述两种育秧方式存在的弊端不能满足日本对水稻种植的高水平要求，为提高水稻品质和抗低温、抗病害等的能力，日本最早开发出水稻钵盘育秧栽培技术。

20 世纪 60 年代末至 70 年代初期，日本在北海道等易受冷害的地方开始研究纸筒钵育苗栽培技术，此栽培技术提高水稻育苗插秧抗低温等的能力，并获得返青快、增产明显的预期效果。70 年代初期，日本北海道道立中央农业试验场在纸筒育苗的研究基础上，开展纸制钵盘培育小苗的技术攻关，重点解决纸筒钵苗之间窜根的问题，并在纸制钵盘的制造技术上取得创新突破，即先制作成一定直径的纸筒，然后再用一种能够分解并失去黏性的胶黏剂把纸筒粘连成钵盘状。当秧苗育秧结束时，胶黏剂失去原有的黏性并分解，秧苗的营养钵体彼此间比较容易分离，并且钵体较完整。这一育秧载体制造技术突破带动了水稻移栽抛秧技术的兴起，并实现一定的增产效果。此种纸制钵盘抛秧技术在当时的日本被称为"省力栽培"的水稻栽培新技术。虽然此纸制钵盘育出的秧苗具有壮秧、根系发达等优点，但是其加工过程工序复杂、不易加工，而且只能一次性使用，秧盘价格较贵，增加了水稻生产成本，限制了此育秧盘的大面积推广应用，同时也制约水稻抛秧技术的发展。

1975 年，日本北海道国立农业试验场和道立中央农业试验场共同进行塑料软盘抛秧技术研究，研制出抛秧塑料育苗软盘；并与丸井加工（株）合作，开始塑料钵育秧盘成型技术研究，先后研制出 3 种型号（578 穴、648 穴和 2015 穴）的塑料钵育秧盘。按照 3 种钵盘钵孔尺寸大小的不同，能够培育出大苗、中苗和小苗 3 种秧苗。随高分子树脂材料工业发展，丸井加工（株）研制出适合大苗移栽的树脂钵育秧盘，其外形为长方形，长 62cm、宽 31.5cm，每盘有 14 行，每行有 48 穴，共 672 钵孔，钵孔为圆台形，上口直径 16mm，下口直径 13mm，钵孔深25mm，下口底部为"Y"形，较其他部位软且薄，称之为发根孔，起透水、透气的作用。由于树脂钵盘研制成功，日本当年在较大范围内开展为期2年的水稻钵育秧盘秧和抛秧栽培试验。试验期间，其表现出明显的增产优势，钵育栽植的大苗具有秧苗素质好、返青快、早熟高产、成熟度好、米质好等优点，证实该育秧盘与移栽方式相配套的栽培技术是一种省力、优质、稳产的种植模式。但由于抛秧技术出现漂秧无序等缺点，且日本单块地耕作面积不大，不适合抛秧技术的推广应用。日本很注重农机与农艺相结合，为了推广具有优质秧盘素质的钵育栽植技术，日本研制出可供大、中、小钵育秧苗配套使用的各种型号移栽插秧机，该机采用从塑料钵盘底部"Y"形口处将秧苗顶出的取苗方式，而后通过分秧及供秧机构将秧苗分别运送到两侧的旋转分插部件，完成秧苗的田间移栽插秧作业。该插秧机具有有序成行、栽植带钵块的秧苗、株距准确、均匀性好、作业质量高等优点，钵苗插秧特别适合寒冷地区的水稻种植，稻米产量高且口感好，受到日本稻农的欢迎，钵盘育苗栽植技术在北海道应用广泛。同时出现了播种效率高的钵育秧盘播种机，播量精确的配套机械设备等，从而实现了水稻钵育栽植技术的全程机械化。该育秧盘可以反复使用，因此秧盘的材料为半硬质塑胶，该材料比较特殊，制造成本也相应较高，与之配套使用的机械设备价格昂贵。

目前，日本为降低水稻生产成本，省去育秧管理和秧苗的搬运等工作，解放劳动生产力，开始水稻免耕法和直播法等系列的栽培试验，并在部分地区推广种植。免耕直播法是在不翻地和不耙地的条件下直接播种的一种栽植方法，该方法省工省力，省去翻地、耙地、育秧和移栽等工序，而且在播种时一次性施用长效肥料，在很大程度上减少劳动时间、降低劳动强度、节省生产成本。尽管免耕直播具有上述优点，但依然存在直播固有的成苗率低、草虫害重和倒伏等问题，为解决此问题，日本研制出一种铺纸种稻技术。免耕直播铺纸技术是在播种期将备好的带有水稻种子的再生纸平铺在播种的土壤表面即可。该再生纸是由对水稻生长无影响的旧纸加工而成的，铺于水田40~50天后可全部分解掉，该技术不仅解决草害问题，即由于不使用除草剂，通过遮光来抑制杂草的生长，避免农药对环境的污染和对稻米品质的影响；而且解决出苗缺氧问题，提高出苗率，同时有效地防止倒伏、漂秧现象发生，控制脱氮作用，提高肥料的利用率，使产量提高。在稻米品质方面，直播种植的稻米品质比育秧移栽的差，口感不佳，所以日本水稻专家力求通过水稻育种技术来克服这一品质差的问题。

近几年来，日本出现以农作物秸秆为原料经机械加工制成平育秧盘进行育秧的技术，但该技术又回到平育秧诸多栽植问题的漩涡中，相关深入研究的报道较少。

韩国是山地和丘陵占国土面积70%的国家，农作物主要有水稻、小麦、大豆、棉花等，其中水稻是韩国主要粮食作物，其属于一年一熟稻区。韩国水稻种植水平起步很低，其技术主要是借鉴日本的种植模式，后期韩国调整农业产业结构，种植水平增长速度加快。韩国水稻种植模式也是以育秧移栽为主的插秧机械化，水稻移栽在韩国水稻生产中耗工较多，约占 30%，而且劳动强度大。从 20 世纪 70 年代开始，韩国从日本引进毯式育秧苗及机械插秧技术，在苗床上培育出带状毯式苗，插秧时将秧苗放在插秧机秧箱上，按照秧箱长度强制分秧，进行插秧，靠人力推动秧苗向下移动作业，效率比手工插秧快 3~5 倍。

1987 年，韩国农业机械化研究所在山地或两茬地区实施成苗机械插秧，对于普遍使用的盘育苗进行播种和移栽机械改进，将育苗盘的播种机改制成在育苗盘内既可以完成 14~16 行的条播也可进行点播的结构，使得每个育苗盘播种量达到 40~50g 种子，可培育出壮苗。此种植方式是在平育盘上进行稀植育苗，利用稀植平育苗进行机械移栽插秧，研究机构对分插机构改进，在田间试验中漏插率较小，秧苗长势良好，随着后期幼苗移栽技术的出现，此育秧盘播种技术没有进一步推广应用。

近年来，韩国水稻相关研究机构开发出一种新型水稻栽植机，该机型是在四行步行插秧机底盘上改进的，机器结构和作业时的动作类似于日本的水稻钵苗摆栽机，但该机是用来移插格盘大秧的，其使用的育秧盘是在普通平育秧盘里加上塑料格槽制成的，每个格槽宽约 1cm，格槽摆放方向与秧盘短边平行。移栽时，需要将秧苗露出塑料格的秧根切掉，然后整盘上机，最大可移插苗高 25~35cm 的秧苗。该种植方式适合在寒区使用。此种栽植方式的最大优点是分蘖旺盛，但由于在移栽前对秧根造成损伤，移栽到大田后需要缓苗过程。在韩国，钵育秧苗技术主要应用于蔬菜与花卉等经济作物，较少用于水稻种植。

韩国为提高生产效率和机械化水平，降低水稻种植成本，开始在家庭式农场推广水稻直播技术。据资料记载，1999 年韩国推广水稻直播技术的种植面积占全国水稻种植面积的 7% 左右，韩国京畿道农业技术院的对比试验表明，直播稻与插秧稻相比，产量虽然低 3%，但成本可节约 40% 左右，收割期向后推迟 7 天左右。韩国水稻直播技术可分为旱直播和水直播两种，两种播种形式均采用机械化播种，解放了大量劳动力。

中国是世界上最早种植水稻的国家，有着大约 7000 年的历史；还是目前世界上最大的水稻种植生产国，水稻种植面积常年占全国谷物种植面积的 30% 左右，占世界水稻种植面积的 20% 左右。中国地域辽阔，水稻种植分布区域较广，各地区不同自然、地理、气候条件及经济发展水平，造成水稻种植方式和规模的不同。根据分布的地理位置和耕作制度，中国水稻产区主要分为三大类：一是高寒温带一季稻区，包括黑龙江、吉林、辽宁、内蒙古、宁夏、新疆、河北和北京等地区；二是麦稻轮作地区，一季小麦一季水稻种植，包括江苏、江西、安徽、湖北、四川、山东及河南等省份；三是多季稻地区，包括广东、福建、湖南、广西、云南等省区，中国主要采用以育秧移栽为主、以直播为辅的水稻栽培模式。

水稻直播栽培技术相对于育秧移栽的劳动强度小，便于机械化和规模化种植，省去了育秧期管理，但直播栽培方式缺少了秧苗期有效温光资源的利用，不利于复种指数和全年高产。对于中国的水稻种植而言，直播综合技术还不是很成熟：水稻产量不高且随着气候的不同变化幅度较大。中国的水稻直播主要分布在新疆及长江中下游地区，此项技术由于不能够强占农时而不适合中国高寒地带的水稻种植。由于中国人口众多，一直以来都是采用以水稻育秧、人工插秧为主体的水稻种植技术，机械化水平不高。中国的水稻种植机械化程度是以北方高于南方、黑龙江垦区高于地方的规律分布。提高作业效率和机械化水平是亟待解决的问题。

中国水稻育秧移栽的种植模式包括毯状苗移栽和钵状苗移栽两种，其中毯状苗移栽是中国的传统育秧形式，将水稻发芽种子播撒在平育纸盘或平育硬盘内，覆上表土，移栽时需要起秧和洗秧，劳动强度较大，生产效率低，且移栽时毯状苗放在秧箱上，秧苗由分秧和插秧机构移栽到大田里，对秧根的损伤极大，需有较长的缓苗期。目前，适合平育毯状苗的平盘主要有硬盘和软盘两种，其中硬盘材质比较耐用，可以反复使用，但成本较高；软盘价格虽然相对便宜，但软盘强度不够，需配合托盘使用，平育秧盘大都是由聚氯乙烯材料制成。20 世纪 80 年代中国由日本引进钵育栽植技术，开始广泛推广应用。水稻钵盘育苗移栽种植技术是一种旱育秧方式，是稻种在独立的钵孔内生长，当秧苗达到适宜秧龄后，再将秧苗随钵块一起移栽到大田里的一种水稻新型栽植模式，在钵盘上每个钵穴内播种 3~5 粒，稻种在钵孔内生长空间相对独立，无相互牵连，减少了稻秧苗的病害发生和传染；且秧苗根系发达，秧苗素质高，避免了传统平育秧分秧插秧时对秧根的损伤，无需缓苗，返青快，从而增产效果明显。水稻钵育栽植技术由于其无可比拟的抗低温和增产效果适合中国北方寒带水稻种植。

20 世纪六七十年代，中国农业科学院在引进日本钵育栽植技术后，进行国产化研究，开展纸筒和塑料软盘钵育秧盘的开发，研制出方格塑料钵盘，该钵盘的尺寸为长 60cm、宽 30cm、高 2.5cm，秧盘中有规格为 2.25cm² 的小方格 800 个，每个小方格底面留有 5mm 的渗水圆孔。1985 年，黑龙江省牡丹江塑料三厂生产出聚氯乙烯压塑 406 穴的秧苗硬盘。1987 年，为降低塑料钵育硬盘成本，牡丹江农科所与上海塑料厂合作利用聚氯乙烯回收料，经吸塑制成钵体软盘，该成型技术可以根据需要制成不同钵孔规格的塑钵秧盘，如 353 穴、434 穴和 561 穴等，降低塑料钵盘成本，是目前钵育秧盘使用较广泛的一种形式。目前，又出现了一种钵体和毯式结合的钵体毯式育秧盘，该育秧盘由两部分组成：上半部分是由聚氯乙烯制成的塑料软盘，但因其薄软易变形，使用时需要下半部分的托盘支撑，如浙江理工大学研制的 26 穴×16 穴、中国农业大学研制的 25 穴×14 穴和 25 穴×12 穴钵体盘。

上述钵育秧盘育成的钵状苗的移栽形式主要是以抛秧为主，包括人工抛秧、机械旋转抛秧和机械行抛秧等，当秧苗在钵盘内生长到适合移栽时，需要将秧苗从钵盘中取出，抛撒于大田中，靠秧苗根部土坨自身重量贯入栽插到水田泥浆中，抛秧技术具有的特点是：①抛秧后遇到水深的地方易产生漂秧现象，需要在此地方进行补秧；②秧根入土深浅不一，秧根发根力不同，秧苗后期性状也有所不同；③秧苗在田间无序行株规格、杂乱分布，秧苗分布不均衡易造成水稻减产；④抛秧后秧苗的立苗率较低，秧苗姿态不一，秧苗的立苗率与秧苗返青发棵有着直接关联，如直立苗 2 天白根、4 天后长新叶，而斜立苗 4 天后才能直立。由于秧苗杂乱无章，不利于田间的后续管理。

为克服抛秧技术在秧苗移栽后均匀度差和立苗率低等缺点，出现了水稻钵育稀植摆栽技术。稀植摆栽技术是指按一定的行株距以统一规格摆插，秧苗在水田土壤的移栽深度一致，同时降低摆插密度，既利于秧苗的生长又利于节省秧苗数量，降低生产成本，同时水稻增产效果明显。此技术的最初实施是靠人工摆插，虽然增产效果明显，但却恢复昔日"面朝水田背朝天，弯腰曲背手插秧"的模式，效率不高，劳动强度大。为了提高水稻稀植摆栽技术的机械化水平，从日本引进树脂钵育秧盘，其可以与专属配套的插秧机联合使用实现摆栽。插秧机可以将钵育苗直接移栽到稻田里，机械化程度很高，配套精度也非常高。但专属的秧盘成本太高（表 2-1），而且适合移植摆栽的插秧机也需要从日本进口，该机器价格不菲，只有黑龙江垦区一些少数的农场引进了此配套技术，示范增产效果明显。

表 2-1　技术比较

Table 2-1　Technical contrast

技术名称及归属	产量/（kg/hm²）	价格/（元/片）	播种机价格/（万元/台）	插秧机价格/（万元/台）
水稻钵育移栽技术（国内）	11 250	1.5	1.5	1.2
水稻钵育栽植技术（日本）	11 250	19（可用 2~3 年）	12	15

此种技术高昂的投入对于广大稻农来说是无法承受的，因此由国外引进的钵育摆栽配套技术是不适合中国大面积水稻种植推广的。为了解决这种尴尬局面，黑龙江八一农垦大学率先在国内提出了钵育栽培技术，即"水稻植质钵育机械化栽培技术"。

为了实现水稻植质钵育栽培技术，初期黑龙江八一农垦大学研制了一种以由稻草秸秆制成的浆料为原料经吸附成型的水稻植质钵育秧盘成型技术，该技术是根据蛋托成型方法改进而形成的。此钵育秧盘是由作物秸秆制成的，因此可以与插秧机配套使用进行移栽，钵盘随着秧苗和钵块一同移插到水田里，实现了钵育摆栽的技术要求。经过大量试验验证，此成型方案具有可行性。2006 年，根据此成型工艺制备的吸附式钵育秧盘在建三江分局的七星农场、浓江农场、八五九农场，宝泉岭分局的江滨农场，九三分局的查哈阳农场进行了试验示范，结果显示，该秧盘育出的秧苗素质明显好于平育秧盘，根盘结在钵孔里形成钵块，移栽后水稻生长性状优于平育秧，有增产效果。但在育秧过程中也发现了该成型工艺存在的如下一些弊端。

（1）钵育秧盘的材质问题。此秧盘主要成分原料为稻草浆和纸浆，此外只添加了少量的松香、矾土和肥料，这些成分的黏合性和抗水性较差，导致秧盘耐水性不好，达不到秧盘在水稻育秧期结束后的湿强度要求，勉强摆放在插秧机的秧箱上。

（2）由于原料是浆体，含有大量的水分，加工成型后需要将含水率极高的湿水稻植质钵育秧盘进行烘干处理，由于烘干过程水分变化速度较快，水稻植质钵育秧盘收缩变形严重，播种前需要对水稻植质钵育秧盘进行二次定型处理。

（3）在纸浆的制造和添加辅料的过程中，易产生大量的细菌，同时加工环境极其恶劣也易将细菌带入纸浆盘中，育秧时容易对秧苗造成危害。为了避免此现象的发生，需要对水稻植质钵育秧盘进行灭菌消毒。

采用钵育栽植技术种植的水稻产量高、米质优，特别是在插秧后期遇到低温气候时，能更加凸显钵育苗抗低温的优势。后期，黑龙江八一农垦大学及时解决推广应用中水稻植质钵育栽培技术存在的问题，研制出4种规格的水稻植质钵育秧盘，建立了3种水稻植质钵育秧盘制备工艺，开发出3种类型的水稻植质钵育秧盘精量播种机，研制出两种水稻植质钵育插秧机，以及创建了一种植质钵育机械化栽培技术模式，从而创建了适合中国国情的水稻植质钵育机械化栽培模式。

2.2 秸秆利用研究现状

中国是个农业大国，每年农作物收获后将会随之产生大量的农作物秸秆，其过去作为农作物废弃物被遗弃，但随着作物单产的提高，秸秆的产量也增加，仅靠遗弃的做法和种种弊端的出现，成为当今人们关注的重大现实问题。

随着农业转型及经济社会发展，传统的农作物秸秆利用方式也发生转变，家庭生活已不再依靠秸秆烧火做饭，秸秆的大量过剩现象日趋突出。为了节省费用，大部分农民采用就地焚烧的方式，焚烧产生的大量浓烟使飞机起降和公路畅通存在非常严重的隐患。中国农作物秸秆种类繁多，作为可再生资源是非常丰富的。由此可见，寻求一种合理的可持续地利用农作物秸秆的方式意义十分重大。

目前农作物秸秆的综合利用情况主要有以下几点。

2.2.1 秸秆还田

它是以机械的方式将田间的农作物秸秆直接粉碎并抛撒于地表，并随即耕翻入土，使之腐烂分解。该技术的应用能增加土壤有机质含量，降低土壤容重，防止土地板结；而且能减少秸秆的养分和水分的自然损失，有利于蓄水保墒，减少资源的浪费，净化周围的环境。目前有研究机构正在研究作物秸秆整秆还田的技术，但它存在的问题是秸秆降解需要微生物较长时间的分解腐蚀，土壤表面被腐烂秸秆覆盖，透气性不好，作物根系缺乏氧气供给，第 2 年整地时整地机械部件难以进入耕地内部。

2.2.2　动物饲料喂养

由于新收获的作物秸秆含有大量的水分和糖分等其他营养物质，是牛等牲畜的天然营养饲料，通过机械设备对作物秸秆（如玉米）进行处理后，可进一步提高饲料的营养价值。目前普遍应用的是青贮饲料，所谓青贮就是将饱含液汁的青绿牧草或饲料、农作物秸秆等经过加工并添加一定比例的添加剂，压实后密封贮存，经过一段时间的乳酸发酵后，转化成含有丰富的蛋白质和多种维生素且适口性好的饲料。它是实施农作物秸秆综合利用技术、大力发展畜牧业的主要形式之一。

2.2.3　能源转化

当前世界能源主要来源于石油、煤和天然气等不可再生自然资源，由于人类过度开发使用，能源出现了严重危机。如何开发利用可再生能源替代枯竭能源这一严重问题摆在科研人员面前。作物秸秆作为新生代能源，以其特有的优势越来越被人们所重视。能源转化不是传统意义上的焚烧，而是通过一系列转化技术，如高温压缩炭化技术，使其转化为一种密度高可完全燃烧的固体燃料，它是一种清洁、绿色环保的能源，可以减少污染物的排放，实现二氧化碳的零排放。但农作物转化成密实度优良的固态燃料需要耗费大量的现有能源，生产成本较高，生产中产生的浓烟已造成环境污染。

2.2.4　工业应用

根据作物秸秆含有的纤维素、半纤维素和木质素三种主要成分，在工业上分别利用各成分自身的特点实现作物秸秆废弃物的价值，如纤维素用于造纸行业；半纤维素既可以用于水解发酵生产工业乙醇，也可以用于工业油漆的生产，或经化学改性生产可降解且无污染的包装膜；木质素自身具有黏接性，可用于生产人造板胶黏剂，无毒无污染。

上述秸秆利用现状，不可因出现弊端就予以否决，只有因地制宜，根据本地区特点灵活利用才可实现作物秸秆的可持续利用。农作物秸秆的成分主要包括纤维素、半纤维素和木质素，其内部结构特性决定了秸秆具有压缩性，通过压缩技术可以很好地将秸秆模压成不同形状和用途的产品，如一次性快餐盒、一次性快餐盘、一次性快餐碟、包装盒、工业托盘、人造板材等，本课题研究正是利用水稻秸秆具有的这一特性来进行水稻植质钵育秧盘的制备。

2.3 模压工艺研究现状

本研究所用的水稻植质钵育秧盘制备技术采用模压成型方式，即根据秸秆的可压缩性，对粉碎后的水稻秸秆配以辅料，进行压缩成型制得水稻植质钵育秧盘。

模压成型是先将成型所需混料放入具有一定温度的金属对模中，然后闭模加压，使其成型并硬化，最后脱模取出制品。目前模压成型的分类包括纤维料模压、织物模压、层压模压、SMC（片状模塑料）模压、碎布料模压、缠绕模压、预成型坯模压、定向铺设模压等（钱湘群等，2003），其中主要的研究对象是热固性塑料。而近年来由于市场的需要，也出现了木纤维及刨花模压制品和微米木纤维模压制品。

模压成型的主要优点：①与其他成型方式相比，有较高的生产效率；②成型品尺寸精度高，可实现机械化和自动化控制生产；③产品表面光滑度高，重复性好，有很好的手感，无需二次修整；④适合于成型结构复杂的制件，可一次完成定型；⑤适应大批量生产需求，产品价格相对低廉。

模压成型的不足之处在于：模具结构复杂，初次投入成本较大；受压力限制，只适合生产中小型复合材料制件；随着制造水平的提高和模压原料性能的不断改良，压制成型制品正朝着大尺寸化发展，目前已能生产大型汽车配件、浴具等。

目前，模压成型工艺应用广泛的领域主要是塑料件的加工成型，它是将粉状、粒状或纤维状的塑料加入具有一定温度的金属材质模具型腔中，然后合模施加压力，合模一定时间固化定型后，释放压力打开模具，脱模成型。其中对于塑料的处理又分为预压和预热：预热对热固性塑料和热塑性塑料均可用，而预压大多数情况下只适用于热固性塑料。对于热固性塑料来说，施加压力时置于型腔中的模料一直处于高温状态，在压力的作用下，塑料形态发生变化即由固态变成半液态，进而充满整个型腔，形成与型腔一样形状的模压制品；在交联反应的深化作用下，半液态逐渐变为固态，最后脱模形成塑料制品。对于热塑性塑料而言，压缩模具的前一阶段与热固性塑料相同，但因为没有交联反应，所以在模料充满型腔后，需要进行冷却处理使其固化后才能脱模，进而得到模压产品。其主要原料为酚醛树脂类、环氧树脂类、有机硅树脂类、氨基树脂类，还有聚氯乙烯、聚三氟氯乙烯、聚酰胺等，目前使用广泛的是酚醛树脂类和氨基树脂类。主要制件是机械零部件、电器绝缘部件和日常用品等，如电器开关、各种用途的承装容器、餐具等。

木纤维及刨花模压产品自20世纪40年代以来，经过不断的发展和开发研究，产品种类繁多，包括家具类（桌面、门板、椅子及餐具等），包装类（各种水果及蔬菜的包装箱、各种运货用托盘包装等），汽车仪表板和车内衬板、座椅等，建筑类（装修用板、各种用途的框、楼梯扶手等）。模压纤维门板在木质纤维模压成型制品中占有比较大的比例，如美国、澳大利亚、瑞典和德国等，均有用模压纤维板替代天然木材制作夹板门。美国 Weyerhaeuser 公司研发的 Pres-Tock 法在 80 年代以施胶纤维为生产原料模压制成纤维板门。德国比松公司开发研制的Bison 法，是将干法纤维板的一面经喷蒸处理后再采用模压的方式制成纤维门板。除门板外，还有桌椅板凳面和家具装饰组件等都是经过模压成型的几何形状比较平整的纤维制品。

刨花模压制品的模压方法和纤维模压制件基本类似，只是在纤维尺寸上有差异。1956 年，德国 J. F. Werz Jr KG 公司发明了 Werzalit 法，该法生产的模压制品密度高于普通刨花板，产品范围涉及建筑、家具、汽车、电子和包装等领域，是使用比较广泛的模压方法，很多国家都引进了该技术。20 世纪 70 年代出现了Collipress 模压法，主要是用刨花模压制成一面开口的包装箱，用于包装瓶子和罐头等易碎玻璃件。80 年代以来，中国人造板科研和生产部门对木质材料模压成型技术的认识和关注与日俱增（赵其斌，2000 年）。1990 年以后，中国林业科学研究院木材工业研究所在研究刨花模压制品技术之后，又开展了木纤维模压制品的研究，其研究的重点是模压门板和刨花模压脱盘的工艺。2001 年，南京林业大学开始研制具有较高强度的刨花模压工业托盘，主要用于在码头和仓库等地搬运货物，与搬运机械配合使用。

近几年，微米木纤维模压制品在很多发达国家已经开始研究并推广。因为纤维加工到微米级时可以劈裂大部分木材细胞，消除木材细胞的空腔，对这种纤维进行模压可以降低能耗，提高模压制品的密度和强度。近年来，中国各大院校和科研机构也开始进行此方面的科研工作。

2.4　胶黏剂研究现状和应用

胶黏剂又名黏结剂或黏合剂，简称为胶，是能把几种同质或异质的材料紧密地黏结或黏接为一体，使其具有足够大强度的物质。天然胶黏剂的应用已有几千年的历史，胶黏剂的兴起与蓬勃发展是到 20 世纪 30 年代初，随着工业发展的需要和各种各样的高分子材料工业的兴起，出现以合成高分子材料为基础材料的合成胶黏剂。

世界发达国家的合成胶黏剂工业已进入高度发达的阶段，20 世纪 90 年代平均增长率为 3% 左右。1998 年全球胶黏剂销量约达 800 万 t，销售额约为 245 亿美元。其中北美洲销量约占全球的 37%，欧洲占 38%，亚洲和大洋洲占 19%（中国占 7%），南美洲占 2%，其他地区占 4%。全球消费领域为包装业、建筑业、木材加工业、汽车运输业及其他行业。为符合日益严格的环保法规，发达国家近年来大力研制和开发环保型胶黏剂，以水基和热熔型无溶剂胶黏剂为主。未来世界胶黏剂市场将被低污染的环保型胶黏剂占领。

自改革开放以来，中国胶黏剂工业得到迅猛发展，生产技术、生产水平及产品质量有了大幅度提高，产量增长快速，新产品和新技术不断诞生，应用领域不断拓宽。目前，中国生产胶黏剂的厂家已达 1500 余个，其品种超过上千种，设备能力达万吨以上，已成为中国化工领域中发展最快的行业之一。从胶黏剂的市场来看，其在木材加工行业用量最大，其次是建筑业，而后是包装业和制鞋行业，这与发达国家相比尚有巨大差距。近年来，汽车业、建筑业和电子等支柱产业用胶领域将会有较大发展。

本研究所用胶黏剂用于育秧载体的制备成型，因此需要使用无污染的环保型胶黏剂。此种胶黏剂将是未来胶黏剂发展的主流方向，主要表现以下方面：①水基胶黏剂是溶剂型胶黏剂向无污染环保型胶黏剂更新换代的产品。像木材、纸张、织物等多孔的被黏物，宜选用水基胶黏剂和乳液胶黏剂。近年来，水基胶黏剂在中国发展速度较快，产量快速增长，年均增长 18.4%；在产量增长的同时，产品质量也不断提升，且品种广，一些技术含量较高、性能较好的胶黏剂不断出现。例如，抗寒耐水性好的乳白胶，耐擦洗、耐污染和耐水性好的有机硅改性丙烯酸建筑用胶等。目前，聚氨酯乳液的研究开发将会有很好的发展前景。在水基胶黏剂快速发展的同时，中国传统的溶剂型胶黏剂产销量在逐渐萎缩。②热熔胶无污染、固化快速、便于贮存和运输等，近年来得到迅速发展，是中国产量增长最快的胶种。在发达国家，热熔胶已占合成胶黏剂总量的 20% 以上。除了传统的 EVA 热熔胶外，聚酯类、聚酰胺类热熔胶也有很快发展。胶黏剂的分类有很多种，介绍如下。

（1）按主要组分分类，有有机胶黏剂和无机胶黏剂，其中有机胶黏剂又分为天然胶黏剂（动物胶和植物胶）和合成胶黏剂（热塑性树脂胶黏剂、热固性树脂胶黏剂、橡胶型胶黏剂和混合型胶黏剂）；无机胶黏剂又分为磷酸盐型胶黏剂、硅酸盐型胶黏剂和硼酸盐型胶黏剂等。

（2）按胶接强度特性分类，可分为结构型胶黏剂、非结构型胶黏剂及次结构型胶黏剂 3 类。

（3）按固化形式分类，可分为溶剂型胶黏剂、反应型胶黏剂和热熔型胶黏剂。

（4）按外观形态分类，可分为溶液型胶黏剂、乳液型胶黏剂、膏糊型胶黏剂、粉末型胶黏剂、薄膜型胶黏剂和固体型胶黏剂等。

2.5　水稻植质钵育秧盘成型方案设计

为解决农作物废弃物再利用问题，水稻植质钵育秧盘是以农作物废弃物为主原料，添加一定的胶黏剂热压而成。在研究成型装备之前，需要对成型相关知识有所了解。

2.5.1　成型方式

　　根据不同的填料方式和成型原理，目前主要的成型方式包括 4 种：注射成型、压缩成型、压注成型和挤出成型。下面分别介绍各种方式的成型原理及其特点。

1. 注射成型原理与特点

　　注射成型，又称注塑成型，是塑料成型的一种主要方法。到目前为止，除了一些特殊塑料外，几乎所有热塑性塑料都可以采取这种成型方式。其成型原理是将颗粒状或粉状塑料从注射机的混料斗送入加热的料筒中，混料在加热环境下逐渐熔融，受到压力或推力后注入模具型腔中，充满型腔后，经保压、冷却、开模取出塑件后完成一个工作操作循环（邱仁辉，2002），如图 2-1 所示。

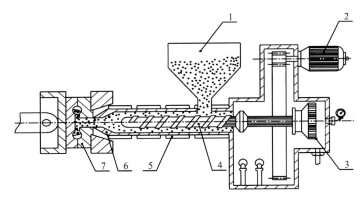

图 2-1　注射成型原理图

Fig. 2-1　The schematic diagram of injection molding

1. 物料斗；2. 螺杆传动装置；3. 注射油缸；4. 推动杆；5. 加热套；6. 喷嘴；7. 注射模具

　　该成型方式具有成型周期短，生产效率高，能一次完成外形复杂、尺寸精确而且可以带有金属或非金属嵌件的塑料成型件，易于实现自动化生产，生产适应能力强等优点，广泛应用于各种塑料加工件的生产。因为塑料本身材质的多样性，可以直接作为工程结构材料使用，注射塑料加工件已从民用扩大到生产的各个领域。注射成型所需加工设备昂贵，成型模具结构复杂，制造成本比较高，因此比较适合大批量加工件的生产应用。

2. 压缩成型原理与特点

　　压缩成型原理是将粒状、粉状及纤维状的混料放入模具型腔内（图 2-2a），然后合模加热使其模具型腔内的混料呈熔融状态，并在压力作用下使混料流动而充满整个型腔（图2-2b），同时混料发生交联固化反应而定型，最后开模再脱模（图2-2c）得到所需设计加工件。

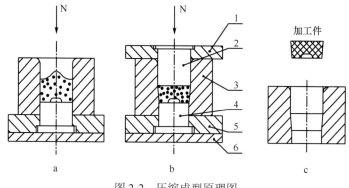

图 2-2　压缩成型原理图

Fig. 2-2　The schematic diagram of compression molding

1. 凸模固定板；2. 上凸模；3. 凹模；4. 下凸模；5. 凸模固定板；6. 下模板

压缩成型可以用于热固性塑料和热塑性塑料的生产加工，二者在成型前一段时间内情况相同，但热塑性塑料的加工由于没有交联反应，模具必须经过冷却才可以固化成型，才能脱模成件。因此模具需要冷热交替，生产周期比较长，故热塑性塑料只有在需要模压较大平面时才会采用此方式。

压缩成型的生产过程易于控制，使用设备及模具均相对较简单，易成型较大的加工件，加工件变形较小。但该方式成型周期长、效率低。

3. 压注成型原理与特点

压注成型也叫做传递成型，它是在改进压缩成型方式的基础上发展起来的一种成型方式。其成型原理为：模具闭合后，将塑料（预压锭）添加到已经具有一定温度的模具加料腔内（图2-3a），使其受热熔融，在柱塞压力作用下，塑料熔体经过模具浇注系统注入闭合的型腔内，并填满型腔（图2-3b），型腔具有一定温度可以继续给塑料熔体加热，塑料在型腔内同时受到压力作用而固化成型，最后打开模具取出加工件即可（图2-3c）。

压注成型中，原料是在型腔内预先受热变成熔融状态的，此时具有较好的流动性。在挤压力作用下，熔融体注入型腔内，可成型深孔或形状复杂的加工件，也可以成型带有精细镶嵌件的塑料加工件，制品的密度和强度也有所提高。因为成型前模具已经完全闭合，模具分型面的间隙很小，塑料飞边较薄，加工件的精度比较容易保证，表面粗糙度也比较小。保压时间短，生产效率高，模具本身磨损程度也较小。但压注成型所用模具结构较复杂，模具制造成本随之较高，成型原料浪费较大，成型工艺条件较压缩成型要求严格，生产操作时难度较大。

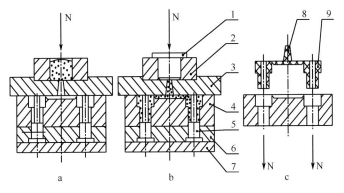

图 2-3　压注成型原理图

Fig. 2-3　The schematic diagram of compression injection molding

1. 柱塞；2. 加料腔；3. 上模板；4. 凹模；5. 型芯；6. 型芯固定板；
7. 下模板；8. 浇注系统；9. 加工件

4. 挤出成型原理与特点

塑料挤出成型原理是将成型原料从挤出机的混料斗送入加热料筒中，带有温度的加料筒将热量传递给塑料，螺杆对塑料的剪切摩擦产生的热量，将塑料逐渐熔融化，然后在挤压系统的作用下，塑料熔体通过一定形状的挤出模具（机头及口模）和一系列的辅助装置（包括定型、冷却、牵引和切割），从而得到具有一定形状的截面加工件，如图 2-4 所示。

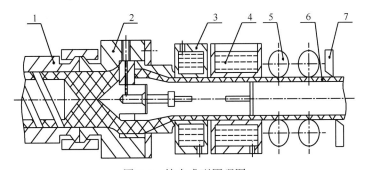

图 2-4　挤出成型原理图

Fig. 2-4　The schematic diagram of extrusion molding

1. 挤出物料筒；2. 机头；3. 定型装置；4. 冷却装置；5. 牵引装置；6. 塑料管；7. 切割装置

挤出成型方式可以连续成型，生产效率极高，塑件截面稳定，形状简单，可以加工所有热塑性塑料和部分热固性塑料。挤出的成型加工件包括管材、棒材、塑料薄膜、电缆及其他异型材等，在塑料成型加工工业中占有十分重要的地位。

参照上述介绍的各种成型方式及其成型特点，结合本研究原料的特性，模压成型方式选取压缩成型法。根据压缩成型原理得出的成型工艺过程为：加料—合模—固化—脱模，即有 4 个主要成型工艺。

2.5.2 方案论证

通过前期大量的模拟试验得出，在粉碎后的稻草粉中添加胶黏剂，以搅拌器进行充分拌料，将混好的混料放入加热过的小模具内，通过液压系统对模具进行施压，将蓬松混料压缩至具有一定的密度，保压一定时间后，卸除压力脱模，将试件从模具上脱离下来，试件冷却后具有相应的强度和密度，满足试验要求（图2-5）。此压制过程所需装置、制备和工艺方法可直接用来制备水稻植质钵育秧盘。

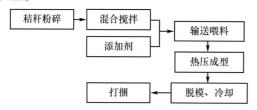

图 2-5　水稻植质钵育秧盘制备工艺流程
Fig. 2-5　Preparation processes of the seedling-growing tray

2.5.3 加工设备整体方案

借鉴塑料的成型方式及工艺，结合本试验研究所用原材料的特性，以及所得水稻植质钵育秧盘具有不规则形状的设计，本研究发现秸秆制成育秧载体的成型方式非常适合压缩成型的模压生产方式。

现在市面上适合钵育栽植的育秧载体全部是塑料制品，根据所选成型方式和借鉴塑料压缩成型制件所需生产设备所包括的整机系统构成，本研究的加工设备总体方案应包括原料粉碎系统、混料搅拌系统、动力输出系统、成型模具系统及控制系统等。如图 2-6 所示，该加工设备是为水稻植质钵育秧盘模压成型而设计，即 RY-1000 型水稻植质钵育秧盘成型机，由压力系统、成型模具系统及控制系统等组成。

2.5.4 水稻植质钵育秧盘成型系统构成及原理

水稻植质钵育秧盘成型不仅包括模压系统，还包括水稻秸秆粉碎装置、混料搅拌装置等。模压成型装置包括液压系统、成型模具、加热系统和控制系统等。其成型原理是将收获后的秸秆去除枝叶部分，只取茎秆部位，将茎秆切成 10 ~ 12cm（相俊红，2005），直接放入粉碎机中进行粉碎，将粉碎好的稻草粉和缓释胶黏剂按比例放入搅拌机内，在一定的转速和搅拌时间下，混料充分均匀地混合在一起；热压力机通过系统设置温度，对成型模具进行加热，当模

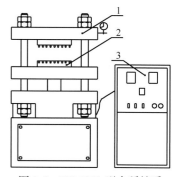

图 2-6　RY-1000 型水稻植质钵育秧盘成型机
Fig. 2-6　RY-1000 type forming machinery of the seedling-growing tray
1. 压力系统；2. 成型模具；3. 控制系统

具达到成型所需温度时，将配制好的混料称出一个水稻植质钵育秧盘的投料量，放入特制规格的料斗内压实，将料块投入模压型腔内，操作控制系统，将成型模具合模，设置合模保压时间，当达到保压时间后，系统会自动运行打开模具，通过脱模部件，水稻植质钵育秧盘自动从模具上退下，用接盘板将水稻植质钵育秧盘接下，即完成一个水稻植质钵育秧盘生产成型过程。

2.6　粉碎装置选择

稻草髓腔较大、质轻，密度约为 $0.14g/cm^3$，其横切面由表皮组织、基本薄壁组织和微管组织 3 部分构成（向琴，2001）。表皮组织含有长和短两种细胞，短细胞又分栓皮和硅质两种。基本薄壁组织由薄壁组织构成，在细胞间有明显的间隙。微管组织分布于基本薄壁组织之中，由纤维细胞和导管构成。稻草纤维短而细，经粉碎后即变成碎状，根据稻草自身特性及水稻植质钵育秧盘成型所需流动性，选择粉碎筛网的筛孔直径为 2mm 左右、孔间距为 3mm、开孔率为 40%（开孔率是指筛板上筛孔总面积占整个晒面面积的百分比）的粉碎机为饲料粉碎机即可。

先将秸秆去枝叶，再将下部茎秆部分切成 10～12cm 的稻草段，再喂入粉碎口进行粉碎，稻草粉经出料口直接装袋。去掉枝叶只取茎秆的原因是：枝叶经粉碎后大部分变成了细末粉尘，不利于成型，而且茎秆部分的纤维也比叶部的长。为了适应工业化生产，粉碎后的稻草不经筛选处理，直接备用。粉碎后的稻草粉碎料形态为 60% 长度为 2mm 左右，5% 长度大于 2mm，其余长度小于 2mm。经验证，筛网的选择完全符合试验的要求。

2.7　搅拌装置

搅拌是将两种或两种以上不同性质的物质相互融合在一起，通过一定的搅拌时间以达到均匀混合的目的。水稻植质钵育秧盘成型性能的先决条件就是稻草粉与缓释胶黏剂按比例混合后，是否搅拌均匀，因此搅拌装置的选择尤为重要。本章研究重点不在于搅拌装置的研究，所以只要满足试验中混料混匀的搅拌要求，选择出适合本试验成型的搅拌机即可。查阅资料发现，卧式混料搅拌机特别适用于具有黏性或凝聚性的粉粒体混料的混合，以及粉粒混料中添加较多液体（或糊状混料）的混合，这一混合特性完全符合本研究的混料搅拌要求，现进行如下选择研究。

2.7.1　结构及工作原理

卧式混料搅拌机由 U 形混料室、螺带搅拌机构、出料机构、传动机构、机盖和支架组成（根据需要可在机盖口处装喷雾加液装置），整体结构如图 2-7 所示，

图 2-7　混料搅拌机

Fig. 2-7　The blender of mixed material

U 形的长体筒体结构，保证混料（粉体、半流体）在筒体内的小阻力运动。正反旋转螺带安装于同一水平轴上，形成一个低动力、高效的混合环境。螺带状叶片一般做成双层或三层，外层螺旋将混料从两侧向中央汇集，内层螺旋将混料从中央向两侧输送，这样可使混料在流动中形成更多的涡流，加快了混合速度，提高了混合均匀度，它有 3 种标准的搅拌设计，即连续式螺带、打断式螺带和桨叶，分别根据中心或底部出料的要求来进行选择；采用皮带轮带动摆线减速机驱动，相对于齿轮减速机的大扭矩，皮带传动的弹性连接有在超载时保护传动部件的优势。卧式螺旋带混合机应选择大开门的出料形式，不要选择侧口或底部小开口的出料形式。这主要是由于当混合物在规定时间内完成搅拌混合后，最短时间内一次清出可保证混料的均匀度。如用侧口或底部小开口螺旋带逐渐清出，一是耽误时间，达不到预期生产率；二是混料本已达到最佳均匀度，过度搅拌反而会使混料离析，破坏了均匀度，从而失去了选用卧式混合机的意义。

　　卧式混料搅拌机的工作原理是：在减速机的驱动下，搅拌机的螺旋轴以定向旋转，在旋转的过程中，螺带一方面把混料推着沿轴向移动，一方面把混料带起抛向螺带前上方；而外层螺带使混料总是向筒体中间运动，内层螺带则使混料由中间向两端运动，这样混料在运动中形成了 2 个循环涡流，在反复循环流动的过程中，通过不断的翻动、对流和剪切，混料便充分混合。

2.7.2　搅拌槽容积

　　根据混料混合加工要求，可以确定每批所需混料的质量，从而计算搅拌槽的容积，即

$$V = \frac{q}{\psi\gamma} \qquad (2\text{-}1)$$

式中，ψ 为混料槽的充满系数，取 ψ 为 $0.6 \sim 0.8$；q 为每批混料的质量，kg；γ 为混料容重，kg/m³。

　　将 $\psi = 0.6$、$q = 250$、$\gamma = 330$ 代入式（2-1）中，得 $V = 1.26\text{m}^3$。

2.7.3　搅拌槽尺寸

　　根据经验公式，搅拌槽的长度 a 和槽边高度 h 计算公式为

$$a = (1.5 \sim 3.5)b \qquad (2-2)$$
$$h = (0.6 \sim 0.8)b \qquad (2-3)$$

式中，b 为搅拌槽截面最大宽度，mm。取 $b = 1200$，代入式（2-2）和式（2-3），则 $a = 1.6b = 1920\text{mm}$、$h = 0.8b = 960\text{mm}$。

2.7.4　螺旋带内外直径

为使混料在极短的时间内达到混合均匀的效果，卧式搅拌机采用双层螺带布置，外层螺带直径 D_1 计算公式为

$$D_1 = b - 2\lambda \qquad (2-4)$$

式中，γ 为外层螺带与槽底间隙，取 $2 \sim 8\text{mm}$。将 $\gamma = 2$、$b = 1200$ 代入式（2-4）中，得 $D_1 = 1196\text{mm}$。

为得到较好的混料效果，要求混料在搅拌槽混合后其顶表面与水平面之间的倾角必须小于 $5°$；且要求搅拌槽内的混料都能连续运动，不能产生死角。因此，在选取内层、外层螺带宽度和内层、外层螺带直径数值时必须合理。内层螺带直径 D_2 计算公式为

$$D_2 = \frac{K(D_1 b_1 - b_1^2) + b_2^2}{b_2} \qquad (2-5)$$

式中，K 为比例系数，取 $1 \sim 1.9$；b_1 为外层螺带宽度，取 $b_1 = 20 \sim 25\text{mm}$；$b_2$ 为内层螺带宽度，取 $b_2 = 35 \sim 170\text{mm}$。

将 $K = 1.5$、$D_1 = 1196$、$b_1 = 20$、$b_2 = 35$ 代入式（2-5）中，得 $D_2 = 1043\text{mm}$。

2.7.5　搅拌轴转速

在保证混料均匀效果的同时，尽量降低动力消耗，要求混料在旋转时不能被螺带抛起，即混料随螺带做旋转运动，而产生的离心力应小于混料质量。因此，搅拌轴临界转速的计算公式为

$$v_e \leqslant 42.298 \cdot D_1^{-1/2} \qquad (2-6)$$

式中，v_e 为外层螺带线速度。根据试验统计，一般混合机 $v_e = 0.83 \sim 1.7\text{m/s}$。

在选定 v_e 值后，计算搅拌轴转速 n，即

$$n = \frac{60 v_e}{\pi D_1} \qquad (2-7)$$

将 $v_e = 1.7$、$D_1 = 1196$ 代入式（2-7）中，得 $n = 27\text{r/min}$。

2.7.6　搅拌机生产率

搅拌机生产率的计算公式为

$$Q = \frac{60 V \psi \gamma}{T} \qquad (2-8)$$

式中，V 为搅拌槽的容积，m^3；T 为搅拌一批混料所需时间，min。一般情况下，搅拌配合混料 $T = 4 \sim 6min$，搅拌预混混料 $T = 16 \sim 20min$。

将 $V = 1.26$、$\psi = 0.6$、$\gamma = 330$、$T = 20$ 代入式 (2-8) 中，得 $Q = 748.44kg/min$。

2.7.7 配套动力

配套动力计算公式为

$$P = k_1 Q \tag{2-9}$$

式中，k_1 为经验系数，取 $k_1 = 0.0012 \sim 0.0015$。

将 $k_1 = 0.0015$、$Q = 748.44$ 代入式 (2-9) 中，得 $P = 1.12kW$。

2.8 液压装置

水稻植质钵育秧盘成型采用模压方式，即对模具型腔内的混料施加压力，使其充满模具间隙，此成型过程需要加压才可以完成，据资料显示，从加压原理上可采用液压式冲压系统和机械式冲压系统（梁锐等，2006）。采用液压系统具有的优点是：压力范围广，压力稳定，容易控制；压力检测方便，可安装压力表直接显示；液压油箱通用性和互换性好；液压系统简单，占地面积小。采用机械系统时可选择连杆机构、凸轮机构或螺旋传动机构等，这些机构结构比较复杂，占地面积较大，而且压力不好控制，无法直接读取压力值，几乎不存在通用性，需专门配做，成本比液压系统要高很多。因此采用液压系统作为成型机的配套动力系统。

本研究液压装置除了提供成型所需压力外，还需具备对模具进行加热的功能，因此也需要加热管布控的设计。

2.8.1 液压系统

液压系统的工作过程：成型模具与液压机装配在一起，通过液压机的加热部件对模具进行预热，当模具达到水稻植质钵育秧盘成型温度后，将混料放入模具中，通过控制系统的操作，液压机通过液压系统将凸凹模具合模施压。当压力达到最大值时，在保压时间内压力不变，保压时间过后液压系统开始泄压同时将凸凹模具分离。当运行工作面达到预设位置后，水稻植质钵育秧盘完成脱模并自动脱模，即完成一个工作循环。针对这一工作过程现对液压系统提出以下要求。

(1) 合模运动要平稳，2 个模具闭合时不应有冲击。

(2) 当模具闭合后，合模机构应保持闭合压力，防止混料流动时将模具冲开。

(3) 为保证安全生产，系统应设有安全制动装置。

2.8.2 工作阻力

液压机工作阻力计算公式为

$$F = F_w + F_m + F_f + F_g + F_{sf} + F_b \qquad (2\text{-}10)$$

（1）F_w 为作用在活塞杆上的工作阻力（kN），即模具脱模阻力，计算公式为

$$F_w = uA\frac{\mathrm{d}u}{\mathrm{d}v}N \times 10^{-3} \qquad (2\text{-}11)$$

式中，u 为黏性系数，由胶黏剂黏性系数和稻草黏性系数两部分组成；A 为小柱表面积，m^2；$\frac{\mathrm{d}u}{\mathrm{d}v}$ 为速度对液层距离变化率；v 为胶黏剂流速；N 为固定值，$N = 406$。

其中，

$$u = \left[aE_1 + bE_2 - c(E_1 - E_2) \right] \qquad (2\text{-}12)$$

式中，E_1、E_2 为稻草和胶黏剂的黏性系数；a、b 为稻草和胶黏剂的百分比，%；c 为经验系数，%。

其中，当 $a = 70\%$、$b = 30\%$ 时，$c = 28.2\%$。

$$E_1 = 6.32 \times 10^{-12} \times M_P^{3.4} \times C^5 \qquad (2\text{-}13)$$

式中，M_P 为纤维素聚合度；C 为黏胶中纤维的浓度，%。

将 $M_P = 22\,000$、$C = 58.8\%$ 代入式（2-13）中得

$E_1 = 6.32 \times 10^{-12} \times 22\,000^{3.4} \times 0.588^5 = 258.09\mathrm{N \cdot s/m^2}$，$E_2 = 51.2\mathrm{N \cdot s/m^2}$

将 E_1、E_2 代入式（2-12）中，得

$$u = \left[aE_1 + bE_2 - c(E_1 - E_2) \right] = 137.68\mathrm{N \cdot s/m^2}$$

将 $u = 137.68$、$A = 0.98$、$\frac{\mathrm{d}u}{\mathrm{d}v} = 7$、$N = 406$ 代入式（2-11）中，得

$$F_w = 137.68 \times 0.98 \times 7 \times 406 \times 10^{-3} = 383.46\mathrm{kN}$$

（2）F_m 为液压缸启动、制动或者换向时的惯性阻力，计算公式为

$$F_m = M \times a \times 10^{-3} \qquad (2\text{-}14)$$

式中，M 为工作部件质量，kg；a 为启动加速度，m/s^2。

将 $M = 970$、$a = 16$ 代入式（2-14）中，得

$$F_m = 970 \times 16 \times 10^{-3} = 15.52\mathrm{kN}$$

（3）F_f 为运动部件的摩擦阻力。由于要求压力机为立式，其径向压力接近于零，故 $F_f = 0$。

（4）F_g 为克服工作部件自身重力而产生的力，计算公式为

$$F_g = MG \times 10^{-3} \qquad (2\text{-}15)$$

式中，M 为工作部件质量，kg；G 为重力加速度，取 $9.8\mathrm{m/s^2}$。

将 $M = 1170$、$G = 9.8\mathrm{m/s^2}$ 代入式（2-15）中，得

$$F_g = 1170 \times 9.8 \times 10^{-3} = 11.466\mathrm{kN}$$

（5）F_{sf} 为液压缸活塞及活塞杆处密封装置的摩擦载荷，一般用机械效率表示。

（6）F_b 为回油背压阻力，计算公式为

$$F_b = P \times A \tag{2-16}$$

式中，P 为压力，MPa；A 为活塞端面积，m^2。

由于采用多路阀的复杂中高压系统，为安全起见，P 取最大值 3MPa，$A = 7065 \times 10^{-5} m^2$，则

$$F_b = 3 \times A = 211.95 kN$$

将上面各数值代入式（2-10）中，得

$$F = 383.46 + 15.52 + 0 + 11.466 + 211.95 = 622.396 kN$$

因此压力机应选择公称力大于 622.396kN 、回程力大于 473.9kN（安全系数取 1.2）的机型。

2.8.3　液压缸主要结构尺寸

（1）液压缸的活塞直径。液压缸最大载荷为模具合模时，根据上述内容其载荷力初定为 1000kN ，工作在活塞杆受压状态，活塞直径计算公式为

$$D = \sqrt{\frac{4F}{\pi [p_1 - p_2 (1 - \phi^2)]}} \tag{2-17}$$

式中，F 为作用力；p_1 为液压缸供油压力；p_2 为液压缸回流压力；ϕ 为液压缸的总效率。

在保压情况时，回油流量极小，故 $p_2 = 0$，将 $F = 1000$、$p_1 = 30$ 代入式（2-17）得

$$D = \sqrt{\frac{4 \times 10^6}{3.14 \times 30 \times 10^6}} = 0.21 m$$

按国际规定的液压缸的标准进行圆整，取液压缸活塞内直径 $D = 0.2m$。

（2）活塞杆直径。根据活塞杆直径 d 与活塞直径 D 的关系，取 $d/D = 0.7$，即液压缸活塞杆直径 $d = 0.14m$。

2.8.4　液压泵

（1）液压泵工作压力的确定如下：

$$p_P \geqslant p_1 + \sum \Delta p \tag{2-18}$$

式中，p_1 为液压缸或液压马达最大工作压力，MPa；$\sum \Delta p$ 为从液压泵出口到液压缸马达入口之间总的管路损失，MPa。

初算时可按经验数据选取：管路简单、流速不大时，取 $\sum \Delta p = 0.2 \sim 0.5 MPa$；管路复杂、进口有调速阀时，取 $\sum \Delta p = 0.5 \sim 1.5 MPa$。

本系统的最大工作压力取 $p_1 = 19.6 MPa$，取 $\sum \Delta p = 0.5 MPa$，代入式（2-

18）中，得液压泵最小工作压力为

$$p_P = 19.6 + 0.5 = 20.1\text{MPa}$$

（2）液压泵流量的确定如下：

$$q_{VP} \geqslant K\left(\sum Q_{\max}\right) \qquad (2\text{-}19)$$

式中，K 为系统泄露系数，取 $K = 1.1 \sim 1.3$；$\sum Q_{\max}$ 为同时运动的液压缸或液压马达的最大总流量，L/s。

系统最大流量发生在快速合模的工况下，$\sum Q_{\max} = 0.18\text{L/s}$，取泄露系数 $K = 1.2$，得最小液压泵流量为

$$q_{VP} = 1.2 \times 0.18 = 0.216\text{L/s}$$

根据上述内容选用 10MYCY14-1B 型定级变量轴向柱塞泵，当工作压力为 31.5MPa 时，最大排量为 10ml/r。

2.8.5　电动机功率

前面计算液压泵工作压力为 $p_P = 20.1\text{MPa}$，取泵的总效率 $\eta_P = 0.8$，则泵的总驱动功率为

$$p = \frac{p_P Q}{\eta_P} \qquad (2\text{-}20)$$

将 $p_P = 20.1$、$Q = q_{VP} = 12.96$、$\eta_P = 0.8$ 代入式（2-20）中，得

$$p = \frac{20.1 \times 10^6 \times 12.96}{10^3 \times 0.8 \times 60 \times 10^3} = 5.427\text{kW}$$

依据经验，选用 5.5kW 的 Y132M-4 三相异步电动机。

2.8.6　液压阀

选择液压阀主要根据阀的工作压力和通过阀的流量。根据上述数据，液压系统选择阀的规格型号为溢流阀 YF-B10H4、电磁换向阀 34EK-B10H-T、液控单向阀 A1Y-Ha10B。

据上述计算，液压系统原理图如图 2-8 所示。

2.8.7　加热部件

现有加热方式有电、蒸汽、油等，其中电加热是将加热管插入加热板中，通电后加热板具有热量，进而使紧贴其上的模

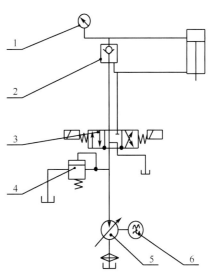

图 2-8　液压系统原理图

Fig. 2-8　The schematic diagram of hydraulic system

1. 电接点压力表；2. 液控单向阀；3. 电磁换向阀；4. 溢流阀；5. 轴向柱塞泵；6. 电动机

具受热升温，实现模具对型腔内混料进行干燥定型。电加热具有干净、方便可靠和容易操作控制等优点。缺点是能耗大、成本高等，水稻植质钵育秧盘成型后开模时产生大量的水蒸气，对导线易产生接头腐蚀，容易漏电，模具升温慢，热容量低，加热不稳定，生产率不高，只适合实验室小型生产研究。

蒸汽加热是将饱和（或过饱和）蒸汽通入加热板内，使模具升温。但该方式存在对导管有腐蚀作用、易造成穿孔、损坏模具等弊端，导热管加热温度一般最高只可达到200℃左右，应用范围有局限性，热效率低；且如果模具受热不均匀，则不适宜采用此方式。

油加热是将导热油通入加热板中，使模具受热升温。该方式的优点是导热油封闭循环使用，综合热效率比较高，节能效果明显，油温稳定后耗能极少；导热油压力低，对管道承压性能要求不高；如果密封效果好，则对管道腐蚀作用小；安排好导热通道后可受热均匀，与此同时，油加热对密封性要求极高，使用安全，此方式适合于今后在大工业生产中应用。

本研究采用电加热的方式，在上下加热板内分别插入6根加热管，加热功率<5.6kW。隔热层采用岩棉板。温度通过加热器电源开关控制，可分别设置上下加热板温度，随着电热板逐渐升温，温控仪数渐至设定温度，并保持此温度不变。

制造工艺等要求选择合适的模具材料，本研究成型模具材料选择45号钢。

2.9 电气控制系统

电气控制系统在控制箱上装有按钮、接触时间继电器、温度显示调节仪程控板等电气元件，用于控制机身和动力机构实现各种工作状态，电路图如图2-9所示。

2.10 成型模具设计方案

针对水稻植质钵育秧盘的成型模具设计无资料可借鉴，因此参照相关塑料模具的设计资料进行研究。据相关资料介绍，结合本研究混料性质，成型模具选择压缩模具。压缩模具是塑料模具中最简单的成型模具，适合成型较大的物件（杨晓丽等，2006）；且成型物件收缩率较小、变形小，各项性能指标均匀。单个模具生产制造成本较高，水稻植质钵育秧盘规模化生产后，成批生产成型模具可降低制造成本，尤其是成型模具中的易损部件。

2.11 成型模具结构

成型模具从用途角度看包括成型部件和结构零件两部分，其中成型部件由凸

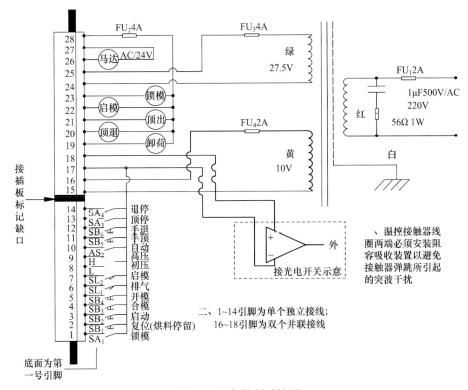

图 2-9　电气控制系统图

Fig. 2-9　The diagram of the electrical control system

模和凹模等组成；结构零件一般不与混料直接接触，在成型模具中起到安装、定位的作用。水稻植质钵育秧盘成型模具如图 2-10 所示。

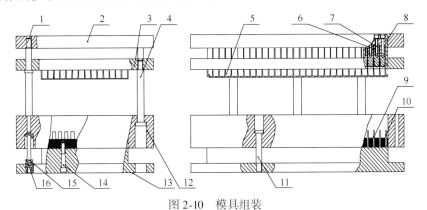

图 2-10　模具组装

Fig. 2-10　The assembly drawing of the mould

1. 上限位杆；2. 上模板；3. 退件板；4. 退件杆；5. 秧盘；6. 成型块；7. 安装螺钉；

8. 成型板；9. 成型销；10. 下模体；11. 下限拉杆；12. 加料框；13. 下模固定板；

14. 螺钉；15. 弹簧导向杆；16. 复位弹簧

2.11.1　成型模具基本结构

1. 成型模具

成型板与上模板通过螺钉连接在一起构成上模，成型销与下模体配合通过螺钉连接在一起，再与下模板通过螺钉连接在一起构成下模，由于成型模具体积及自身重量较大，必须将上下模具与压力机两个工作面安装在一起，通过压力机的一个移动工作面完成合模开模全过程。

2. 加料框

上下模具是无法承装全部成型混料的，因此在上下模具之间还需增加较大空间的加料框。加料框可辅助上下模具完成模具四周侧面成型，其复位依靠与下模配合的 8 个弹簧来完成。

3. 退料板

由于水稻植质钵育秧盘成型结构复杂且具有排列紧密的钵孔，为使水稻植质钵育秧盘整体同时完整退料，需要有与上模配合的退料板，退料板依靠拉杆与上模和加料框连接。

4. 限位销

上述 3 个部件工作时要相互闭合在一起，合模时极易产生错位，造成各部件损伤。为避免错位产生，在上模具对角线上安装两根限位销且在退料框上有两个限位孔，并在下模具对角线上安装两根限位销且在加料框上有两个限位孔。

5. 退料拉杆

退料拉杆可以在模具开模时逐渐将退料框从上模拉下来，完成水稻植质钵育秧盘的脱模。脱模质量直接影响水稻植质钵育秧盘成型好坏，退料拉杆必须保证退料框水平一致脱模（李建萍，2007），因此对退料拉杆要求比较高。

2.11.2　安装方向

成型模具加压方向即凸模作用方向，在确定安装方向时应综合以下因素考虑。

1. 从压力传导角度考虑

要考虑加压过程中所施压力的传递距离，距离太长易造成压力损失，成型压力传递到末端时压力已经损耗殆尽，成型混料末端受到的压力会很小，影响混料受压成型。

2. 从填料的角度考虑

　　从填料的角度考虑，水稻植质钵育秧盘成型完整需要有足够的填料，混料块即使被提前压缩，仍会具有相当厚的体积，在加料框尺寸一定的情况下，尽量增大承装空间（赵军，2008）。如果凸模安装在下面，凸模上的成型销会占据很大的加料框

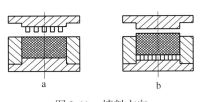

图 2-11　填料方向

Fig. 2-11　The sketch map of the padding direction

空间，料块超出料框后合模时易造成混料外溢。如图 2-11 所示同一模具的两种不同的安装方向，图 2-11a 所示凹模安装在下方，料块在料框内有足够大的存放空间；图 2-11b 所示凸模在下方，同样体积的料块不能完全放入料框内，合模时极易造成混料外溢的现象。

3. 从接盘的角度考虑

　　从接盘的角度考虑，图 2-11a 中水稻植质钵育秧盘成型脱模后从上面的模具上靠自身重量下落，接盘无需直接接触，不易造成水稻植质钵育秧盘的损坏，减少残次品数量。

4. 从混料流动方向角度考虑

　　如果凸模安装在上方（图 2-12a），压力机下工作面移动向上施加压力，压力方向朝上，混料的流动方向也朝上，压力与混料流动方向一致（孙绍华和孙庆华，2006），压力没有损耗，混料流动性好，充满型腔易于成型；如果凸模安装在下方（图 2-12b），压力方向朝上，混料的流动方向朝下，压力有损耗，混料流动性不好，水稻植质钵育秧盘立边不易成型。

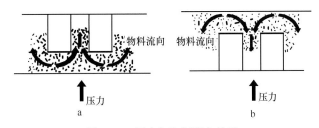

图 2-12　压力与物料流向关系

Fig. 2-12　The flow direction relation of the pressure with materiel

　　综上分析，凸模安装在压力机上工作面，凹模安装在热压机可移动下工作面。其他部件按顺序安装，开模、闭模和换气等操作均在压力机上进行，从而使压力机生产效率高、操作简单、劳动强度小、开模平稳（周大鹏，2005）。

2.12　第Ⅰ代水稻植质钵育秧盘成型模具

水稻植质钵育秧盘的钵孔形状是由成型模具凸模上安装的成型销形状决定的，其可根据水稻育秧的农艺要求来设计，水稻钵育栽植能够培育出壮秧主要是由于钵孔给秧苗提供较大的生长空间，钵孔越大，承装的营养成分越多，秧苗素质越高。根据这一规律，将秧苗钵孔形状设计为方形孔，钵体为长方体，如图 2-13 所示，尺寸（长×宽×高）= 600mm×280mm×20mm，壁厚 2mm，共 406（29×14）孔。图 2-13 钵孔局部放大图中的锯齿形是为插秧时秧针便于撕裂水稻植质钵育秧盘而设计的。

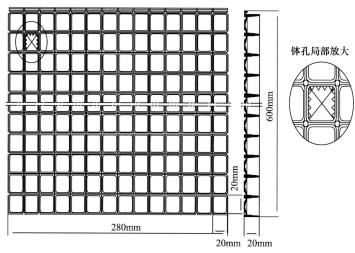

图 2-13　方形钵孔式水稻植质钵育秧盘

Fig. 2-13　The square seedling tray

根据水稻植质钵育秧盘的设计尺寸和钵孔形状的要求，设计制备成型模具并加工。将安装在凸模上的成型销设计成四方形，可使钵孔体积较圆形孔的体积增大，在一定程度上增加了钵苗生长所需的营养物质。

此套成型模具主要包括凸模、凹模、退料板、料框等主要部件，其他安装零件不做详细介绍。其中，方形成型销由数控雕刻加工工艺制得，退料板与 406 个成型销紧密配合，经线切割加工成 406 个方形孔。加工精度要求：保证 406 个成型销要分别与退料板上的 406 个退料孔配合使用，但加工精度有限，使得成型销必须标示数字记号，与相应标有记号的退料孔相对应，装配时非常费工费时，必须"对号入座"。此套成型模具的成型销与退料板不符合模具加工需具有通用性的原则，出现此情况的原因是因为方形孔的加工较困难，工艺精度不易掌握，且加工周期较长，不满足工业化生产模具的加工要求（潘承怡，2008）。同时，根据前期探索性经验发现，模具材料的选择与试验过程中出现的"黏模"现象有直接关系，因此根据模具加工工艺和模具材料的选择需要进行新的成型模具设计。

2.13　第Ⅱ代水稻植质钵育秧盘成型模具

根据第Ⅰ代模具设计中出现的问题进行设计方案改进，将水稻植质钵育秧盘钵孔设计成圆形孔，圆形成型销可以通过车床进行加工处理，能够有效保证尺寸一致性。退料板上退料孔也随之改成圆形孔，可通过数控钻孔进行加工，充分保证了尺寸的精确度，使得成型销对于退料孔而言具有通用性，装配时可以随机安装，降低了模具安装强度且提高了工作效率。此成型模具与第Ⅰ代模具同样具有各组成部件和安装零件，只是改变了凸模上成型销的形状，模具的基本结构组成参照图 2-10。

在解决模具加工工艺后，要着重进行模具工作部件材料的选择研究。由于模具工作时凹模工作面有黏模问题，因此需考虑凹模材料，模具其他部件仍然可以选用以往的材料。根据模具工作时的环境条件要求，凹模材料的选择需要具有耐高温、耐高压和不黏的性质，查阅大量文献后发现，聚四氟乙烯材料的特性正好符合上述要求。

聚四氟乙烯（PTFE）是在 1938 年由美国化学家研制氟利昂时合成的，它以其独有的特性广泛地应用于各个行业，被公认为"塑料王"。它是由四氟乙烯经聚合而形成的高分子化合物，具有优良的性能稳定性。聚四氟乙烯具有以下性质。

2.13.1　润滑性能优良

聚四氟乙烯具有较低的摩擦系数，跟其他工程材料相比，分子间的相互作用力较小，且与自身表面上其他材料分子间的作用力也极小，摩擦系数是已知可使用的滑动面材料中最小的，具有优良的润滑性，这也使得聚四氟乙烯具有优良的耐磨损性能。

2.13.2　耐腐蚀性能稳定

PTFE 具有优异的耐化学品腐蚀的性能，除能熔融于金属钠和液氟外，其他一切化学品对它都没有任何作用，在最恶劣的条件下，也可抵御强酸、强碱、强氧化剂和还原剂，以及其他各种有机溶剂的作用，是当今工程材料中耐腐蚀效果最好的材料之一。

2.13.3　耐高低温性能

聚四氟乙烯具有广泛的温度适用范围，可以在−195 ~ 260℃温度范围内长时间使用，即使在最低温度下也不会发脆、断裂，仍可保持较好的扰曲性，在最高温度 260℃时不会发生熔融现象。其由于广泛的温度使用范围，具有优良的耐老化和防辐射性能。

2.13.4 优良的防黏性能

聚四氟乙烯是目前所有材料中表面能最小的一种固体材料，表面张力仅仅为 0.019N/m，几乎当今所有的固体材料都不能附着在它的表面，只有个别张力小于它的液体材料才有可能渗透聚四氟乙烯的表面。

2.13.5 防电绝缘性能

聚四氟乙烯材料的电阻极大，为高度非极性固体材料，它的绝缘性能非常优良，PTFE 片材厚度为报纸厚时可以抵御千伏高压电。

2.13.6 防燃烧性能

资料显示聚四氟乙烯的熔点为 327℃，普遍高于一般的高分子聚合物，具有非常好的防燃烧性能。由于限氧数在 95 以上，所以 PTFE 在火焰上只会熔融不会液滴，最终只会被炭化而已，是非常好的防火材料。聚四氟乙烯还具有较好的防水性能，且具无毒、卫生等优良的属性。

目前，根据聚四氟乙烯自身所具有的独特的、优良的性能，其被广泛地应用于各个行业领域。根据耐腐蚀、耐高温、抗老化性能，其被应用于腐蚀气液体和强碱强酸盐的输送管道及各种防腐设备当中，且可作为各种高温阀门、泵、热密封件和热交换器等的材料来源；根据其优质的润滑性和耐磨性，其被广泛应用于无法添加润滑油的设备零件，如加工机械、造纸设备、滑动轴承、齿轮和活塞环及密封件等；根据绝缘性，其被应用于绝缘垫片、绝缘电子、绝缘电缆及电源插座等；根据防黏性能，其被用于制造各种不黏锅具涂层及防黏设备表面；由于聚四氟乙烯防水、无毒、卫生的性质，其还被应用于医疗卫生事业中。

根据上述聚四氟乙烯的性质及应用，本研究成型模具凹模材料使用 PTFE 作为工作面材质，在 PTFE 板上加工出装配孔，与其他模具部件进行组合装配。

根据此套成型模具设计的水稻植质钵育秧盘如图 2-14 所示。

此套成型模具可避免在水稻植质钵育秧盘成型过程中发生黏模现象，水稻植质钵育秧盘底面在脱模后不再黏附在模具上，在很大程度上解决了黏模问题，但在试验中仍发现诸多不足，如在模具加热过程中，聚四氟乙烯板导热性能差，需要较长的加热时间（李永辉，2007）；同时温度无法与模具其他成型部件达到一致，存在着温差，水稻植质钵育秧盘上表面与下表面的明显色差验证了这种推论。虽然 PTFE 具有耐高温高压的性能，但在长时间水稻植质钵育秧盘生产过程中，一直保持高温高压，使得 PTFE 板发生了严重的变形，混料成型时表面被压制出了各种形状不同、大小不一的"坑包"，对于成型秧盘的底面外观造成了影

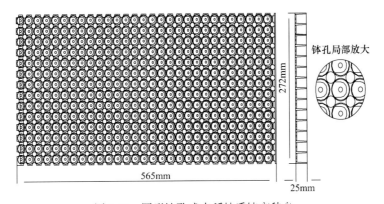

图 2-14　圆形钵孔式水稻植质钵育秧盘

Fig. 2-14　The round seedling-growing tray

响。同时在模具冷热交替时，PTFE 板自身横纵向尺寸产生"热胀冷缩"现象，这些不足依然困扰着成型模具设计，需进一步对成型模具的设计进行改良。

2.14　第Ⅲ代水稻植质钵育秧盘成型模具

综合分析两套成型模具存在的问题，取其各自的优势，摒弃研究过程中成型模具暴露出的不足，需进行新的模具设计，以期达到水稻植质钵育秧盘生产要求。水稻植质钵育秧盘钵孔仍选择圆形孔，成型销通过普通车床加工即可满足要求，安装时随机性和通用性较好，可以实现成型销配件的任意更换，退料板上与成型销配合的退料孔可通过数控加工保证精度。模具材料根据模具强度使用性能和制造工艺等要求选择 45 号钢，凹模工作面经特殊表面处理，避免材料粗糙造成不必要的黏模现象，同时在试验压制过程中可使用聚四氟乙烯片材进行防黏准备。根据插秧机进给尺寸及秧箱宽度尺寸，考虑水稻植质钵育秧盘浸水膨胀，确定水稻植质钵育秧盘的长度和宽度，为培育出壮钵苗，钵穴空间需足够大，确定钵盘厚度。根据加工工艺选择圆形钵孔，即水稻植质钵育秧盘整体尺寸（长×宽×高）为 560mm×265mm×22mm，壁厚 3mm，钵孔 406（29×14）穴，钵孔直径 17.8mm、中心距 20.1mm。为满足植质钵育移栽要求，水稻植质钵育秧盘的制备须符合栽植机的栽植要求；根据植质钵育栽植要求，为使栽植分秧时保持完整的秧钵，水稻植质钵育秧盘钵穴不能制成交错排列形式，而应制成经纬排列形式。水稻植质钵育秧盘设计如图 2-15 所示。

根据上述水稻植质钵育秧盘尺寸及模具设计尺寸的相关计算，确定了凸凹模工作区域的尺寸，根据安装要求和压力机工作面尺寸及相关计算确定了上下模具的整体尺寸及各安装孔的位置尺寸，经过一系列设计，成型模具结构尺寸如图 2-16 所示。

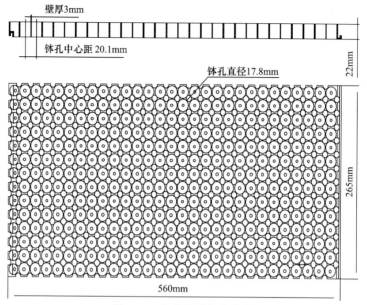

图 2-15　水稻植质钵育秧盘

Fig. 2-15　The seedling-growing tray made of paddy-straw

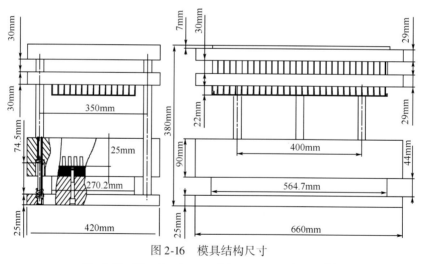

图 2-16　模具结构尺寸

Fig. 2-16　The sketch map of the structure size mould

　　该成型模具的各项性能符合试验要求，导热性能好（王军等，1990），模具尺寸稳定，脱模效果明显改善。

2.15　小结

　　（1）本章进行水稻植质钵育成型加工设备的总体方案设计，分别对各系统装置进行深入研究。

（2）根据水稻秸秆的物理特性，即粉碎后即变成碎状的特点，现有饲料粉碎机的性能即可满足使用要求。根据水稻植质钵育秧盘成型需要选择适宜的粉碎筛片尺寸即可，经验证粉碎细度符合试验要求，将收获后的水稻秸秆去掉枝叶进行切断粉碎后装袋备用。

（3）本研究的水稻植质钵育秧盘成型不是单一靠稻草粉成型，而是需要多种物质混合搅拌在一起后才可以进行压制成型，混合搅拌的均匀性直接影响水稻植质钵育秧盘的性能，因此搅拌装置的研究尤为重要。本章分析混料搅拌工作原理，并对各部件进行性能尺寸的选择确定。

（4）水稻植质钵育秧盘的成型是对稻草粉及混合辅料进行正向施压成型，因此水稻植质钵育秧盘的成型需要有足够的压力才可以完成。液压系统具有压力范围广和压力恒定等优点，本章对液压系统进行了详细分析，并对主要工作部件进行了验证选择，确定各部件的型号，将选定好的各液压部件进行组合安装，即得到液压成型机。

（5）为实现水稻植质钵育秧盘制备成型的生产自动化，成型机配备了电气自动控制系统，从模具温度设定及控制、合模、保压时间的设定、开模及退盘方面实现了自动化。

（6）根据稻草粉的成型原理采用模压成型工艺，并根据此工艺进行压缩模具的设计，确定成型模具的基本结构组成。

（7）根据钵育栽培技术的农艺要求进行水稻植质钵育秧盘钵孔形状设计，设计出方形钵孔结构。根据水稻植质钵育秧盘进行模具设计并加工，在加工过程中发现加工工艺问题，所以此模具设计不符合模具通用性的要求，不适宜大批量的模具加工，加工效率低，生产成本高；同时模具材料选择普通材质，出现严重的黏模现象。

（8）解决模具设计中出现的问题，将方形钵孔设计改为圆形钵孔设计，便于加工，保证尺寸一致，降低生产成本；并选择了新型模具材料，着重介绍了聚四氟乙烯具有的性质及当前应用领域，其性质符合试验要求，可进行模具加工。尽管新型模具解决了黏模问题和加工工艺问题，但伴随出现模具尺寸不稳定、导热性差的问题，影响水稻植质钵育秧盘的外观质量等。

（9）综合分析和总结前两套模具设计出现的问题，进行模具设计改善。针对两套模具取长补短，最终设计出了水稻植质钵育秧盘成型模具。根据试验原料的特性和成型特点确定成型模具的结构、部件组成及尺寸，最终与液压成型机组合装配得到水稻植质钵育秧盘成型加工设备。

参 考 文 献

李建萍. 2007. 植物纤维与废弃聚丙烯复合板材的制备. 南京航空航天大学硕士学位论文：5-6.

李永辉 . 2007. 基于改性大豆蛋白胶粘剂的中密度纤维板制备及性能研究 . 浙江大学硕士学位论文：10-11.

梁锐，苏运琳，李景，等 . 2006. 浅谈水稻育秧软盘加工工艺的改进 . 现代农业装备，(3)：89-91.

潘承怡 . 2008. 车用微米木纤维模压制品成型理论与握钉力计算方法研究 . 东北林业大学博士学位论文：43-44.

钱湘群，赵匀，盛奎川 . 2003. 秸秆切碎及压缩成型特性与设备研究 . 浙江大学硕士学位论文：5-7.

邱仁辉 . 2002. 纸浆模塑制品成型机理及过程控制的研究 . 东北林业大学博士学位论文：10-11.

孙绍华，孙庆华 . 2006. 铝合金模压操作过程中各因素对锻件产生折叠的影响 . 轻合金加工技术，(12)：35-37.

王军，朴载允，尹子康，等 . 1990. 热压条件对纤维板力学性能的影响 . 吉林林业科技，(2)：45-49.

夏露，黄晋，张友寿 . 2005. 金属—超高分子量聚乙烯复合材料的制备工艺 . 湖北工业大学学报，20 (5)：75-77.

相俊红 . 2005. 农作物秸秆综合利用机械化技术推广研究 . 中国农业大学硕士学位论文：8-9.

向琴 . 2001. 稻草碎料板工艺的研究 . 中南林学院硕士学位论文：32-33.

杨晓丽，那明君，李元强，等 . 2006. 新型水稻钵体摆栽秧盘及秧盘注塑模具的设计 . 东北农业大学学报，37 (3)：370-372.

赵军 . 2008. 悬浮流化式生物质热解液化装置设计理论及仿真研究 . 东北林业大学博士学位论文：9-10.

赵其斌 . 2000. 浅议农作物秸秆综合利用技术 . 农业新天地，(5)：40-42.

周大鹏 . 2005. 快速成型与耐热、高强度酚醛注塑料的制备技术及性能研究 . 浙江大学博士学位论文：10-11.

第3章　水稻植质钵育秧盘制备工艺及参数优化

在水稻植质钵育秧盘成型装备研究基础上，需进一步研究混料成型配比和成型工艺对水稻植质钵育秧盘成型性能的影响。本章主要讨论基于3种不同类型胶黏剂制备水稻植质钵育秧盘的工艺，着重探索3种不同类型胶黏剂在不同配比和成型工艺下对水稻植质钵育秧盘成型性能的影响，并进行试验验证，得出水稻植质钵育秧盘制备工艺参数，并对参数进行优化。

3.1　考核指标

水稻植质钵育秧盘是水稻育秧载体，其性能需要满足后期播种和插秧需求，成型性和抗水性分别是满足后期的播种和插秧需求的性能指标。其中，成型性由钵孔率评价，钵孔率越高，成型性越好。抗水性由膨胀率评价，膨胀率越低，抗水性越好。

钵孔率：合格钵孔定义为实际钵孔深为理论设计钵孔深（17.8mm）1/2以上的钵孔，以此来统计合格钵孔数，故钵孔率由式（3-1）计算：

$$K = \frac{K_1}{406} \times 100\% \qquad (3-1)$$

式中，K 为钵孔率,%；K_1 为实际钵孔深为理论钵孔深1/2以上的钵孔数，个。

膨胀率：定义为浸水后水稻植质钵育秧盘宽度方向尺寸变化差值与原始宽度尺寸的百分比。水稻植质钵育秧盘原始尺寸：长×宽×高＝560mm×265mm×22mm，将水稻植质钵育秧盘完全浸入水中，经过15天浸泡，用直尺测量吸水膨胀后的水稻植质钵育秧盘宽度方向尺寸变化量。膨胀率由式（3-2）计算：

$$P = \frac{P_1 - 265}{265} \times 100\% \qquad (3-2)$$

式中，P 为膨胀率,%；P_1 为水稻植质钵育秧盘完全膨胀后宽度方向尺寸，mm。

3.2　权重及优化原则

3.2.1　权重

为确定制备工艺的最优组合方案，需要进行权重综合值分析，因此，首先需要确定钵孔率和膨胀率在水稻植质钵育秧盘后期育秧和插秧需要中的权重。根据农艺要求，育秧需要是首要考虑对象，插秧需要是次要考虑对象，因此，在工艺综合指标分析中，钵孔率权重占70%，膨胀率权重占30%，权重按照专家评定法确定（李智广等，2012），见表3-1。

表 3-1　指标权重专家评定结果

Table 3-1　The result of weight of index on experts' judgment （单位：%）

指标	专家 A 评定值	专家 B 评定值	专家 C 评定值	平均值
钵孔率	71	69	70	70
膨胀率	20	30	40	30

就钵孔率而言，钵孔率越高，水稻植质钵育秧盘性能越好，而膨胀率则相反，故为便于后期优化分析，将膨胀率取倒数，从而，钵孔率越大和膨胀率倒数越大（即膨胀率越小），水稻植质钵育秧盘性能越好。因此，综合值=（钵孔率/钵孔率组中最大值）×70% +（膨胀率倒数/膨胀率倒数组中最大值）×30%，综合值最大值所对应的因素组合便是制备工艺最优方案。

3.2.2　优化原则

（1）以钵孔率和膨胀率为指标首先进行极差分析，得出较优成型配比参数，在此基础上，结合权重综合值分析，对水稻植质钵育秧盘成型配比参数进行最优分析。

（2）在成型配比参数优化基础上，参照（1）对水稻植质钵育秧盘制备工艺参数进行最优分析。

3.3　基于热固性胶黏剂的水稻植质钵育秧盘制备工艺及参数优化

3.3.1　材料与方法

1. 材料与设备

1）原材料

本试验所采用的水稻秸秆来自大庆周边稻田，水稻秸秆要求含水率在14%~16%（经烘干法测定）。先将水稻秸秆用铡刀切成100~150mm的小段，再由粉碎机进行粉碎，粉碎机筛网孔直径为1.5mm，粉碎后的碎料筛选后经12h高温（高于120℃）灭菌处理后直接入袋，备用。脱模剂为液体石蜡，由山东玉皇化工有限公司生产。胶黏剂是自制的缓释型热固性胶黏剂，主要成分为酰胺基，含量为21%，其能够在秧苗生长过程中遇水缓释出秧苗所需营养物质（一般达到150天左右），能够有效解决由钵孔中土壤少而造成营养成分减少的问题。自制的热固性胶黏剂在加热、固化剂（主要成分为 NH_4Cl，含量为 21.3%）和加压等作用下，能够和稻草粉快速固化。

根据以往试验，为增强水稻植质钵育秧盘强度（保证运输完整性）和保证插秧取秧力最小，需要在混料中添加增强剂（主要成分为淀粉，含量为 16.7%）。

2）设备

本试验采用的设备为 RY-1000 型水稻植质钵育秧盘成型机，其结构如图 2-6 所示，结构参数如表 3-2 所示。

表 3-2　RY-1000 型水稻植质钵育秧盘成型机结构参数

Table 3-2　Structure parameters of RY-1000 type forming machinery of the seedling-growing tray

项目	数值
标准压力/kN	1000
行程/mm	300
加热功率/kW	5.6
上下模加热温度/℃	300
滑块回程速度/（m/min）	1.68
模具外形尺寸（长×宽×高）/mm	667×450×380
工作效率/（盘/h）	12

2. 试验方法

1）制备工艺流程

水稻植质钵育秧盘制备工艺流程如图 2-5 所示。首先将成型所需各种材料混合，均匀搅拌成混料，在喂料前，需要对模具表面均匀喷涂 3～5ml 脱模剂（Pan et al.，2010），待混料在模具内平整铺装后闭合模具，热固性胶黏剂在加热、固化剂和压力作用下固化，在增强剂作用下使模具内的混料完整成型、强度增加，达到保压时间后系统自行开模，水稻植质钵育秧盘脱模冷却后打捆。为了保证后续运输完整性，打捆时还需要对水稻植质钵育秧盘四角和上下层边缘采取防护措施（凌楚生等，2010）。

2）影响因素

根据单因素试验研究结果得出：水稻植质钵育秧盘成型配比和制备工艺均影响水稻植质钵育秧盘性能。影响成型配比的因素主要有施胶量（指混料中添加的胶黏剂的质量，单位：kg）、固化剂剂量（指混料中添加的固化剂的质量，单位：kg）、增强剂剂量（指混料中添加的增强剂的质量，单位：kg）和混料量（指稻草、添加的胶黏剂、固化剂和增强剂的质量总和，单位：kg）；影响制备工艺的因素主要有成型压力（单位：MPa）、模具温度（单位：℃）和保压时间（单位：s）。

3）试验设计

分别从影响水稻植质钵育秧盘性能的成型配比和制备工艺两个方面进行试验。首先研究成型配比和制备工艺中单一因素对水稻植质钵育秧盘性能影响；然后结合单因素试验结果进行多因素正交试验（何春霞等，2012）。试验采用 L_9（3^4）正交表，重复 3 次（杨德，2002），因素及水平如表 3-3 和表 3-4 所示。

表 3-3 成型配比正交试验因素及水平
Table 3-3 Forming ratio on factors and levels of orthogonal experiments

水平	试验因素			
	A 施胶量/kg	B 固化剂剂量/kg	C 增强剂剂量/kg	D 混料量/kg
1	0.8	0.002	0.08	1.1
2	0.9	0.005	0.09	1.2
3	1.0	0.008	0.10	1.3

表 3-4 制备工艺正交试验因素及水平
Table 3-4 Preparation process on factors and levels of orthogonal experiments

水平	试验因素		
	A 成型压力/MPa	B 模具温度/℃	C 保压时间/s
1	25.0	140	300
2	27.5	130	330
3	30.0	120	270

3.3.2 结果与分析

1. 成型配比对水稻植质钵育秧盘性能的影响

结合前期试验，选择初期制备工艺条件：成型压力 27.5MPa、模具温度 130℃、保压时间 330s，分析成型配比对水稻植质钵育秧盘性能的影响，试验结果如图 3-1 所示。

施胶量对钵孔率的影响如图 3-1a(1)所示，钵孔率随着施胶量的增加而升高。当施胶量小于 0.3kg 时，钵孔率为零，表明 0.3kg 施胶量为水稻植质钵育秧盘成型最小黏结用量。当施胶量大于 0.4kg 时，钵孔率随施胶量的增加而升高。当施胶量大于 0.9kg 时，钵孔率随施胶量的增加而降低，这主要是由于施胶量过多

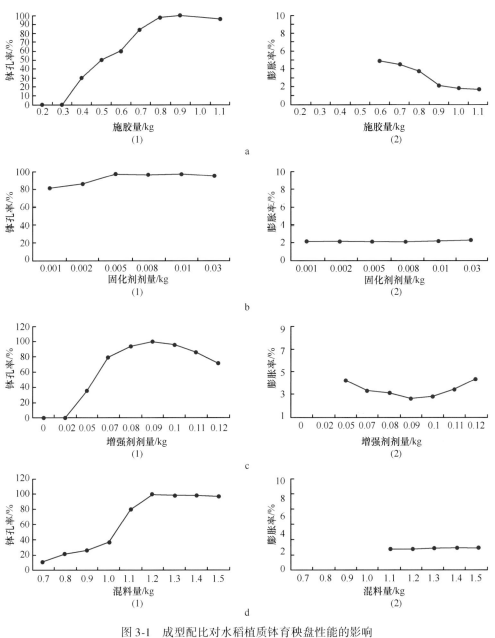

图 3-1　成型配比对水稻植质钵育秧盘性能的影响

Fig. 3-1　Performance influence of forming ratio of the seedling-growing tray

后，易出现"跑胶"现象，过多的胶黏剂在压力作用下渗透到模具缝隙中，当成型模具自动打开时，模具缝隙中固化的胶黏剂对已成型的水稻植质钵育秧盘侧边产生撕拉作用，易造成水稻植质钵育秧盘侧边钵孔的破损，影响合格钵孔形成。因此，为保证水稻植质钵育秧盘成型性，施胶量应控制在一定范围内。据试验观察，胶黏剂剂量对混料的流动性有很大影响，其较少时流动性较差、较大时流动性较好（师建芳等，2012）。

施胶量对膨胀率的影响如图 3-1a(2) 所示，当施胶量小于 0.6kg，膨胀率为零，表明此时水稻植质钵育秧盘没有抗水性。这是由于当施胶量小于 0.5kg 时，混料在模具型腔内流动性不好，虽然水稻植质钵育秧盘钵孔形成达到一定数目，但钵孔内部没有充分黏结，水稻植质钵育秧盘吸水后钵孔全部散落，起水后水稻植质钵育秧盘不成型。在一定范围内，膨胀率随施胶量的增加而降低。当施胶量大于 1.0kg 时，膨胀率基本不变。

固化剂用于加快胶黏剂固化速度。固化剂剂量对钵孔率的影响如图 3-1b(1) 所示，当固化剂剂量等于 0.001kg 时，钵孔率最小，在同等条件下，固化剂剂量越少固化越不完全，影响钵孔的形成，使钵孔率降低。当固化剂剂量大于 0.005kg 时，固化剂对钵孔率的影响趋于平缓，钵孔率基本没有变化。

固化剂剂量对膨胀率的影响如图 3-1b(2) 所示，随着固化剂剂量的增加，膨胀率没有变化。这是由于水稻植质钵育秧盘抗水性主要与胶黏剂有关（陈恒高等，2004a，2005b），膨胀率受固化剂剂量的影响很小。

增强剂剂量对钵孔率的影响如图 3-1c(1) 所示，钵孔率随增强剂剂量增加先升高后降低。当增强剂剂量小于 0.02kg 时，水稻植质钵育秧盘不成型，钵孔率为零。当增强剂剂量在 0.02~0.09kg 时，钵孔率随增强剂剂量的增加而升高，这是由于当增强剂与胶黏剂融合时，能够使胶黏剂黏稠度升高，在压力的作用下混料流动性增强，钵孔率随之升高。当增强剂剂量大于 0.09kg 时，钵孔率开始降低，这是由于增强剂剂量过多使胶黏剂黏稠度升高，影响混料整体流动性，使钵孔率降低。由上可知，增强剂剂量对水稻植质钵育秧盘成型性的影响明显。

增强剂剂量对膨胀率的影响如 3-1c(2) 所示，膨胀率随增强剂剂量的增加先降低后升高。这是由于随着增强剂剂量的增加，没有出现"粉料"分离的现象，水稻植质钵育秧盘整体成型完好，使各个钵孔抗水性均匀一致，膨胀率逐渐下降。当增强剂剂量大于 0.09kg 时，增强剂本身具有亲水性，再加上增强剂添加过量可增加胶黏剂黏稠度，弱化了混料的流动性，从而影响秧盘成型性，使膨胀率升高。

混料量对钵孔率的影响如图 3-1d(1) 所示，当混料量较小时，钵孔率接近于零。随着混料量的增加，混料在模具压力的作用下，挤进钵孔成型销的间隙内，挤进的混料越多，成型性越好，当混料充满间隙，钵孔成型稳定，开模后钵孔整体外观固定不变。当混料量大于 1.2kg 时，钵孔率降低。混料量大于 1.5kg，会使水稻植质钵育秧盘密度过大，从而易使插秧取秧力过大，也使水稻植质钵育秧盘重量增大。因此，在保证钵孔充分成型的情况下，尽量降低混料量。

混料量对膨胀率的影响如图 3-1d（2）所示，当混料量为 0.7～1.1kg 时，水稻植质钵育秧盘基本没有抗水性，这是由于混料量不足，混料在模具内无法保证基本成型需要，从而影响抗水性（宋琳莹和辛寅昌，2007）。当混料量大于 1.1kg 时，膨胀率随混料量的增加趋于稳定，这是由于混料量在满足水稻植质钵育秧盘成型需要后，整体成型均匀稳定，钵孔抗水性基本一致。

2. 制备工艺对水稻植质钵育秧盘成型性能的影响

结合前期试验，选择初期成型配比条件：施胶量 0.9kg、固化剂剂量 0.005kg、增强剂剂量 0.09kg、混料量 1.1kg，分析制备工艺对水稻植质钵育秧盘性能的影响，试验结果如图 3-2 所示。

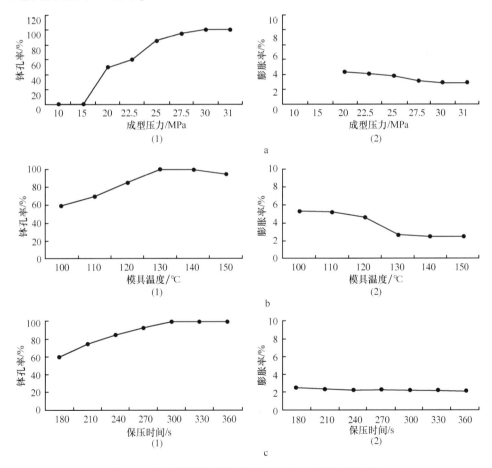

图 3-2　水稻植质钵育秧盘制备工艺对成型性能的影响

Fig. 3-2　Performance influence of preparation process the seedling-growing tray

成型压力对钵孔率的影响如图 3-2a（1）所示，当成型压力小于 15MPa 时，钵孔率为零，这是由于随着成型压力的升高，混料受挤压程度变大，强化了混料流动性，使混料充满型腔的概率增加，有利于水稻植质钵育秧盘成型，从而使钵孔率升高。当成型压力在 30 ~ 31MPa 时，钵孔率保持稳定。在考虑成本和保证成型的情况下，应将成型压力控制在一定范围内。

成型压力对膨胀率的影响如图 3-2a(2) 所示，当成型压力为 20MPa 时，水稻植质钵育秧盘没有被充分压实，密度小，易吸水膨胀，从而使抗水性减弱，膨胀率较大。当成型压力大于 20MPa 时，膨胀率降低，这是由于随着成型压力的增加，水稻植质钵育秧盘成型稳定，抗水能力逐渐增强直至保持不变。

模具温度对钵孔率的影响如图 3-2b(1) 所示，当模具温度较低时，钵孔率较低。随着模具温度的升高，混料流动性增强，固化速度加快，从而使钵孔率升高。当模具温度为 130℃ 时，钵孔率最大。试验表明，模具温度不高时需要适当延长保压时间，当模具温度升高，模具型腔内温度过高时混料会发生炭化现象，易使钵孔率降低。在考虑生产效率和成本的情况下，模具温度不宜过高，保证水稻植质钵育秧盘成型即可。

模具温度对膨胀率的影响如图 3-2b(2) 所示，膨胀率随模具温度的升高而降低。在模具温度较低时，混料受热不均匀，固化效果差，从而使水稻植质钵育秧盘成型性差，导致抗水性差，使得膨胀率升高。当模具温度在 120 ~ 130℃ 时，混料迅速均匀固化，从而使抗水性增强，膨胀率降低。当模具温度大于 130℃ 时，可使水稻植质钵育秧盘出现不同程度的炭化现象。据试验观察，"炭化"现象有助于增强水稻植质钵育秧盘的抗水性能，使得膨胀率保持稳定。

保压时间对钵孔率的影响如图 3-2c(1) 所示，随着保压时间的增长，钵孔率升高。当保压时间较短时，混料中胶黏剂固化不完全，使得钵孔率较低。当保压时间为 360s 时，水稻植质钵育秧盘表面个别钵孔颜色较深，表明水稻植质钵育秧盘在模具内时间过长，出现不同程度的炭化现象。但在此保压时间内，成型性能没有发生较大变化，钵孔率恒定。为避免出现极度炭化的现象而影响钵孔率，要在保证满足成型性要求的情况下尽量缩短保压时间。

保压时间对膨胀率的影响如图 3-2c(2) 所示，随保压时间的变化，膨胀率基本保持恒定。这是由于在满足固化温度和成型压力后，水稻植质钵育秧盘基本完成成型，其各个钵孔的抗水性基本一致。试验表明，水稻植质钵育秧盘在模具中取出后需要放置一段时间，要求干燥通风，这样有利于提高水稻植质钵育秧盘抗水性。

3.3.3 工艺参数优化

为对制备过程工艺参数进行优化分析，在以上试验基础上，以钵孔率和膨胀率为考核指标，设计正交试验，并进行方差分析、极差分析和权重综合值分析，试验结果如表 3-5 和表 3-6 所示。

表 3-5　成型配比正交试验结果

Table 3-5　Orthogonal experiments results of forming ratio

编号	施胶量/kg	固化剂剂量/kg	增强剂剂量/kg	混料量/kg	钵孔率/%	膨胀率/%	综合值
1	0.8	0.002	0.08	1.1	75.51	5.44	0.649
2	0.8	0.005	0.09	1.2	84.19	5.31	0.714
3	0.8	0.008	0.10	1.3	22.49	7.37	0.245
4	0.9	0.002	0.09	1.3	99.25	2.15	0.996
5	0.9	0.005	0.10	1.1	97.75	3.03	0.899
6	0.9	0.008	0.08	1.2	73.37	4.28	0.666
7	1.0	0.002	0.10	1.2	95.58	2.12	0.974
8	1.0	0.005	0.08	1.3	98.51	2.16	0.989
9	1.0	0.008	0.09	1.1	95.78	2.42	0.938

表 3-6　制备工艺正交试验结果

Table 3-6　Orthogonal experiments results of preparation process

编号	成型压力/MPa	模具温度/℃	保压时间/s	钵孔率/%	膨胀率/%	综合值
1	25.0	140	300	85.59	1.25	0.866
2	25.0	130	330	59.38	1.15	0.705
3	25.0	120	270	39.28	1.12	0.571
4	27.5	120	270	89.06	1.10	0.927
5	27.5	130	300	63.72	1.18	0.728
6	27.5	140	330	96.57	1.12	0.974
7	30.0	120	330	76.16	1.13	0.828
8	30.0	140	270	99.26	1.13	0.991
9	30.0	130	300	99.46	1.12	0.992

1. 成型配比优化

在以往试验的基础上，在成型压力为 27.5MPa、模具温度为 130℃、保压时间为 330s 的条件下水稻植质钵育秧盘成型效果较好，因此，以此为制备工艺条件进行试验，试验结果如表 3-5 所示。以钵孔率为指标，通过方差分析（表 3-7）表明，各因素对钵孔率影响都极显著，对水稻植质钵育秧盘成型性影响的显著程度依次为：施胶量、固化剂剂量、增强剂剂量、混料量。对正交试验结果进行极差分析（表 3-8），从而确定优化组合方案为 A3B2C2D1。同样，以膨胀率为指标，通过方差分析（表 3-7）可知，施胶量和固化剂剂量对膨胀率的影响极显著，增强剂剂量对膨胀率的影响显著，混料量对膨胀率没有显著影响。对水稻植质钵育秧盘抗水性影响的显著程度依次为：施胶量、固化剂剂量、增强剂剂量、混料量，通过极差分析（表 3-8）确定优化组合方案为 A3B1C2D1。

表 3-7　成型性能方差分析

Table 3-7　Variance analysis of forming ratio

方差来源	钵孔率					膨胀率				
	偏差平方和	自由度	方差	F 值	显著性	偏差平方和	自由度	方差	F 值	显著性
施胶量	6 583.4	2	3 291.7	172.3	＊＊	71.1	2	35.5	218.8	＊＊
固化剂剂量	4 726.3	2	2 363.1	123.7	＊＊	10.8	2	5.41	33.3	＊＊
增强剂剂量	2 009.3	2	1 004.6	52.6	＊＊	3.7	2	1.8	11.6	＊
混料量	1 238.1	2	619.0	32.4	＊＊	0.4	2	0.2	13	—
误差	343.7	18	19.1	172.3		2.9	18	0.1		
总和	14 900.8					88.9				

表 3-8　成型配比极差分析

Table 3-8　Range analysis for forming ratio

		钵孔率				膨胀率			
		施胶量	固化剂剂量	增强剂剂量	混料量	施胶量	固化剂剂量	增强剂剂量	混料量
总和	K_1	546.5600	811.0000	742.1500	807.1000	54.3500	29.1200	35.6400	32.6700
	K_2	811.0900	841.3200	837.6400	759.4100	28.3900	31.4800	29.6300	35.1200
	K_3	869.6000	574.9300	647.4600	660.7400	20.0800	42.2200	37.5500	35.0300
均值	K_1	60.7289	90.1111	82.4611	89.6778	6.0389	3.2356	3.9600	3.6300
	K_2	90.1211	93.4800	93.0711	84.3789	3.1544	3.4978	3.2922	3.9022
	K_3	96.6222	63.8811	71.9400	73.4156	2.2311	4.6911	4.1722	3.8922
极大值		96.6222	93.4800	93.0711	89.6778	6.0389	4.6911	4.1722	3.9022
极小值		60.7289	63.8811	71.9400	73.4156	2.2311	3.2356	3.2922	3.6300
极差 R		35.8933	29.5989	21.1311	16.2622	3.8078	1.4555	0.8800	0.2722
调整 R'		32.3279	26.6587	19.0321	14.6468	3.4295	1.3110	0.7926	0.2452

　　按照综合值最终确定优化组合方案为 A2B1C2D3。

　　为验证上述所选方案的正确性，按选取成型配比的优化组合方案进行验证试验，试验结果得到性能指标：钵孔率为 99.25%、膨胀率为 2.15%，能够满足育秧和插秧的需要。

2. 制备工艺优化

　　取综合值 0.996 对应成分配比组合方案，以膨胀率为指标，通过方差分析（表 3-9）表明，各因素对膨胀率影响显著。

表 3-9 制备工艺方差分析
Table 3-9 Variance analysis of preparation process

方差来源	钵孔率					膨胀率				
	偏差平方和	自由度	方差	F值	显著性	偏差平方和	自由度	方差	F值	显著性
成型压力	4 367.5	2	2 183.7	241.9	**	0.011 3	2	0.005 6	0.571 8	—
空列	405.5	2	202.7			0.009 0	2	0.004 5		
模具温度	5 434.6	2	2 717.3	301.1	**	0.008 9	2	0.004 4	0.450 2	—
保压时间	248.5	2	124.2	13.7	**	0.217	2	0.010 8	0.097 5	—
误差	162.4	18	9.1			0.188 5	18	0.239 4		
总和	10 618.5					0.434 7				

对正交试验结果进行极差分析，见表 3-10。

表 3-10 制备工艺极差分析
Table 3-10 Range analysis of preparation process

		钵孔率				膨胀率			
		成型压力	空列	模具温度	保压时间	成型压力	空列	模具温度	保压时间
总和	K_1	552.800 0	752.460 0	844.310 0	746.340 0	10.590 0	10.470 0	10.530 0	10.680 0
	K_2	748.090 0	667.140 0	743.720 0	696.390 0	10.210 0	10.420 0	10.130 0	10.230 0
	K_3	824.680 0	705.970 0	537.540 0	682.840 0	10.190 0	10.100 0	10.330 0	10.080 0
均值	K_1	61.422 2	83.606 7	93.812 2	82.926 7	1.176 7	1.163 3	1.170 0	1.186 7
	K_2	83.121 1	74.126 7	82.635 6	77.376 7	1.134 4	1.157 8	1.125 6	1.136 7
	K_3	91.631 1	78.441 1	59.726 7	75.871 1	1.132 2	1.122 2	1.147 8	1.120 0
极大值		91.631 1	83.606 7	93.812 2	82.926 7	1.176 7	1.163 3	1.170 0	1.186 7
极小值		61.422 2	74.126 7	59.726 7	75.871 1	1.132 2	1.122 2	1.125 6	1.120 0
极差 R		30.208 9	9.480 0	34.085 5	7.055 6	0.044 5	0.041 1	0.044 4	0.066 7
调整 R'		27.208 1	8.538 3	6.354 7	30.699 7	0.400	0.037 0	0.040 0	0.060 0

各因素对水稻植质钵育秧盘成型性能影响的显著程度顺序为：模具温度、成型压力、保压时间，通过极差分析确定优化组合方案为 A3B1C1。同样，以膨胀率为指标，通过方差分析（表 3-9）可知，各因素对膨胀率均有影响。通过极差分析（表 3-10）可知，各因素对水稻植质钵育秧盘抗水性影响的显著程度依次为：保压时间、成型压力、模具温度，通过极差分析确定优化组合方案为 A3B2C3。

对影响因素进行权重综合值分析（表 3-6），综合值最大值为 0.992，故最终优化组合方案为 A3B2C2。

3.3.4 试验验证

为验证所选优化组合方案的正确性，按选取的最佳工艺参数组合进行验证试验，试验结果为：钵孔率为99.46%、膨胀率1.12%，能够满足育秧和插秧试验要求（郑丁科和李志伟，2002）。

3.4 基于改性淀粉基胶黏剂的水稻植质钵育秧盘制备工艺及参数优化

3.4.1 材料与方法

1. 材料与设备

1）胶黏剂与原材料制备

改性淀粉基胶黏剂是将市售的聚合改性淀粉溶于水（90℃），按照一定比例加入表面活性剂、增塑剂、稀释剂、消泡剂、防腐防霉剂、交联剂等材料进行搅拌，制备成改性淀粉基胶黏剂（邓华等，2009；杨春等，2005）。

本试验所采用的水稻秸秆来自大庆周边稻田。先将水稻秸秆用铡刀切成100~150mm小段，再由粉碎机粉碎成粉状，粉碎机筛网孔直径为10mm，粉碎后的碎料筛选后经10h高温（高于120℃）灭菌脱蜡（秸秆表面层）处理后直接入袋，备用（含水率16%~20%）。

2）试验设备

本试验采用RY-1000型水稻植质钵育秧盘成型机，其结构如图2-6所示，结构参数如表3-2所示。

2. 研究方法

1）制备工艺流程

基于改性淀粉基胶黏剂制备水稻植质钵育秧盘的工艺流程如图2-5所示。

2）影响因素

大量试验表明，基于改性淀粉基胶黏剂制备水稻植质钵育秧盘，为了保证完整成型，混料量（稻草粉和改性淀粉基胶黏剂质量总和）不得小于1.2kg，故本研究所有试验中混料量均为1.2kg。根据试验结果，施胶量比（指改性淀粉基胶黏剂与稻草粉质量百分比，单位:%）是水稻植质钵育秧盘性能影响因素。

3）试验设计

表头及水平如表 3-11 和表 3-12 所示。

表 3-11　正交试验表头设计

Table 3-11　The uniform design of the orthogonal experiment

因素	A	B	空列	C
列号	1	2	3	4

表 3-12　试验因素水平

Table 3-12　The level of the experimental factors

水平	A 施胶量比/%	B 模具温度/℃	C 保压时间/s
1	105	120	360
2	125	130	330
3	115	140	300

3.4.2　结果与分析

1. 施胶量比对水稻植质钵育秧盘性能的影响

结合前期试验，选择初期制备工艺条件：成型压力为 25MPa、模具温度为 130℃、保压时间 330s，分析施胶量比对水稻植质钵育秧盘性能的影响，试验结果如图 3-3 所示。

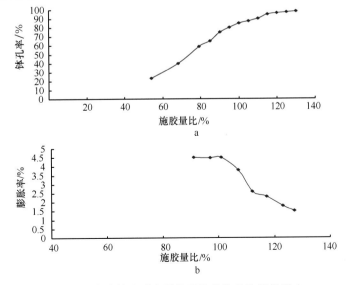

图 3-3　施胶量比对水稻植质钵育秧盘性能的影响

Fig. 3-3　Performance influence of glue of the seedling-growing tray made of paddy-straw

施胶量比对钵孔率的影响如图 3-3a 所示，随着施胶量比的增加，钵孔率升高。当施胶量比达 105% 时，钵孔率大于 90%，这主要是由于改性淀粉基胶黏剂是从植物中提取的，粒状淀粉没有黏合性，只有通过化学改性才能产生黏合力。为了保证较好的钵孔率，必须增加施胶量比，混合搅拌后混料质量增加，但改性淀粉基胶黏剂是水溶性胶黏剂，水占很大比例，成型模具受热后，改性淀粉基胶黏剂中水分变成水蒸气，在排气过程中会从成型模具中排出，因此成型后的水稻植质钵育秧盘质量变化不大。当施胶量比大于 120%，钵孔率为 100%，这主要是由于改性淀粉基胶黏剂能湿润稻草粉，拌料后可渗透到稻草粉的空隙内，黏结均匀，混料流动性好，所以成型效果良好。

施胶量比对膨胀率的影响如图 3-3b 所示，随施胶量比的增加，膨胀率降低，证明水稻植质钵育秧盘抗水能力显著增强。当施胶量比为 95%～105% 时，膨胀率不变，这是由于水稻植质钵育秧盘成型不完整，稻草粉还具有一定的吸水能力。当施胶量比为 105%～130% 时，膨胀率呈下降趋势，这是由于改性淀粉基胶黏剂在水稻植质钵育秧盘中所占比例较大，均匀分布在水稻植质钵育秧盘里，稻草粉黏结充分，固化后的改性淀粉胶黏剂在水稻植质钵育秧盘表面形成抗水膜，使水稻植质钵育秧盘抗水性增强。

2. 制备工艺对水稻植质钵育秧盘性能的影响

结合前期试验，选择施胶量比为 125%，分析成型压力、模具温度和保压时间对水稻植质钵育秧盘性能的影响，试验结果如图 3-4 所示。

成型压力对钵孔率的影响如图 3-4a 所示，当成型压力为 22.5MPa 时，钵孔未形成，这是由于成型压力不足使混料流动不充分，混料流动性差；随着成型压力的升高，水稻植质钵育秧盘钵孔率迅速升高；当成型压力升高到极限值 30MPa 时，钵孔率达 100%。此变化曲线图说明，基于改性淀粉基胶黏剂制备水稻植质钵育秧盘，其成型需要很大的成型压力。为保证水稻植质钵育秧盘钵孔成型完整，将压力值调整至 30MPa 作为水稻植质钵育秧盘制备的固定压力。

成型压力对膨胀率的影响如图 3-4b 所示，随成型压力的增加，膨胀率降低，但幅度很小，这是由于当成型压力较小时，水稻植质钵育秧盘密度较小、空隙大，所以吸水能力较强。当成型压力继续增加时，混料流动性增强，水稻植质钵育秧盘密度增大、空隙减少、整体抗水能力增强。总体来看，成型压力对膨胀率的影响较小。

模具温度对钵孔率的影响如图 3-4c 所示。改性淀粉基胶黏剂不属于热固性胶黏剂，经过化学改性后，固化过程需要在加热作用下完成，一定的模具温度的作用包括：①增加胶黏剂的黏合力；②增加混料流动性；③将改性淀粉基胶黏剂中大量水分蒸发掉。

由图 3-4c 可知，钵孔率随模具温度的升高而升高。这主要是由于模具温度

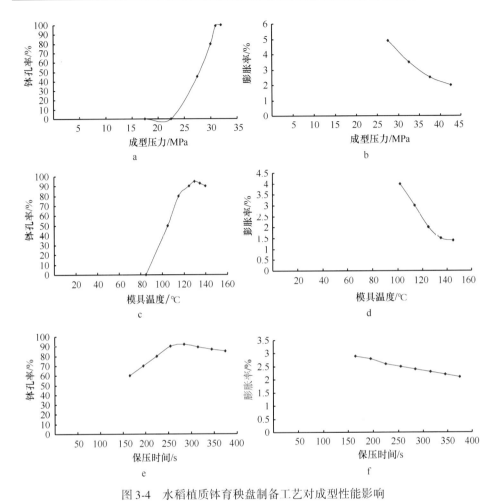

图 3-4　水稻植质钵育秧盘制备工艺对成型性能影响

Fig. 3-4　Performance influence of preparation process the seedling-growing tray

在 90~140℃时，随模具温度的升高，改性淀粉基胶黏剂固化能力增强，混料流动性也增强。模具温度较低时，改性淀粉基胶黏剂中水蒸气不易蒸发，进而影响水稻植质钵育秧盘固化成型，因此使钵孔率降低。随着模具温度的升高，成型模具中充满水蒸气，在压制过程中，成型模具的间隙不断有气体排出，并发出尖锐的响声，当成型模具打开时，会排出大量气体，气体不利于水稻植质钵育秧盘成型，成型模具打开后气体瞬间排出产生很大的冲击力，冲击力可将已经成型的水稻植质钵育秧盘损坏，尤其易出现严重钵孔露底的现象。为了避免模具温度过高产生大量气体使水稻植质钵育秧盘损坏，在成型模具闭合时不能一次性就将成型模具闭合，需多次排气，排气次数可根据实际情况而定。大量试验表明，采取排气方法可大大提高水稻植质钵育秧盘的成品率。当模具温度达 150℃时，成型模具缝隙中有大量烟雾冒出，同时有焦糊味，这是由于模具温度过高，淀粉基产生

"糊化"现象，同时稻草粉在贴近成型模具的表面有"炭化"现象出现，成型模具打开后有个别钵孔料粘在模具成型销上，造成钵孔率下降。

模具温度对膨胀率的影响如图 3-4d 所示，当模具温度较低时，混料固化不完全，抗水能力减弱，膨胀率升高；随模具温度的升高，改性淀粉基胶黏剂固化速度加快，混料流动性增强，水稻植质钵育秧盘表面光滑平整，抗水能力增强。当模具温度大于140℃时，水稻植质钵育秧盘颜色变深、炭化，使其抗水能力增强；当模具温度为140～150℃时，水稻植质钵育膨胀率保持不变，抗水性能一致。

保压时间对钵孔率的影响如图 3-4e 所示，随着保压时间的延长，成型模具中散发出的气味越来越大、白烟越来越多，当保压时间超过360s时，水稻植质钵育秧盘出现黏底现象；当保压时间达390s时，在水稻植质钵育秧盘底面个别地方质地有别于其他部分，有酥脆感，这对于水稻植质钵育秧盘前期育秧是极其不利的。因此，保压时间不宜过长，以免使水稻植质钵育秧盘次品率升高。

保压时间对膨胀率的影响如图 3-4f 所示，保压时间对膨胀率的影响不显著。保压时间较小时，膨胀率较高，这主要是由于改性淀粉基胶黏剂固化不完全，以致抗水性减弱。当保压时间延长后，改性淀粉基胶黏剂固化完全。当成型模具打开后，冒出大量烟雾，这主要是由于水稻植质钵育秧盘在成型模具内保压时间较长后发生"炭化"现象，水稻植质钵育秧盘抗水能力增强，所以膨胀率降低。

3.4.3　工艺参数优化

为了尽可能提高钵孔率和减小膨胀率，根据以上研究，为保证试验成型的正常进行，成型压力取极限值30MPa，并不作为影响因素。

在以上试验基础上，以钵孔率和膨胀率为考核指标，设计正交试验，进行方差分析、极差分析和权重综合值分析，试验结果如表 3-13 所示。

表 3-13　正交试验结果
Table 3-13　The result of the orthogonal experiment

序号	施胶量比/%	模具温度/℃	保压时间/s	钵孔率/%	膨胀率/%	综合值
1	105	120	360	58.95	2.17	0.58
2	105	130	330	62.18	2.10	0.60
3	105	140	300	71.57	1.96	0.68
4	125	120	300	88.78	1.37	0.88
5	125	130	360	99.35	1.42	0.95
6	125	140	330	99.55	1.17	0.99
7	115	120	330	77.26	1.63	0.76
8	115	130	300	87.51	1.47	0.85
9	115	140	360	99.24	1.51	0.93

以钵孔率为考核指标，试验结果极差分析、方差分析如表 3-14 和表 3-15 所示。

表 3-14　钵孔率极差分析
Table 3-14　Range analysis for the percent of the pot-hole

		施胶量比/%	模具温度/℃	空列	保压时间/s
总和	K_1	578. 1100	674. 9700	738. 0300	772. 6100
	K_2	863. 0100	747. 1000	750. 5700	716. 9500
	K_3	792. 0200	811. 0700	744. 5400	743. 5800
均值	K_1	64. 2344	74. 9967	82. 0033	85. 8456
	K_2	95. 8900	83. 0111	83. 3967	79. 6611
	K_3	88. 0022	90. 1189	82. 7267	82. 6200
	极大值	95. 8900	90. 1189	83. 3967	85. 8456
	极小值	64. 2344	74. 9967	82. 0033	79. 6611
	极差 R	31. 6556	15. 1222	1. 3934	6. 1845
	调整 R'	28. 5111	13. 6201	1. 2549	5. 5701

表 3-15　钵孔率方差分析
Table 3-15　Variance analysis for the percent of the pot-hole

变异来源	偏差平方和	自由度	均方	F 值	显著性
A	4887. 5955	2	2443. 7977	215. 4541	＊＊
B	1030. 3003	2	515. 1501	45. 4175	＊＊
空列	8. 7405	2	4. 3702		
C	172. 2198	2	86. 1099	7. 5918	＊
误差	218. 1105	2	12. 1172		
总和	6316. 9666				

由表 3-14 和表 3-15 可知，3 个影响因素影响均显著，对水稻植质钵育秧盘成型性能指标影响程度的大小顺序为：施胶量比、模具温度、保压时间；施胶量比对钵孔率的影响极显著，模具温度对成型性能的影响显著，保压时间的影响最弱。通过极差分析法确定优化组合方案为 A2B3C1。

以膨胀率为考核指标，试验结果极差分析和方差分析如表 3-16 和表 3-17 所示。通过膨胀率方差和极差分析可知，3 个影响因素对抗水性能影响程度大小顺序为：施胶量比、模具温度、保压时间，施胶量比对膨胀率影响极显著，模具温度和保压时间对膨胀率影响不显著。通过极差分析法确定优化组合方案为 A2B3C3。

表 3-16 膨胀率极差分析

Table 3-16 Range analysis for the expansion ratio

		施胶量比/%	模具温度/℃	空列	保压时间/s
总和	K_1	18.8000	15.6100	14.5400	15.3900
	K_2	11.8700	14.9600	14.9300	14.6900
	K_3	13.8100	13.9100	15.0100	14.4000
均值	K_1	2.0889	1.7344	1.6156	1.7100
	K_2	1.3189	1.6622	1.6589	1.6322
	K_3	1.5344	1.5456	1.6678	1.6000
极大值		2.0889	1.7344	1.6678	1.7100
极小值		1.3189	1.5456	1.6156	1.6000
极差 R		0.7700	0.1888	0.0522	0.1100
调整 R'		0.6935	0.1701	0.0470	0.0991

表 3-17 膨胀率方差分析

Table 3-17 Variance analysis for the expansion ratio

变异来源	偏差平方和	自由度	均方	F 值	显著性
A	2.8403	2	1.4202	297.9818	**
B	0.1635	2	0.818	17.1550	**
空列	0.0141	2	0.0070		
C	0.0576	2	0.0288	6.0390	
误差	0.0813	2	0.0045		
总和	3.1568				

由综合值分析（表 3-13）可知，综合值的最大值为 0.99，故工艺最优组合方案为 A3B3C2。

3.4.4 试验验证

为了验证上述所选优化组合方案的正确性，按选取最优组合方案进行试验。试验最终所得性能指标：钵孔率为 99.55%、膨胀率为 1.17%。经验证，试验所得性能指标完全符合实际需要，水稻植质钵育秧盘成型完好，外形美观平整，抗水性能符合插秧要求（薛全义等，2006；张文香等，2009；张国良等，2005；杨安中，2004）。

3.5　基于高分子水乳型胶黏剂的水稻植质钵育秧盘制备工艺及参数优化

3.5.1　材料与方法

1. 材料与设备

1）高分子水乳型胶黏剂制备

高分子水乳型胶黏剂有良好的黏接性能、耐水性能较好、可形成一层保护膜，能够提高水稻植质钵育秧盘的抗水性能。其制备工艺包括以下 3 个阶段。

（1）油相。将高分子颗粒溶于乙酸乙酯，在水浴锅内加热至 78℃±2℃，反应 2~4h 后，在反应釜内保温待用（反应时回收乙酸乙酯溶剂）。

（2）水相。将乳化剂及各种助剂按所需比例配制成水溶液，在水浴锅内利用电磁阀搅拌器边搅拌边加热，加热至 70℃±2℃。

（3）反应制备。将乳化液水相快速加入油相反应釜中，提高电磁阀的转速加速搅拌，在 78℃左右保温反应 2h，即得乳白色高分子水乳型乳液胶黏剂（乳化过程中也要回收溶剂乙酸乙酯）。

2）稻草粉

本试验所采用的水稻秸秆来自大庆周边稻田，水稻秸秆要求含水率在 14%~16%（经烘干法测定）。先将水稻秸秆用铡刀切成 100~150mm 的小段，再由粉碎机进行粉碎。粉碎机筛网孔直径为 1.5mm，粉碎后的碎料筛选后经 12h 高温（高于 120℃）灭菌处理，然后直接入袋，备用。

3）设备

本试验采用 RY-1000 型水稻植质钵育秧盘成型机，结构如图 2-6 所示，结构参数如表 3-2 所示。

2. 研究方法

1）制备工艺流程

制备工艺流程如图 2-5 所示。

2）影响因素

大量试验表明，基于高分子水乳型胶黏剂制备水稻植质钵育秧盘，施胶量比（指改性淀粉基胶黏剂与稻草质量百分比，单位:%）是水稻植质钵育秧盘性能影响因素；影响水稻植质钵育秧盘性能的制备工艺因素主要有成型压力（单位：MPa）、模具温度（单位：℃）和保压时间（单位：s）。

3）试验设计

水平及表头如表3-18和表3-19所示。

表3-18 试验因素水平

Table 3-18 The level of the experimental factors

水平	因素			
	A 施胶量比/%	B 成型压力/MPa	C 模具温度/℃	D 保压时间/s
1	85	25	145	360
2	90	27.5	135	300
3	95	30	125	240

表3-19 正交试验表头设计

Table 3-19 The uniform design of the orthogonal experiment

因素	A	B	C	D
列号	1	2	3	4

在正交试验结果的基础上，进行钵孔率和膨胀率的方差分析和极差分析，分析因素对钵孔率和吸水膨胀率影响的显著性和影响程度，分别确定基于钵孔率和膨胀率的优化组合方案，最后确定制备工艺的最优组合方案。

3.5.2 结果与分析

1. 施胶量比对水稻植质钵育秧盘性能的影响

在借鉴以往热压成型工艺的条件下，进行施胶量与钵孔率的试验研究，试验结果如图3-5所示。

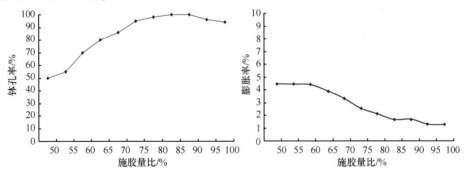

图 3-5 施胶量比对水稻植质钵育秧盘性能的影响

Fig. 3-5 Performance influence of glue of the seedling-growing tray made of paddy-straw

由图 3-5 可知, 施胶量比为 50% 时水稻植质钵育秧盘便可成型, 可知高分子水乳型胶黏剂有较好的黏接性能, 但钵孔率不高, 这主要是由于此时混料流动性比较差, 钵孔成型不完整。随施胶量比增加, 混料流动性增强, 钵孔随之增加。当施胶量比达 85% 时, 钵孔率达最大值; 当施胶量比大于 90% 时, 钵孔下降, 这主要是由于随施胶量增加, 混料整体黏结性增强, 水稻植质钵育秧盘底面粘在下模具表面, 开模出现黏底现象, 破坏钵孔形成, 此现象即使在上料前往模具型腔内喷洒脱模剂也改善不大, 由于脱模剂起润滑作用, 大量的脱模剂滞留在下模具表面, 在合模压制过程中多余的脱模剂混合在混料中, 阻碍物料黏合, 造成掉底发生, 因此使用脱模剂要适量 (王澜等, 2006)。

施胶量比对水稻植质钵育秧盘膨胀率的影响如图 3-5 所示。随施胶量比增加, 水稻植质钵育秧盘抗水性能增强。从图 3-5 可知, 施胶量比为 50% ~ 60% 时, 水稻植质钵育秧盘抗水性能稳定, 此时其成型不完整, 混料流动性较差。这主要是由于含胶量较少的稻草粉基本在水稻植质钵育秧盘底部, 盘底较厚, 吸水能力较强, 致使膨胀率较大。随施胶量比增加, 混料流动性增强, 稻草粉和胶黏剂混合均匀, 使水稻植质钵育秧盘抗水性能提高。当施胶量比达到 95% 时, 水稻植质钵育秧盘中胶占很大比例且分布较均匀, 因此其抗水性能基本保持恒定。

2. 制备工艺对水稻植质钵育秧盘性能的影响

成型压力对水稻植质钵育秧盘成型性能的影响如图 3-6a 所示。由图可知, 要获得较好的成型效果, 需较大的成型压力。当成型压力从 10MPa 增加到 20MPa 时, 水稻植质钵育秧盘未成型, 成型压力对混料流动不起作用。随成型压力的增加, 混料流动性增强, 钵孔率升高。当成型压力增加到 30MPa 时, 水稻植质钵育秧盘成型性能达到最优并保持恒定, 此成型压力接近极限值。

成型压力对水稻植质钵育秧盘抗水性能的影响如图 3-6b 所示, 当成型压力为 20MPa 时, 水稻植质钵育秧盘基本未成型, 抗水性差。当成型压力增加到 22.5MPa 时, 水稻植质钵育秧盘成型膨胀率最大, 抗水性很差。这主要是由于成型压力较小时, 在同等施胶量比下, 混料流动性差, 水稻植质钵育秧盘底较厚, 以致膨胀率高。随成型压力的增加, 混料流动性增强, 成型性能稳定, 同时水稻植质钵育秧盘抗水性能也基本稳定, 膨胀率保持恒定。

模具温度对水稻植质钵育秧盘成型性能的影响如图 3-6c 所示, 模具温度较低时, 受热不均匀, 流动性较差, 接近模具表面的混料已发生固化反应, 而混料中间还保持着原有状态, 混料固化不完全, 造成钵孔率降低。随模具温度的升高, 混料瞬间受热较快, 混料流动性增强, 固化速度也较快, 钵孔率升高。当模具温度较大时, 模具型腔内温度很高, 模具型腔合模后, 胶黏剂中含有的水分瞬间受热变成水蒸气 (Guan and Milford, 2004; Glenn et al. , 2004), 水蒸气存在

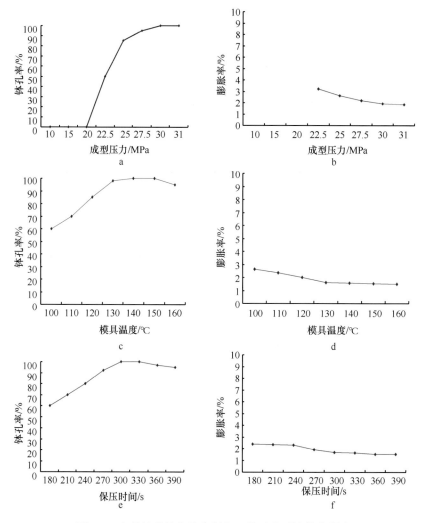

图 3-6　水稻植质钵育秧盘制备工艺对成型性能的影响

Fig. 3-6　Performance influence of preparation process the seedling-growing tray made of paddy-straw

于混料间，影响混料间的黏接，打开模具后，蒸汽逸发，冲击力将破坏成型的水稻植质钵育秧盘，造成钵孔破损。为避免温度高产生的蒸汽对本已成型的水稻植质钵育秧盘造成损伤，在保压前需要排气操作，将破坏降至最低。当模具温度增加到 160℃ 时，模具型腔内会冒出白色烟雾，水稻植质钵育秧盘表面稻草已炭化变色，脱模时钵孔成型销上会有很多焦化的物料黏附，使退下的水稻植质钵育秧盘钵孔损坏。

　　模具温度对水稻植质钵育秧盘抗水性能的影响如图 3-6d 所示。由图可知，膨胀率随着模具温度变化的趋势较小。在模具温度较低时，膨胀率为最大值，此时混料流动性差，水稻植质钵育秧盘底厚且中心压缩密度小，易吸水膨胀，造成膨胀率升高。随模具温度升高，水稻植质钵育秧盘固化完全，致膨胀率下降。当模具温度达到 160℃ 时，水稻植质钵育秧盘表面出现不同程度的炭化现象，使吸水性能明显下降，从而使抗水性能增强。

保压时间对水稻植质钵育秧盘成型性能的影响如图 3-6e 所示。由图可知，钵孔率随保压时间的增长而升高。当保压时间为 180s 时，钵孔率为 60%，这主要是由于胶黏剂固化不完全，水稻植质钵育秧盘退盘后呈稻草粉颜色，四周较毛糙，退料板上粘有没有固化的混料。随保压时间的增长，水稻植质钵育秧盘固化充分，表面毛草有所改善，颜色逐渐变深，同时模具内冒出的浓烟增多（Ahmad et al.，2007；Zhu et al.，2005）。当保压时间达到 360s 时，水稻植质钵育秧盘个别部位有黏模现象，使钵孔率降低。这主要是由于保压时间增长后，水稻植质钵育秧盘在模具内易出现炭化现象，虽然有破损，但从整体来看，保压时间长的水稻植质钵育秧盘表面平整度和光滑程度较保压时间短的好。

保压时间对水稻植质钵育秧盘抗水性能的影响如图 3-6f 所示。由图可知，膨胀率随保压时间的不同略有起伏变化。当保压时间较短时，水稻植质钵育秧盘整体成型差，稻草纤维清晰可见。这主要是由于混料固化不完全，胶黏剂的抗水性能未完全表现，吸水能力较强，导致膨胀率高。当保压时间增长时，水稻植质钵育秧盘固化完全，其表面的稻草纤维出现得较少，抗水性能逐渐增强。当保压时间足够长时，水稻植质钵育秧盘个别位置出现炭化现象，水稻植质钵育秧盘抗水性能增强，这主要是由于水稻植质钵育秧盘表面炭化后具有更好的抗水能力。

3.5.3　工艺参数优化

根据各因素和水平，选择 $L_9(3^4)$ 正交表，试验重复 3 次，试验方案及试验结果如表 3-20 所示。

表 3-20　正交试验结果
Table 3-20　The result of the orthogonal experiment

试验号	列号				钵孔率/%	膨胀率/%
	施胶量比/%	成型压力/MPa	模具温度/℃	保压时间/s		
1	85	25	135	240	97.49	1.67
2	85	27.5	145	300	99.99	1.65
3	85	30	125	360	98.23	1.66
4	90	25	145	360	82.69	1.75
5	90	27.5	125	240	81.42	1.73
6	90	30	135	300	87.67	1.76

试验号	列号				钵孔率/%	膨胀率/%
	施胶量比/%	成型压力/MPa	模具温度/℃	保压时间/s		
7	95	25	125	300	97.39	1.62
8	95	27.5	135	360	99.56	1.62
9	95	30	145	240	98.86	1.62

以钵孔率为验证指标，试验结果极差分析如表3-21所示。

表3-21 钵孔率极差分析

Table 3-21 Range analysis for the percent of the pot-hole

		施胶量比/%	成型压力/MPa	模具温度/℃	保压时间/s
均值	K_1	98.5689	92.5222	94.9078	92.5900
	K_2	83.9278	93.6600	93.8467	95.0200
	K_3	98.6056	94.9200	92.3478	93.4922
极大值		98.6056	94.9200	94.9078	95.0200
极小值		83.9278	92.5222	92.3478	92.5900
极差 R		14.6778	2.3978	2.5600	2.4300
调整 R'		13.2198	2.1596	2.3057	2.1886

由极差表中的极差值大小可以直观得出：4个影响因素对性能指标影响的显著性顺序是：施胶量比>模具温度>保压时间>成型压力。由方差分析（表3-22）可知，施胶量比对钵孔率的影响极显著，成型压力、模具温度和保压时间的影响显著。通过极差分析法确定最优组合方案（徐新刚等，2009），遵循性能指标越大越好的原则，最优方案为A3B3C1D2，即施胶量比95%、成型压力30MPa、模具温度145℃、保压时间300s。

表3-22 钵孔率方差分析

Table 3-22 Variance analysis for the percent of the pot-hole

变异来源	偏差平方和	自由度	均方	F 值	显著性
A	1289.4019	2	644.7010	482.2451	＊＊
B	25.8944	2	12.9472	9.6847	＊
C	29.7787	2	14.8893	11.1374	＊
D	27.1590	2	13.5795	10.1577	＊
误差	24.0637	2	1.3369		
总和	1396.2977				

以膨胀率为指标，试验结果极差分析如表 3-23 所示。

表 3-23　膨胀率极差分析
Table 3-23　Range analysis for the expansion ratio

		施胶量比/%	成型压力/MPa	模具温度/℃	保压时间/s
总和	K₁	14.9200	15.1000	15.1500	15.0400
	K₂	15.7200	15.0000	15.0400	15.1000
	K₃	14.5700	15.1100	15.0200	15.0700
均值	K₁	1.6578	1.6778	1.6833	1.6711
	K₂	1.7467	1.6667	1.6711	1.6778
	K₃	1.6189	1.6789	1.6689	1.6744
极大值		1.7467	1.6789	1.6833	1.6778
极小值		1.6189	1.6667	1.6689	1.6711
极差 R		0.1278	0.0122	0.0144	0.0067
调整 R'		0.1151	0.0110	0.0130	0.0060

通过极差表 3-23 中的极差值和方差表 3-24 可知，3 个影响因素对抗水性能影响的显著性顺序为：施胶量比>模具温度>保压时间，施胶量比对膨胀率的影响极显著，模具温度和保压时间对膨胀率的影响显著。

通过极差分析法确定最优组合方案，遵循性能指标越小越好的原则，最优方案为 A3B2C3D1，即施胶量比 95%、成型压力 27.5MPa、模具温度 125℃、保压时间 360s。

表 3-24　吸水膨胀率方差分析
Table 3-24　Variance analysis for the expansion ratio

变异来源	偏差平方和	自由度	均方	F 值	显著性
A	0.0772	2	0.0386	15.8918	*
B	0.0008	2	0.0004	0.1692	—
C	0.0011	2	0.0005	0.2241	—
D	0.0002	2	0.0001	0.0412	—
误差	0.0437	2	0.0024		
总和	0.1230				

通过正交试验 4 个影响因素对指标的方差分析得出：施胶量比对成型性能和抗水性能均有极显著影响，是主要的影响因素；成型压力、模具温度和保压时间对钵孔率有显著影响，而对膨胀率没有影响，因此在综合分析选取最优方案时，这 3 个因素可根据以最佳成型性为主并与实际情况相结合的方式选取。

通过对成型性能和抗水性能的极差分析可知，两个最优方案为 A3B3C1D2 和 A3B2C3D1。其中，施胶量比在两个最优方案中选取的水平是一致的，因此不必再进行讨论分析；成型压力对成型性能和抗水性能的影响均不大，而且从上述 3 种胶黏剂的成型压力选择上来看，成型压力为 30MPa 对于水稻植质钵育秧盘的成型是有利的，因此成型压力选取为 B3；两种性能的极差分析中，模具温度都是第二个对性能指标有影响的因素，结合方差分析模具温度对成型性能影响显著、对抗水性能影响不显著，模具温度的选取以成型为主，即 C1；保压时间对成型性能有影响，因此保压时间的选取水平趋向于成型性能最优方案，即 D2。即优化方案为：A3B3C1D2。

为验证上述所选最优方案的准确性（刘沫茵等，2012），按所选取优方案安排试验进行验证。试验结果为：钵孔率为 99.48%、膨胀率为 1.51%。根据验证试验，所得性能指标完全符合试验对性能指标的要求。

3.6 水稻植质钵育秧盘冷压制备工艺

水稻植质钵育秧盘的前期制备主要采用热压成型工艺，该工艺已趋于成熟稳定，具有一次热压成型、无须烘干、成型性能好和外形美观等优点，但在生产实践中存在着成型模具加热升温能量消耗较大致使生产成本较高、水稻植质钵育秧盘成型需要一定保压时间使生产效率低下等问题。为了克服这些问题，对上述工艺进行了改进。

3.6.1 冷压工艺

经过大量探索，采用一种新型辊式冷压成型工艺。此成型工艺是在以往热压成型工艺的基础上发展起来的，冷压工艺无需对成型模具进行预处理，混料、粉料按照各成分的配方比例搅拌均匀，经输送装置均匀喂料后，水稻植质钵育秧盘由两个对辊滚压，然后沿切线方向运动脱模即可成型，此成型工艺生产效率极高，可降低能量消耗。水稻植质钵育秧盘成型后呈现潮湿状，湿强度高，需要经过烘干处理（见第 4～5 章）达到最终性能要求及运输要求。此工艺与热压工艺相比，虽然添加了一道烘干程序，但节省了保压时间，同时整机运转速度快，从而极大地提高了水稻植质钵育秧盘成型效率。在 2009 年的水稻植质钵育秧盘生产实践中采用辊式冷压成型工艺进行其生产验证，证明辊式冷压成型工艺非常适用于水稻植质钵育秧盘的大工业生产，并且极大地缩短了生产周期。

3.6.2 冷压成型模具设计

采用冷压成型工艺后，水稻植质钵育秧盘的成型模具由原来的正向压制脱模成型改进为两个对辊滚压后脱模成型，见图 3-7。此成型模具主要由一大一小两个对辊组成，其中大辊子包括成型件和退料板两个主要工作部件，主要负责水稻植质钵育秧盘的钵穴成型；而小辊子结构比较简单，是一个光滑面，主要用于水稻植质钵育秧盘的底面成型，当混料由左侧输送带铺整均匀喂入后，两个对辊滚压成型，脱模后由右侧输送带接送成型水稻植质钵育秧盘。在设计成型模具时，按水稻植质钵育秧盘规格（29 穴×14 穴）设计加入切断刀，水稻植质钵育秧盘在挤压成型过程中已被切断刀分割成了相对独立的个体，从模具上脱模时可以单独形成规格要求的钵盘，无需在输送带上进行切断。成型后的水稻植质钵育秧盘经工人用托盘直接放入烘干房中进行后期烘干处理。大辊子旋转一周可以一次性生产出 6 个水稻植质钵育秧盘，此成型模具生产效率非常高，操作简单。

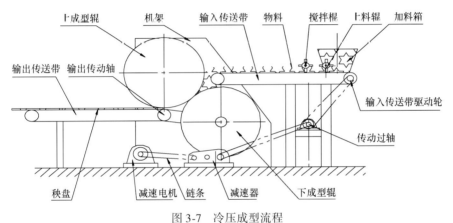

图 3-7　冷压成型流程

Fig. 3-7　Technological process of cold pressing

　　成型模具的机架起初是由 U 型槽钢焊接而成的，在工作过程中，机器运转时两个辊子对机架的反作用力非常大，以致机架极易变形开焊。为避免发生此类危险现象，机架采用整体厚钢板进行切割加工，机架的稳定性得到明显提高。

3.7　第Ⅵ代水稻植质钵育秧盘

　　经过多年的实践，课题组对水稻植质钵育秧盘有了全新的认识，2012 年 12 月设计和生产出一种全新的便携式无底水稻植质钵育秧盘，即第Ⅵ代水稻植质钵育秧盘，其结构如图 3-8 所示。

　　该秧盘能够有效解决以往水稻植质钵育秧盘运输过程中存在的问题，并且具有轻便、易携带及价格低等优点，目前正处于试验应用阶段。

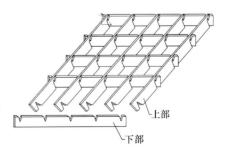

图 3-8　便携式无底水稻植质钵育秧盘

Fig. 3-8　Portable seedling-growing tray made of paddy-straw（without bottom）

3.8　小结

（1）以热固性胶黏剂制备水稻植质钵育秧盘，分析得出水稻植质钵育秧盘性能影响因素，确定了影响因素的取值范围，通过优化分析得出最佳工艺参数为：施胶量 0.9kg、固化剂剂量 0.005kg、增强剂剂量 0.09kg、混料量 1.1kg、成型压力 27.5MPa、模具温度 130℃、保压时间 330s。通过对制备出的水稻植质钵育秧盘田间验证试验，得出钵孔率为 99.46% ±0.13%、膨胀率为 1.12% ±0.017%，其完全能够满足后期育秧和插秧要求。

（2）以改性淀粉基胶黏剂制备水稻植质钵育秧盘，分析得出水稻植质钵育秧盘性能影响因素，确定了影响因素的取值范围，通过优化分析得出最佳工艺参数为：施胶量比 125%、混料量 1.2kg、成型压力 30MPa、模具温度 140℃、保压时间 330s。通过对制备出的水稻植质钵育秧盘田间验证试验，得出钵孔率为 99.55%、膨胀率为 1.17%，其完全能够满足后期育秧和插秧要求。

（3）基于高分子水乳型胶黏剂制备水稻植质钵育秧盘，通过试验得出水稻植质钵育秧盘性能影响因素，通过优化分析得出最佳参数为：施胶量比 95%、成型压力 30MPa、模具温度 145℃、保压时间 300s。通过对制备出的水稻植质钵育秧盘田间验证试验，得出钵孔率为 99.48%、膨胀率为 1.51%，其完全能够满足后续播种和移栽插秧要求。

（4）对水稻植质钵育秧盘冷压工艺进行研究，并对工艺流程进行了探索。

参 考 文 献

陈恒高, 董晓威, 张吉军. 2005b. 水稻植质钵育秧盘的研制. 现代化农业, 15 (9)：31-32.

陈恒高, 汪春, 张吉军, 等. 2004a. 水稻植质钵育栽植技术的探讨. 黑龙江八一农垦大学学报, 16 (3)：38-41.

邓华, 敖宁建, 孙蓉, 等. 2009. 利用秸秆纤维制备环境材料的研究进展. 高分子材料与工程, 25 (12)：169-172.

何春霞, 侯人鸾, 薛娇, 等. 2012. 不同模压成型条件下聚丙烯木塑复合材料性能. 农业工程学报, 28 (15)：145-148.

李智广, 刘淑珍, 张建国, 等. 2012. 我国冻融侵蚀的调查方法. 中国水土保持科学, 10 (4)：1-5.

刘沐茵, 郭蕴涵, 赵翠萍, 等. 2012. 二氧化碳辅助发酵葡萄的干制和发酵工艺优化. 农业工程学报, 28 (12)：269-272.

凄楚生, 郭康权, 顾蓉, 等. 2010. 棉秆束/高密度聚乙烯定向复合板制备. 农业工程学报, 26 (12)：265-270.

师建芳, 刘清, 刘晶晶, 等. 2012. 连续式秸秆发酵饲料制备机的研制与试验. 农业工程学报, 28 (10)：33-38.

宋琳莹, 辛寅昌. 2007. 反应型防水剂的制备及对中密度纤维板防水性能的评价. 化工学报, 58 (12)：3202-3205.

王澜, 董洁, 卜雅萍. 2006. 聚氯乙烯/稻壳粉木塑发泡制品的研究. 塑料, 34 (5)：1-7.

徐新刚，王纪华，黄文江，等. 2009. 基于权重最优组合和多时相遥感的作物估产. 农业工程学报，25（9）：137-142.

薛全义，荆宇，邓丽. 2006. 稻草复种模式下水稻不同品种不同播种量秧苗素质分析. 辽宁农业科学，12（3）：39-40.

杨安中. 2004. 不同育秧方式对水稻秧苗素质及抗逆性的影响. 安徽技术师范学院学报，18（1）：39-41.

杨春，桂凤仁，洪静，等. 2005. 水稻不同播量对秧苗素质及产量的影响. 垦殖与稻作，13（4）：20-22.

杨德. 2002. 试验设计与分析. 北京：中国农业出版社：34-42.

张国良，周青，韩国路，等. 2005. 三种育秧方式对水稻机插秧苗素质的影响. 江苏农业科学，（1）：19-20.

张文香，王成媛，赵磊，等. 2009. 育苗方式对水稻产量及品质的影响. 现代农业科技，21（24）：11-13.

郑丁科，李志伟. 2002. 水稻育秧软塑穴盘播种设备研究. 农机化研究，11（4）：42-45.

Ahmad A L, Wong S S, Teng T T, et al. 2007. Optimization of coagulation-flocculation process for pulp and paper mill effluent by response surface methodological analysis. Journal of Hazardous Materials, 145 (7): 162-168.

Glenn G M, Imam S H, Orts W J, et al. 2004. Fiber reinforced starch foams. Paris, ANTEC, Conference Proceedings: 2484-2488.

Guan J, Milford A H. 2004. Functional properties of extruded foam composites of starch acetate and corn cob fiber. Industrial Crops and Product, 19 (3): 255-269.

Pan M Z, Zhou D G, Zhou X, et al. 2010. Improvement of straw surface characteristic via thermo mechanical and chemical treatments. Bioresearch Technology, 21 (11): 7930-7934.

Zhu S D, Wu Y X, Yu Z N, et al. 2005. Pretreatment by microwave/alkali of rice straw and its enzymic hydrolysis. Process Biochemistry, 40 (9): 3082-3086.

第4章 水稻植质钵育秧盘蒸汽干燥特性研究

在冷压工艺中需要对水稻植质钵育秧盘进行干燥处理，传统方法是热风干燥，但热风干燥易使水稻植质钵育秧盘出现开裂、翘曲、变形及烘干不均匀等问题。大量试验表明，高温高压蒸汽干燥是比较理想的水稻植质钵育秧盘烘干方式。本章主要阐述目前国内外烘干方式的发展现状及水稻植质钵育秧盘蒸汽干燥特性。

4.1 国内外研究现状

4.1.1 国外蒸汽干燥研究现状

过热蒸汽干燥是指利用过热蒸汽直接与混料接触而去除水分的一种干燥技术。与传统的热风干燥相比，这种干燥以水蒸气作为干燥介质，干燥机排出的废气全部是蒸汽，利用冷凝的方法可以回收蒸汽的潜热再加以利用，干燥介质的消耗量明显减少，故单位热耗低（潘永康等，1998）。德国科学家 Hausbrand（1912 年）就在 *Drying by Means of Air and Steam* 中提出了过热蒸汽干燥的设想，并讨论了这种干燥方式的优缺点。瑞典工程师 Karren 于 1920 年报道了一些根据 Hausbrand 的设想进行的过热蒸汽干燥试验，并研制以过热蒸汽为干燥介质的批式煤炭干燥机。当时由于缺乏必要的设备，以及设备费用的增加，再加上能源价格较低和环境控制不严等，此项技术的发展受到限制。1950 年始，人们逐渐认识到蒸汽干燥的优点，1978 年第一次出现了工业用的过热蒸汽干燥机。20 世纪 80 年代以来，许多发达国家致力于开发此项新技术应用于商业。Mujumdar 于 1990 年针对干燥技术的原理、实践、工业应用、市场开发潜力、研究和发展需要做了广泛的综合调查。Kumar 和 Mujumdar 讨论了蒸汽干燥的基本原理和应用，并提供大量的参考书目。国际干燥会议主席 Mujumdar 于 1990 年将过热蒸汽干燥称为在未来具有巨大潜力、实用可行且发展前景广阔的干燥新技术。近年来，美国、加拿大、德国、日本、新西兰、丹麦和英国等发达国家在过热蒸汽干燥设备方面的研究已经取得了大量的成果，主要的典型干燥设备如下。

1. 陶瓷盆干燥机

新西兰研究人员研制的陶瓷盆干燥机为批式，干燥室为 1000mm×1000mm 的方形结构，每批可烘干 8 个陶瓷盆，陶瓷盆用黏土制成，每个重 17kg。初始水分为 45%，终水分为 2%，整个干燥室为一密封结构，内有电热丝，功率 3～4kW。

在通道内设有小轴流风机，以便使蒸发的水分循环，此外还设有冷凝装置，使凝结的水分排出。试验结果表明，采用蒸汽干燥陶瓷制品有以下优点：①干燥效率提高，低温干燥需要 28 天，采用过热蒸汽只需要 1 天即可；②干燥品质改善，由于采用蒸汽，产品无裂纹，不变形，干燥应力小；③可回收一部分潜热；④干燥过程容易控制，节能效果明显。

2. 带式过热蒸汽干燥机

过热蒸汽干燥特别适合烘干易爆炸起火和氧化的混料，因此南非于 1985 年建立了第一台工业用的带式过热蒸汽干燥机，用于烘干活性炭颗粒，生产率为 2000kg/h，活性炭水分从 50% 降低到 2%。采用过热蒸汽干燥的原因主要是在高温条件下活性炭易起火；另外，排出的蒸汽可以再利用，以达到节能目的。带式过热蒸汽干燥机的工艺流程见图 4-1。

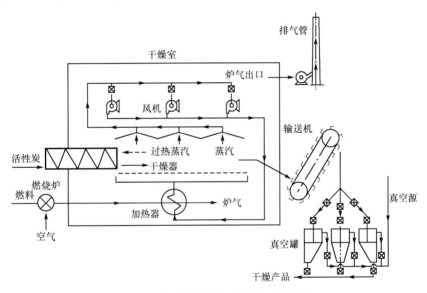

图 4-1　带式过热蒸汽干燥机工艺流程

Fig. 4-1　The process of belt superheated steam dryer

3. 连续式无空气干燥机

英国学者 Stubbing 开发出一种用蒸汽作为干燥介质的干燥机，结构如图 4-2 所示。干燥机由干燥室、热源、循环风机、加热器、料斗、压缩机和管道系统组成。混料利用带式输送机输送到干燥室，风机将热风送至加热器进行加热，再经过混料进行干燥，由于蒸汽和空气密度的不同，蒸汽保持在干燥室上方，空气则位于下方，形成了自然密封。

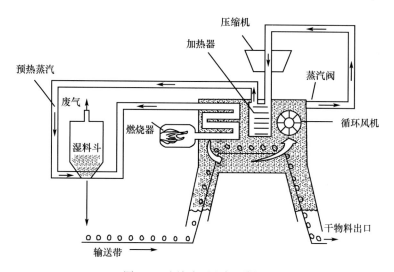

图 4-2　连续式无空气干燥机

Fig. 4-2　Continuous non-air dryer

4. 管式过热蒸汽干燥机

智利有关研究机构成功利用气流干燥管烘干鱼粉（Devahastin et al, 2004）。管式过热蒸汽干燥机是一个闭路多级气流干燥系统，由输送管道、热交换器、旋风分离器、风机和传动系统组成，见图 4-3。

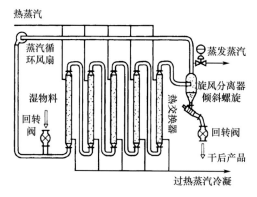

图 4-3　管式过热蒸汽干燥机

Fig. 4-3　Tube superheated steam dryer

采用 260℃ 的过热蒸汽可在小于 5s 的时间内，将鱼粉水分从 50% 干燥到 10%，混料温度不超过 100℃，气流干燥管的长度为 10m，生产率为 50kg/h，整套设备所采用的电功率为 30kW。该干燥机采用常压过热蒸汽，蒸汽可循环使用。

世界各国科学家在以往研制设备的基础上，对各种混料的干燥进行了大量试验，并取得丰硕的成果，已成功将过热蒸汽干燥技术应用于木材、煤炭、纸张、蚕丝、污泥、酒糟和鱼骨及城市废弃物等多种物质的干燥。过热蒸汽的具体干燥应用如下。

（1）甜菜渣干燥。采用普通热风干燥方法干燥甜菜渣能耗为 5000kJ/kg，占甜菜加工厂总能耗的 33%。德国 BMA 公司开发了高压过热蒸汽干燥机用于干燥甜菜渣，其单位能耗仅 2900kJ/kg，混料在干燥机内的停留时间为 720s，蒸汽干燥的甜菜渣质量比热风干燥要好。

（2）煤炭干燥。高湿煤炭经干燥后其燃烧效率可以提高，这样可节省能耗、减少污染。因此，许多国家都对低质高湿煤炭的干燥方式进行研究。煤炭经干燥后燃烧效率可提高 10%~15%。澳大利亚学者 Potter 利用内部埋管式过热蒸汽流化床干燥机进行煤炭干燥试验，获得极为显著的效果。

（3）污泥干燥。利用过热蒸汽在流化床、搅拌干燥机和闪蒸干燥机上可以进行污泥干燥，试验表明，含水率为 400%（干基）的污泥首先用机械脱水和蒸发脱水将水分降到 75%，最后再降到 5%，污泥的热值可达 8.4~19MJ/kg。干燥机内蒸发出的蒸汽可用作蒸发器的热源。日本成功研制出了一种多级搅拌式过热蒸汽污泥干燥机，俄罗斯已经成功地将蒸汽式冲击流干燥技术用于干燥城市污泥。

（4）纸张干燥。用蒸汽干燥纸张的研究可追溯到 1950 年。1983 年以后，有关蒸汽干燥纸张的研究报道见诸报端。Mujumdar 推荐了几种利用过热蒸汽干燥纸张的方案，其中包括：冲击流干燥、冲击和穿流干燥、射流干燥等。利用过热蒸汽干燥纸张，除具有干燥速率快、能耗低的优点外，还具有无起火危险和产品质量好等优点。

（5）木材及木屑干燥。由丹麦木材处理公司开发的低压木材干燥机在欧洲和东南亚受到欢迎，它的主要优点是：干燥速率快（是传统干燥方式的 2~5 倍）、操作简单易控制、无失火和爆炸危险、无氧化变色等现象、裂纹和翘曲减少、不产生色斑和霉变。制造纤维板所需要的木屑必须干燥到 2%~3% 水分，已经开发出过热蒸汽木屑干燥机，试验证明干燥质量可以改善，板不仅强度大，吸湿特性也好。

（6）食品干燥。由于过热蒸汽是一种高温高湿气体，目前作为一个新领域，已经扩展到食品干燥行业。

4.1.2　国内蒸汽干燥研究现状

在中国，过热蒸汽干燥技术的研究开始于 20 世纪 80 年代，首先是从蚕茧过热蒸汽干燥技术研究开始的。浙江丝绸工学院的陈建勇和陈时若（1989）探讨了使用过热蒸汽作为蚕茧干燥热介质的可能性及可行性，分析了过热蒸汽对蚕茧干燥特性及茧质的影响，并提出一种能提高茧质、降低缫折的蚕茧干燥新工艺。浙江丝绸工学院的陈锦祥等（1996）对国内 80 年代以来研制的蚕茧干燥机进行了分类，阐述了其特点，具体机型如下。

（1）四川南充首创科技发展有限公司研制的 CS90-125 型和 CM90-160 型蚕茧干燥机。

（2）山东临沂华龙机械制造厂研制的 SR87-50 型蚕茧干燥机。

（3）浙江理工大学研制的 ZS85-150 型蚕茧干燥机。

（4）浙江理工大学研制的 ZH91-120 型蚕茧干燥机，此机型是在 ZS85-150 型基础上改进而成的。

这几种干燥机的具体参数如表 4-1 所示。

表 4-1　几种蚕茧干燥机技术参数

Table 4-1　Several technical parameters of silk drying machine

项目	CS90-125	CM90-160	ZS85-150	SR87-50
干燥室容积/m³	9.6×2.9×2.2	18×3×2	11.5×2.1×3.2	7.0×1.7×2.4
工作段层数/层	6 段 6 层	4 段 4 层	6 段 8 层	3 段 6 层
温区数/个	2	3	3	3
装机容量/kW	22.7	10.7	12.0	
干燥能力/（t/天）	3	6	6	2.5
适干率/%	95	>90	>90	>90
供热总风/（km³/h）	5.5~8.0	5	17	

近几年，我国对过热蒸汽技术的研究得到了长足进步，并取得了一定的成果，主要成果如下。

（1）上海泽玛克敏达机械设备有限公司生产的管式褐煤干燥机，如图 4-4 所示。管式干燥机主要由传动轴、端部管板、干燥管、驱动装置及控制装置等部分组成。其工作原理是：将一定粒度的原煤（<6.3mm）均匀分布到旋转的滚筒内

图 4-4　管式褐煤干燥机

Fig. 4-4　Tube lignite dryer

部的众多干燥管中，干燥管中设有螺旋状叶片，煤通过重力和螺旋叶片导流作用在干燥管内运动。在滚筒内部干燥管周围通入 4.5bar[①]、165℃的过热蒸汽，通过间接热交换将干燥管内的原煤升温，使煤表面吸附水分受热蒸发，从而达到降低水分的目的。

（2）东北林业大学程万里（2007）与日本京都大学生存圈研究所合作，对木材高温高压干燥及其过程中流变学特性等问题进行了研究，取得了一定成果，但关于利用高温高压蒸汽对水稻植质钵育秧盘进行干燥的研究，至今在国内文献中未见报道。

4.2　蒸汽干燥理论基础及特殊性

4.2.1　蒸汽干燥特点及特殊性

1. 蒸汽的潜热利用充分，热效率高，节能效果显著

热风干燥是利用热风带走混料中大量的水蒸气，废热基本上不能回收利用，造成了热能的严重浪费（Nimmol et al.，2007）。而在一般水蒸气的总能量中，潜热大约占84%、显热大约占16%。过热蒸汽干燥技术由于其排除的废气仍然是水蒸气，所以回收潜热相对容易一些，可经过冷凝、压缩和多级干燥等方法重复利用。干燥过程中排出的液化水温度很高，为60~70℃，这部分水除了可以对加入锅炉里的水进行预热外，有条件的地方冬季还可以用来取暖，因此具有显著的节能效果。

2. 过热蒸汽具有灭菌消毒的作用，干后产品品质好

过热蒸汽在工作时，混料的温度超过100℃，在这样的温度下不仅能够消灭一些细菌，还能够杀死其他有毒的微生物。

用过热蒸汽干燥能够改善产品的质量。Salin（1986）比较用过热蒸汽和热风干燥过的木材发现，前者除了有较低的含水率外，其弯曲强度和拉伸强度都优于后者。研究表明，过热蒸汽干燥表面无硬化现象。李业波等（1999）研究表明过热蒸汽撞击干燥后样品的内部孔隙少于热风撞击干燥，截面也比较平滑。

3. 过热蒸汽传热系数大，比热大，蒸汽用量少

有学者用流化床干燥机干燥煤炭得出过热蒸汽干燥时传热系数为 200~500，而热风搅拌式干燥的传热系数仅为 20~50。热蒸汽的比热约为空气的两倍。蒸汽

---

① 1bar=10⁵Pa

有较高的比热，传递一定热量所需的质量流量较少，这也有助于减少设备的体积和废气的净化量。

4. 过热蒸汽干燥有利于环境保护，无爆炸和失火危险

过热蒸汽干燥是在密封条件下进行的，粉尘含量大大降低。对在热风中干燥会发出恶臭的城市垃圾、污泥等，用过热蒸汽干燥其臭味都得以消除。过热蒸汽干燥无空气存在，没有氧化和燃烧反应。对于煤炭和其他可燃混料无爆炸起火的危险。一些通常不能用热风干燥的食品原料，可以用过热蒸汽干燥。

5. 蒸汽干燥的缺点

蒸汽干燥设备复杂，投资大；在混料表面易产生结露；不适合热敏性材料（陈锦祥和陈若时，1996）；对有些混料很难获得较低的含水率；干燥设备容易产生腐蚀和锈蚀现象。

4.2.2　水稻植质钵育秧盘蒸汽干燥特殊性

水稻植质钵育秧盘的干燥曾经采用两种方案：一种是热风干燥，另一种是蒸汽干燥。经过大量的干燥及其相关的试验，热风干燥和蒸汽干燥的性能对比如表4-2所示。

表 4-2　热风干燥和蒸汽干燥的性能对比

Table 4-2　Comparing the performance of hot air drying and steam drying

性能指标	干燥方式	
	热风干燥	蒸汽干燥
干燥时间	较长	短
强度	干强度好，但湿强度变小	干强度、湿强度好
质量	翘曲、断裂的数量比较多，干燥不均匀	翘曲、断裂的数量少，干燥均匀
育秧效果	浸水育秧时，外边生长出类似细菌的白色衍生物，内部出现腐朽菌，使加入的稻草腐烂变质，水稻秧苗在生长过程中出现发黄、植株矮小等病态特征	浸水育秧时没有出现上述情况，水稻秧苗在生长过程中长势良好
对环境的影响	热风对环境污染严重，噪声较大	对环境污染较小，噪声较小

在生产水稻植质钵育秧盘所用的混料中，含有大量微生物，由对比可知，热风干燥不能起灭菌的作用，从而造成水稻植质钵育秧盘腐烂变质，影响育秧质量。利用蒸汽干燥，不仅能够克服上述缺陷，而且高温水蒸气可以作为催化剂，促使水稻植质钵育秧盘的成分发生化学反应，增加水稻植质钵育秧盘湿强度，即其蒸汽干燥的特性。正是由于水稻植质钵育秧盘蒸汽干燥的特性及利用蒸汽干燥水稻植质钵育秧盘的效果好于热风干燥，经多次干燥工艺试验，最后确定采用高

温高压蒸汽干燥的方法，基本上满足了水稻植质钵育秧盘生产的工艺要求。

4.3　蒸汽干燥基本理论

4.3.1　过热蒸汽干燥特性

1. 过热蒸汽干燥的逆转点

　　利用过热蒸汽进行干燥时，存在一个温度点，当高于此温度时，用过热蒸汽蒸发的速率大于用干空气蒸发的速率；当低于此温度时，则正好相反。此温度叫做"逆转点"，如图 4-5 所示。

　　逆转点的值可以用蒸汽干燥的基本模型进行计算，日本学者桐荣良三研究逆转点所用的模型如下。

$$R_t = (Q_h + Q_r) / r'_w \qquad (4-1)$$
$$Q_h = \lambda \mathrm{Nu} (T_g - T_w) \qquad (4-2)$$
$$Q_r = Q_{rw} + Q_{rg} \qquad (4-3)$$

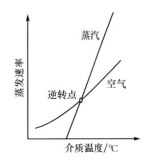

图 4-5　蒸汽干燥蒸发速率与介
　　　　质温度的关系

Fig. 4-5　The relationship between
medium temperature and drying rate
of superheated steam

式中，r'_w 为表面水潜热，J/kg；Q_h 为蒸汽对流换热，J/($m^2 \cdot h$)；Q_r 为总辐射热，J/($m^2 \cdot h$)；R_t 为蒸发速率，kg/($m^2 \cdot h$)；T_g 为蒸汽温度，℃；T_w 为水表面温度，℃；Q_{rw} 为干燥机壁面辐射热，J/($m^2 \cdot h$)；Q_{rg} 为干燥蒸汽辐射热，J/($m^2 \cdot h$)；λ 为对流换热系数，J/($m^2 \cdot h \cdot k$)；Nu 为努谢尔特数。

　　根据保罗豪森传递方程或兰兹和马歇尔方程确定努谢尔特数，再利用上述方程进行计算，可以得出水分蒸发速率的曲线，各曲线将交于一点，该点对应温度即逆转点。有学者通过试验证实了逆转点的存在，也证实过热蒸汽在不同条件下逆转点不是唯一的，其中影响因素最大的是蒸汽的流态。连政国等（2000）认为：造成逆转点温度存在的原因主要是干燥介质不同的基本热力学特性及其在不同操作条件下不同的变化规律、低温和高温时两介质温度与混料表面温度差及两介质对流换热系数随温度升高的改变情况不一样等（程万里，2007）。

　　逆转点对于水稻植质钵育秧盘干燥的研究有重要作用。通过大量干燥试验发现，在逆转点温度以下利用热风干燥水稻植质钵育秧盘时，虽然其断裂和翘曲缺陷明显减少，但干燥时间比较长，无法满足实际生产的需要。如果将干燥的温度升高到逆转点以上，则水稻植质钵育秧盘干燥速率虽然加快，但翘曲和断裂的缺陷明显增加，无法保证其干燥质量。在逆转点温度以下利用蒸汽干燥水稻植质钵育秧盘时，凝结在其表面的蒸汽量明显增加，蒸汽干燥的蒸发速率比热风干燥的速率更低，试验中所用的干燥时间比热风的干燥时间长。因此进行水稻植质钵育秧盘蒸汽干燥时，蒸汽的温度要保持在逆转点温度以上，所以研究水稻植质钵育秧盘干燥的逆转点温度具有非常重要的现实意义。

2. 过热蒸汽干燥的蒸汽压和平衡水分

在过热蒸汽干燥中，干燥机内的水蒸气分压等于总压，因此混料的平衡含湿量不再用吸附等温线来得到，而是通过吸附等压线来预测。吸附等压线是混料的平衡含湿量随着相对压力变化的曲线。相对压力为

$$a_p = P_z / P_{bh} \tag{4-4}$$

式中，P_z 为恒定的总压，MPa；P_{bh} 为周围环境温度下的饱和蒸汽压，MPa。

过热蒸汽干燥用蒸汽作干燥介质，传质阻力小，无表面结壳现象，要去除混料中的水分，必须使混料周围的蒸汽压小于自由水分的蒸汽压，因此蒸汽温度应该高于对应压力下的沸点。对于无孔或含有大孔隙的固体混料，只要蒸汽温度保持在相应压力下的沸点以上，混料最终都可以被完全干燥，见图4-6。对于毛细多孔混料，由于混料中水分界面的曲度，混料中的蒸汽压降低，因而要求蒸汽温度要高于沸点温度。图4-7给出几种混料的平衡含湿量与蒸汽过热度之间的关系曲线。从图4-7可以看出，虽然不同的混料在某一具体平衡含湿量上要求的过热度不一样，但就某一种混料而言，其总的趋势都是平衡含湿量随蒸汽过热度的增加而逐渐降低。

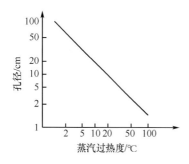

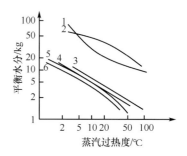

图4-6　大气压下混料孔隙充水与过热度的关系

Fig. 4-6　Relationship of water-filled pore material and the superheat of atmospheric pressure

图4-7　各种混料平衡水分和过热度的关系

Fig. 4-7　Relationship of the superheat and water balance of various materials

1. F. C. C；2. 褐煤；3. 纸浆（3×10^5 Pa）；
4. 纸浆（1×10^5 Pa）；5. 桉树；6. 云杉

水稻植质钵育秧盘由于其材料的特点，要求干燥时表面无结壳现象，否则将使其内部的水分蒸发不出来，而外边已干燥，造成其干燥不均匀，表面发生翘曲而影响干燥质量；另外，在水稻植质钵育秧盘生产出来后，其表面有一些微孔，用过热蒸汽干燥完秧盘后，其孔隙中仍会残留水蒸气，这部分残留水分不可能通过过热蒸汽干燥的方法而去除。因此，根据上述理论，蒸汽干燥混料表面无结壳

现象，并且在水稻植质钵育秧盘蒸汽干燥结束后，还要对其进行后处理，即蒸汽干燥完成后，将其放置在干燥装置内一段时间，利用反应装置的余热，尽可能将其孔隙内的残留水分蒸发出来，促使其进一步干燥，从而使其干燥质量达到规定的要求。

4.3.2　热量及预热时间

过热蒸汽干燥混料预热所需要的热量和预热时间是选择水稻植质钵育秧盘干燥装置中蒸汽锅炉的大小和确定干燥时间的两个重要参数。

水分在混料表面凝结时，凝结蒸汽要放出汽化热，凝结过程温度的改变不大，一般认为凝结后温度为饱和温度，该过程产生的热交换数量很大。因此，蒸汽通过凝结换热来预热混料这一过程时间非常短，在实际操作中难以精确测定，在此仅对过热蒸汽薄层干燥水分凝结做简单的定性分析。预热所需的热量：假定薄层混料重量为 m kg（干料重），并且认为混料颗粒内部温度与表面相同，则混料预热所需的热量为 Q_m 由下式计算：

$$Q_m = m(C_g + C_w M)(T_b - T_g) \tag{4-5}$$

式中，Q_m 为混料预热所需的热量，kJ；M 为混料含水率（干基），%；C_g 为混料中干物质的比热，kJ/(kg·℃)；C_w 为水的比热，kJ/(kg·℃)；T_b 为水的沸点温度，℃；T_g 为混料的初始温度，℃。

混料预热热量由两方面提供：一是过热蒸汽的显热，即过热蒸汽由初始温度降到常压下的饱和温度；二是这一部分蒸汽在混料表面凝结放出凝结潜热。假定水分在混料上的凝结量为 $W_{蒸汽}$，水蒸气的比热为 $C_{蒸汽}$，过热蒸汽的温度为 $T_{蒸汽}$，则凝结过程中第一部分热量为

$$Q_1 = W_{蒸汽} C_{蒸汽}(T_{蒸汽} - T_b) \tag{4-6}$$

如果水在 T_b 温度时汽化潜热为 λ（kJ/kg），则第二部分热量的大小为

$$Q_2 = W_{蒸汽} \lambda \tag{4-7}$$

由热力学平衡可知：$Q_m = Q_1 + Q_2$，可知过热蒸汽干燥薄层蒸汽的凝结量 $W_{蒸汽}$ 为

$$W_{蒸汽} = \frac{m(C_g + C_w M)(T_b - T_g)}{C_{蒸汽}(T_{蒸汽} - T_b) + \lambda} \tag{4-8}$$

如果在初始预热阶段蒸汽全部凝结，假定过热蒸汽的质量流量为 $G_{蒸汽}$（kg/s），则混料预热所需的时间为

$$t_1 = \frac{m(C_g + C_w M)(T_b - T_g)}{[C_{蒸汽}(T_{蒸汽} - T_b) + \lambda] G_{蒸汽}} \tag{4-9}$$

从以上定性分析可知，用过热蒸汽干燥时，干燥过程中，对凝结水分有影响的因素包括混料的性质参数、初始温度、过热蒸汽的温度等。很明显不同的蒸汽质量流量对干燥速率有影响，进而影响去除凝结水所需的时间，也会对干燥过程

产生影响。

4.3.3 过热蒸汽干燥原理

水稻植质钵育秧盘蒸汽干燥与热风干燥一样，也是利用其干燥介质的不饱和性达到干燥的目的。过热蒸汽干燥中只有一种气体成分存在，水分从湿表面移动不是通过扩散作用而是通过压力差产生的体积流。假定混料水分活度为1，秧盘内水分蒸发速率可利用 Maa，1994 年提出的水和纯水蒸气系统的水分蒸发公式计算：

$$N = \left[\frac{M}{2\pi R}\right]^{0.5} (P_s T_s^{-0.5} - P_v T_v^{-0.5}) \tag{4-10}$$

式中，T_s 为表面温度，K；T_v 为水蒸气温度，K；P_s 为水稻植质钵育秧盘水分表面压力，kPa；P_v 为水蒸气压力，kPa；M 为摩尔质量，kg/kmol；R 为气体常数。

将 Clapeyron 方程引入式（4-10）中，得到蒸发速率，即

$$N = P_a \left[\frac{M}{2\pi R T_s}\right]^{0.5} \left[\exp\left(\frac{M\lambda\delta_T}{RT_b^2}\right) - 1\right] \tag{4-11}$$

式中，T_b 为水的沸点温度，℃；λ 为汽化潜热，kJ/kg；P_a 为大气压，kPa；δ_T 为蒸汽过热度，K。

可以看出，过热蒸汽流速越大，干燥速率越快；蒸汽温度越高即过热度越大，干燥速率越快；蒸汽压变小，饱和温度降低，干燥速率变大，且有利于热敏性物质的干燥，但是蒸汽压并不是越小越好，压力越小，介质密度越低，热容量越小，蒸汽携热能力减小（Salin，1986）。

水稻植质钵育秧盘蒸汽干燥与热风干燥一样，也可分为3个阶段；第1阶段为加热升温期，湿盘吸收热量，温度上升至对应压力下的沸点温度。第2阶段，水稻植质钵育秧盘继续吸热，但温度保持不变，表面保持湿润。这两个阶段均为恒速干燥阶段，干燥速率主要由外部变量如过热度、压力和流速控制（李业波等，1999）。第3阶段，水稻植质钵育秧盘温度继续上升，当水分降到不足以使表面保持湿润时，进入降速干燥期，内部水分迁移成为主要控制因素。

4.4 小结

本章论述了蒸汽干燥的优缺点，通过对水稻植质钵育秧盘热风干燥和蒸汽干燥的特性比较，阐述了蒸汽干燥在水稻植质钵育秧盘干燥中的特殊性，说明蒸汽干燥的特性、干燥物料所需要的预热热量和预热时间及过热蒸汽干燥的原理是蒸汽干燥设备设计的理论基础。

参 考 文 献

陈建勇，陈时若. 1989. 用过热蒸汽干燥蚕茧的探讨. 纺织学报，10（12）：19-22.

陈锦祥，陈时若. 1996. 蚕茧过热蒸汽干燥与茧质关系浅析. 浙江丝绸工学院学报，13（5）：7-11.

程万里. 2007. 木材高温高压蒸汽干燥工艺学原理. 北京：科学出版社：3-4.

李业波，SeyedYagoobi J，Moreira R G. 1999. 食品过热蒸汽撞击干燥的试验研究. 农业机械学报，30（6）：71-73.

连政国，蒋金琳，任政，等. 2000. 过热蒸汽干燥物料温度变化规律的试验研究. 莱阳农学院学报. 17（2）：154-156.

潘永康，李建国，赵丽娟，等. 1998. 现代干燥技术（第一版）. 北京：科学出版社：638-651.

Devahastin S，Suvarnakuta P，Soponronnarit S，et al. 2004. A comparative study of low-pressure superheated steam and vacuum drying of a heat-sensitive material. Drying Technology，22（8）：1865-1867.

Mujumdar A S. 2007. Guide to Industrial Drying Principles Equipment and New Development. Beijing：China Light Industry Press：103-104.

Nimmol C，Devahastin S，Swasdisev T，et al. 2007. Drying and heat transfer behavior of banana undergoing combined low-pressure superheated steam and far-infrared radiation drying. Applied Thermal Engineering，27（14）：2484-2485.

Salin J G. 1986. Steam drying of wood particles for particle board. Drying，(86)：576-577.

第 5 章　水稻植质钵育秧盘蒸汽干燥装置研制

5.1　整机设计要求及结构

5.1.1　设计要求

（1）根据水稻植质钵育秧盘的尺寸（495mm×277mm×23mm），干燥装置最多能够烘干 3000 盘。

（2）本装置要求最高能够承受 0.7MPa 的工作压力。

（3）对于关键参数能够自动显示，并且能够实现控制；控制部分能够实现手动和自动转换。

（4）具有保温功能。

（5）能够方便快速干燥水稻植质钵育秧盘。

（6）能够自动排除冷凝水，具有自动排水功能。

5.1.2　设计流程及整机结构

水稻植质钵育秧盘干燥装置主要由蒸汽锅炉、蒸汽干燥器、进排料系统和控制系统组成，具体组成结构见设计流程图 5-1 和干燥装置系统图 5-2。

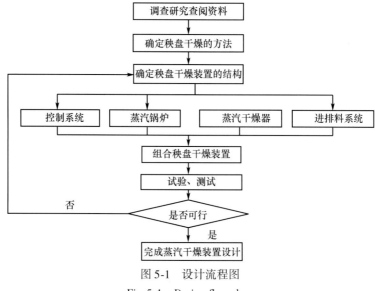

图 5-1　设计流程图

Fig. 5-1　Design flow chart

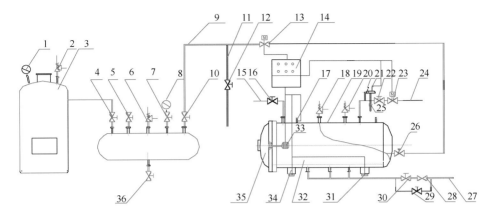

图 5-2　水稻植质钵育秧盘蒸汽干燥装置系统

Fig. 5-2　System diagram of the seedling-growing tray

1. 压力表；2. 安全阀；3. 蒸汽锅炉；4、5. 阀门；6. 安全阀；7. 阀门；8. 压力表；9. 进气管；10. 阀门；11. 排气管；12. 阀门；13. 电磁阀；14. 控制箱；15. 排气管；16. 阀门；17. 温度传感器；18、19. 安全阀；20. 压力表；21. 压力传感器；22. 阀门；23. 电磁阀门；24~26. 阀门；27. 排水管；28. 自动输液阀；29、30. 阀门；31. 称重传感器；32. 干燥器主体；33. 开关门电机；34. 支撑座；35. 封头门；36. 阀门

5.2　蒸汽锅炉

5.2.1　蒸汽锅炉加热能源

蒸汽锅炉的加热设备主要有燃烧机、电加热器和燃烧设备 3 种（丁崇功和寇广孝，2005）。根据不同的加热设备，适合锅炉加热的能源主要有固体燃料（如煤、焦炭、煤矸石、页岩、木屑、甘蔗渣、生物质固化成型燃料）、液体燃料（如轻柴油、重柴油、渣油等）、气体燃料（如天然气、煤气、液化石油混合气、生物质气体燃料）、电等。本章只是对煤、柴油、天然气、生物质固化成型燃料和生物质气体燃料 5 种能源进行讨论。各种能源的特征指标见表 5-1。

表 5-1　能源特征指标

Table 5-1　Characteristic index of various energy

指标	能源种类				
	煤	柴油	天然气	生物质气体	生物质固化成型燃料
发热值/（kcal/kg）	5 001~8 003	10 500	9 000	430~1 675	4 306
密度/（kg/m³）	750~1 000	840~860	800	560	800~1 300
价格/（元/kg）	0.7	6.78	1.65	0.021	0.40

稻壳是稻米加工过程中数量最大的农副产品。中国稻谷年产量约 2.6 亿 t，

按重量计算约占世界稻谷的 20% , 稻壳年产量则高达 3200 万 t , 稻秆的产量也达到 3 亿 t 左右, 居世界首位。但中国稻壳和稻秆利用率较低, 许多地方将其作为废弃物烧掉或弃置农田, 不但造成极大的资源浪费和巨大的经济损失, 而且也产生极大的环境污染。而生物质气体和生物质固化成型燃料都是利用农作物的秸秆及水稻稻壳等资源, 经过一系列的物理和化学反应制成的燃料。其中, 生物质气体主要是利用生物质通过密闭缺氧, 采用溜热解法及热化学氧化法后产生的一种可燃气体, 这种气体是一种混合燃气, 含有一氧化碳、氢气、甲烷等, 燃烧后产生的废气烟尘排放浓度、二氧化硫排放浓度和氮氧化物排放浓度均符合国家环保标准 (李燕红等, 2008)。生物质固化成型燃料经 0.8t/h 的立式锅炉燃烧, 当燃料的密度在 $900 \sim 1100 kg/m^3$ 时, 燃烧效果好, 燃烧室的温度达 1060℃, 比煤燃烧快 15% 以上, 所排出烟气的有害物质大大低于《锅炉大气污染排放标准》的指标, 达到了国家环保要求。因此本装置倾向于利用生物质气体和生物质固化成型燃料作为加热能源。另外, 根据表 5-1 中的数据, 利用下列公式可以求得产生 1 万大卡[①]的热量所消耗的能源价格。

柴油、生物质气体和天然气要将以"元/L"为单位的价格折算成以"元/kg"为单位的价格, 具体公式见式 (5-1), 结果见表 5-2。

$$p = 1000 \times \frac{p_1}{\rho} \tag{5-1}$$

式中, p 为能源的价格, 元/kg; p_1 为能源的价格, 元/L; ρ 为柴油、天然气的密度, kg/m^3, $\rho_{柴油} = 850$, $\rho_{天然气} = 800$, $\rho_{生物质气体} = 560$。

表 5-2 产生 1 万大卡热量所消耗各种能源的价格(2009 年)

Table 5-2 Price list of consumption of various energy of produces 10 000 calories (2009)

指标	能源种类				
	煤	柴油	天然气	生物质气体	生物质固化成型燃料
价格/ (元/kg)	0.7	7.97	2.06	0.0375	0.40
价格/ (元/万大卡)	1.077	7.59	2.289	0.356	0.929

折合成产生 1 万大卡热量各种能源的价格由式 (5-2) 计算:

$$d = \frac{10\ 000 \times p}{q} \tag{5-2}$$

式中, d 为产生 1 万大卡热量消耗的各种能源的价格, 元/万大卡; p 为能源的价格, 元/kg; q 为各种能源发热值, kcal/kg。

以柴油产生 1 万大卡热量所消耗的能源价格为基准, 则利用其他能源作为锅炉能源所节约的成本百分比如表 5-3 所示。

---

① 1 大卡 = 4186.8J

表 5-3　节约成本百分比

Table 5-3　Percentage table of cost savings　　　　（单位：%）

指标	能源种类				
	煤	柴油	天然气	生物质气体	生物质固化成型燃料
节约成本百分比	85.8	0	69.8	95.3	87.8

　　由表 5-3 可以看出来，以柴油为基准，分别以煤、天然气、生物质气体和生物质固化成型燃料为燃料可以分别节约燃料消耗费用 85.8%、69.8%、95.3% 和 87.8%，利用生物质气体和生物质固化成型燃料节约的成本分别占第 1 位和第 2 位，经济效益非常可观。因此，无论是从经济效益上来讲，还是从保护环境角度来讲，本装置优先选择生物质气体和生物质固化成型燃料为蒸汽锅炉加热能源。

5.2.2　蒸汽锅炉计算

　　蒸汽锅炉选择主要考虑的是锅炉的蒸发量 $Z_总$。在整个干燥过程中，锅炉所提供的热量包括两部分：一部分是对混料进行预热所需要的热量 Q_m，另一部分是整个过程中从水稻植质钵育秧盘中蒸发掉总的水分量 $W_总$ 所需要的热量 Q_1。

　　（1）混料预热所需要的热量 Q_m 见式（4-5）。其中，

$$m = n \times R \times (1 - L) \qquad (5-3)$$

式中，n 为水稻植质钵育秧盘的个数（个），根据设计要求，$n = 3000$ 个；R 为水稻植质钵育秧盘的重量（kg），$R = 2.2$kg；L 为水稻植质钵育秧盘的含水率（%），根据水稻植质钵育秧盘配比，$L = 19.7\%$。

　　将各参数代入式（5-3），得 $m = 5299.8$kg。

$$M = \frac{R \times L}{R - R \times L} \qquad (5-4)$$

　　将各参数代入式（5-4），得 $M = 0.245$。

　　根据设计要求，设计温度 160℃，工作温度 130℃，所以取 $T_b = 160$℃。由于水稻植质钵育秧盘生产大部分是在冬季进行的，所以取 $T_g = 5$℃。由资料查得，$C_g = 0.84$kJ/（kg·℃），$C_w = 4.2$kJ/（kg·℃）。将以上参数代入式（4-5），得 $Q_m = 1\,535\,325.56$kJ。

　　（2）水稻植质钵育秧盘中蒸发总的水分量 $W_总$ 所需要的热量 Q_1。水稻植质钵育秧盘中总的水分量 $W_总$ 包括两部分：一部分是假设在预热过程中所进入的蒸汽全部凝结在秧盘上的水分量 $W_蒸汽$，另一部分为根据配比加入秧盘中的水分量 $W_秧盘$ 见式（4-8）。

　　查资料得，$C_蒸汽 = 2.1$kJ/kg，$\lambda_{160} = 2082.29$kJ/kg，$T_b = 160$℃，$T_蒸汽 = 160$℃。将以上参数代入式（4-8），得 $W_蒸汽 = 737.33$kg。

$$W_{秧盘} = n \times R \times L \qquad (5\text{-}5)$$

经计算得 $W_{秧盘} = 1300.2 \mathrm{kg}$。

$$W_{总} = W_{蒸汽} + W_{秧盘} \qquad (5\text{-}6)$$

经计算得 $W_{总} = 2037.53 \mathrm{kg}$。

$$Q_1 = W_{总} \times \lambda_{160} \qquad (5\text{-}7)$$

经计算得 $Q_1 = 4\,242\,728.34 \mathrm{kJ}$。

（3）在干燥过程中总热量 $Q_{总}$。

$$Q_{总} = Q_1 + Q_m \qquad (5\text{-}8)$$

经计算得 $Q_{总} = 5\,778\,053.90 \mathrm{kJ}$。

（4）假设水稻植质钵育秧盘连续烘干 t 小时，则每小时所需要热量为 K 大卡。由于水稻植质钵育秧盘生产大部分在冬季，整个干燥过程能量损耗较大，在计算过程中要以修正系数 ζ 弥补损失能量，则

$$K = \zeta \cdot \frac{Q_{总}}{(4.18 \times t)} \qquad (5\text{-}9)$$

式中，ζ 为修正系数，$\zeta = 2$；t 为连续烘干时间，h，取 $t = 10 \mathrm{h}$。

经计算得 $K = 276\,461.91$ 大卡/h。

（5）蒸汽锅炉蒸发量 $Z_{总}$。根据安达奇放锅炉厂提供的数据，蒸发量 0.5t 的锅炉，提供 30 万大卡/h 热量，所以水稻植质钵育秧盘干燥系统选择 0.5t 蒸汽锅炉。

（6）蒸汽锅炉型式。初步选用生物质气体和生物质固化成型燃料作为蒸汽锅炉的加热能源，所选取的蒸汽锅炉型式也不同。以生物质固化成型燃料为能源的蒸汽锅炉的燃烧设备与其主体做成一体，该锅炉也可以煤作为燃料，锅炉具体参数见表 5-4，型式见图 5-3。以生物质气体为燃料的蒸汽锅炉，利用外加的燃烧机来加热锅炉，具体参数见表 5-5，锅炉型式见图 5-4。

表5-4 蒸汽锅炉参数（1）

Table 5-4 Parameters of steam boiler（1）

锅炉型号	HG0.5-0.4-AⅡ							
参数指标	额定蒸发量/（t/h）	额定蒸汽压/MPa	额定蒸汽温度/℃	受热面积/m²	炉排面积/m²	设备重量/kg	外形尺寸/mm	生产日期
	0.5	0.4	144	19.97	0.95	2360	1412×3450	2009-6-24

（7）加热能源及蒸汽锅炉型式。利用生物质气体作为加热能源的蒸汽锅炉，需要配备一套生物质气体生产设备。LHS0.05-0.4 型蒸汽锅炉每小时需要消耗 $44.1 \mathrm{m}^3$ 的气体，因此要求所选择的生物质气体生产设备每小时至少产生 $44.1 \mathrm{m}^3$ 气

表 5-5　蒸汽锅炉参数（2）

Table 5-5　Parameters of steam boiler（2）

锅炉型号	LHS0. 05-0. 4						
参数指标	额定蒸发量/（t/h）	额定蒸汽压/MPa	额定蒸汽温度/℃	受热面积/m²	燃料消耗/（m³/h）	电功率/kW	外形尺寸/mm
	0.5	0.4	151	9.1	44.1	1.12	1240×2310

图 5-3　蒸汽锅炉（1）　　　　图 5-4　蒸汽锅炉（2）

Fig. 5-3　Steam boiler（1）　　　Fig. 5-4　Steam boiler（2）

体。由于燃烧机对燃烧气体要求比较高，不允许含有杂质或者燃烧后尽可能避免积炭或其他物质产生，否则，时间过长将使燃烧机的燃烧头被杂质堵塞。由于生物质秸秆气里含有大量煤焦油，如不及时清理，将严重堵塞燃烧机。因此选择的生物质秸秆气生产设备必须配有清除煤焦油的装置。单个秸秆气化机组没有配备清除焦油的装置，而生产秸秆气的气化机组配有该装置，因此本装置采用气化机组生产秸秆气。气化机组由北京清大公司生产，该机由加料器、气化反应炉、净化装置、风机、空气压缩机、储气罐和电控系统等部分组成。其气化工艺原理为：稻壳或者作物的秸秆经处理后，进入秸秆气化机组，在气化炉中经热解、氧化和还原反应，转换为可燃气体。燃气被送入燃气净化器，除去其中的灰尘焦油，并冷却至常温，经风机和空气压缩机加压后送入储气罐内，使用时将燃气输配给蒸汽锅炉。该套设备经安装调试完成后进行测试，发现该气化机组不能保证适时连续产生气体，如果操作者稍有疏忽，所产生的气体里空气的含量会明显增加，造成燃烧机不能点火工作，而水稻植质钵育秧盘干燥要求连续向干燥器内通入蒸汽。经过多次试验，该问题不能够得到解决，故采用以生物质固化成型燃料为加热能源的蒸汽锅炉。

5.3 水稻植质钵育秧盘干燥装置蒸汽干燥器

蒸汽干燥器是水稻植质钵育秧盘干燥的主要装置，由保温系统、封头门系统、进排气系统、安全系统、蒸汽干燥器主体和自动疏水系统等组成，如图5-5所示。其中蒸汽干燥装置主体的设计要满足 GB150—1998《钢制压力容器》和《压力容器安全技术监察规程》中的有关要求。

图 5-5　干燥器

Fig. 5-5　Dryer

5.3.1　蒸汽干燥器主壳体

蒸汽干燥器主体的设计主要包括蒸汽干燥器主体型式的选择，以及干燥器总容积 V、直径 d、长度 L 和壁厚 δ 的计算。

1. 蒸汽干燥器主壳体型式

壳体是蒸汽干燥器最主要的组成部分，是储存干燥混料所需的压力空间，最常用压力容器的型式是圆筒形壳体，主要是它的形状是轴对称的，圆筒体是一个平滑的曲面，应力分布比较均匀，承载能力较强，且易于制造，便于内件的安装和拆卸，因而蒸汽干燥器主体部分采用圆筒形壳体，具体型式见图5-5。

2. 蒸汽干燥器主壳体直径 d、长度 L 的确定

根据设计要求，水稻植质钵育秧盘蒸汽干燥装置最大干燥量为3000个/次，要求水稻植质钵育秧盘能够方便、省力地进出干燥器。干燥器整体重量大（约6600kg），并且需人工推动干燥车，经综合考虑，用5个小车分担3000个水稻植质钵育秧盘重量比较合理，水稻植质钵育秧盘在干燥车上的布置型式如图5-6所示。

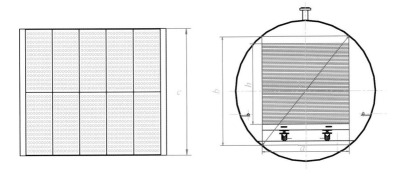

图 5-6　水稻植质钵育秧盘在干燥车上的布置型式

Fig. 5-6　Layout pattern of seedlings plate in the dry car

由于单个水稻植质钵育秧盘宽度为 277mm、长度为 495mm，则总长度为 1385（5×277）mm、总宽度为 990（2×495）mm。考虑到水稻植质钵育秧盘尺寸及干燥车方便进出干燥器，取 $a=1500$mm，也就是干燥车长度；$c=1000$mm，也就是干燥车宽度。水稻植质钵育秧盘在干燥车上的高度为 $h=600×23/10=1380$mm。考虑到干燥车本身高度与干燥车和水稻植质钵育秧盘总高度之和在高度方向的余量，则 $b=h+500=1880$mm。

设干燥器主体的直径为 d，则 d 由式（5-10）计算求得，即

$$d = \sqrt{a^2 + b^2} \tag{5-10}$$

经计算得 $d=2405.078$mm。为便于干燥器主壳体批量生产，将其直径标准化，取 $d=2400$mm。

根据压力容器的设计规则，压力容器的长径比为：$\dfrac{L}{d}=2\sim3$，所以，

$$L = d × (2 \sim 3) \tag{5-11}$$

经计算得 $L=4800\sim7200$mm，由于 $c=1000$mm，则 5 个干燥车排成 1 排的长度为 5000mm，考虑到干燥器主体的总体尺寸和设计余量，取 $L=5500$mm。

3. 干燥器主壳体壁厚 δ 的确定

由于 Q235-B 碳素结构钢在压力容器制造中使用最广泛也最经济，所以干燥器主体制造材料选用 Q235-B 碳素结构钢。由资料查得许用应力 $[\sigma]=170$MPa。干燥器壳体壁厚 δ 由式（5-12）求得，即

$$\delta = \frac{p × d}{2 × [\sigma]} \tag{5-12}$$

式中，p 为蒸汽的压力（MPa），本装置的设计压力 $p=0.8$MPa；d 为干燥器壳体的直径（m），$d=2.4$m。

将参数代入式（5-12），计算得 $\delta = 5.6mm$。考虑到安全性能及钢材腐蚀裕量，取 $\delta = 10mm$。

4. 干燥器总容积 V

干燥器总容积包括干燥器的壳体容积、封头门和封头的容积，在实际生产中封头和封头门的容积占总容积的10%，则干燥器的总容积由式（5-13）得，即

$$V = \frac{\varepsilon \times \pi \times d^2 \times L}{4} \tag{5-13}$$

式中，V 为干燥器总容积，m^3；d 为干燥器的直径，m；L 为干燥器壳体的长度，m；ε 为体积系数，$\varepsilon = 1.1$。

将已知数据代入式（5-13）中，计算得 $V = 27.35m^3$。

5.3.2 蒸汽干燥器保温系统

蒸汽干燥器保温系统主要由干燥器主壳体、保温层和彩钢板组成。保温层选择石棉作为保温材料，石棉主要有如下优点。

（1）导热系数小，耐高温，保温性能好，不燃烧。

（2）产品质轻，机械强度高，经久耐用，风化不变质。

（3）具有较高的隔热、吸音、电绝缘性。

（4）对金属不腐蚀，并起保护作用。

（5）对人体无毒、无害、无刺激。

根据设计要求，在工作时，由蒸汽干燥器损失的热量不能超过蒸汽锅炉所提供热量的3%~10%。这就要求保温层厚度 δ_1 要满足一定要求，具体计算如下：

$$q_1 = \frac{t_{w1} - t_{w4}}{\sum_{i=1}^{3} \frac{\ln\left(\dfrac{d_{i+1}}{d_i}\right)}{2\pi\lambda_i}} \tag{5-14}$$

$$\delta_1 = \frac{d_3 - d_2}{2} \tag{5-15}$$

式中，q_1 为损失热量的热流密度（W/m^2），其值为蒸汽锅炉提供的热量热流密度的3%~10%，最后取其热量热流密度的6.5%，经计算 $q_1 = 5433.039W/m^2$；t_{w1} 为设计温度，$t_{w1} = 160℃$；t_{w4} 为外界环境的温度，$t_{w4} = -25℃$；d_1 为干燥器主壳体的内径，$d_1 = 2.4m$；d_2 为干燥器主壳体的外径，$d_2 = 2.42m$；d_3 为干燥器主壳体加保温层直径（m），$d_3 = d_2 + 2\delta_1$；d_4 为干燥器主壳体+保温层+彩钢板的直径（m），$d_4 = d_3 + 2\delta_2$；δ_2 为彩钢板的厚度，$\delta_2 = 0.5mm$；λ_i 为导热系数，取 $0.66W$。

经计算并圆整得：$\delta_1 = 170mm$。

5.3.3　蒸汽干燥器封头门系统

蒸汽干燥器封头门系统主要由封头门总成、空气压缩机、减速机、行程开关、输气管和阀门等组成。封头门总成由封头门、封头和密封圈等组成。

1. 密封圈

密封圈所使用的材料有丁腈橡胶、氢化丁腈橡胶、硅橡胶、氟素橡胶、氟硅橡胶、三元乙丙橡胶、氯丁橡胶等。

丁腈橡胶密封圈是目前使用最为广泛、成本最低的橡胶密封材料，不适用于极性溶剂，如酮类、臭氧、硝基烃、丁酮（MEK）与氯仿等。正常使用温度范围为 40～120℃。

氢化丁腈橡胶密封圈具有良好的抗腐蚀、抗撕裂和抗压缩变形等特性，耐臭氧、耐阳光、耐油等性能较好。它比丁腈橡胶有更好的抗磨性，适用于洗涤机械、汽车发动机系统和新型环制冷系统中；不适合使用于醇类、酯类和芳香族的溶剂中。正常使用温度范围为 -40～150℃。

硅橡胶密封圈具有良好的耐热性、耐寒性、耐臭氧性、抗大气老化性和绝缘性，但抗拉强度比一般橡胶差，不具耐油性。正常使用温度范围为 -55～250℃。

氟素橡胶密封圈耐高温性优于硅橡胶，有良好的耐候性、耐臭氧性和耐化学性，但耐寒性不佳；对于多数油品、溶剂都具有抵抗能力，尤其抗酸类、脂族烃及动植物油。正常使用温度范围为 -20～220℃。

氟硅橡胶密封圈兼有氟素橡胶及硅橡胶的优点，在耐油、耐溶剂、耐燃料油及耐高低温等方面的性能均佳，能抵抗含氧化合物、含芳香烃溶剂及含氯溶剂的侵蚀。一般使用温度范围为 -50～200℃。

三元乙丙橡胶密封圈有很好的耐候性、耐臭氧性、耐水性和耐化学性，适用于醇类及酮类，还可用于高温水蒸气环境的密封，以及卫浴设备、汽车散热器及汽车刹车系统中；不适合用在食品或是暴露于矿物油之中。一般使用温度范围为 -55～150℃。

氯丁橡胶密封圈耐阳光、耐气候性能极佳，可用在二氯二氟甲烷和氨等制冷剂，耐稀酸、耐硅脂系润滑油，但在苯胺点低的矿物油中膨胀量大，在低温时易结晶、硬化；可用于各种接触大气、阳光、臭氧的环境及各种耐燃、耐化学腐蚀的密封环节，不适合使用在强酸、硝基烃、酯类、氯仿及酮类的化学物之中。一般使用温度范围为 -55～120℃。

由于本套装置大部分时间是在冬季利用的，要求密封圈除具有密封性能外，还应具有耐高温和低温、隔热、散热的功能，并具有良好的弹性、压缩性；对中性溶剂具有良好的抵抗性，能够抵抗臭氧及氧化物的侵蚀；还具有电绝缘性能。根据上述密封圈的使用特点及使用条件，选用氟硅材料的密封圈，密封圈的规格为内径2440mm、外径2500mm、高度22mm，见图5-7。

2. 空气压缩机

为使开关封头门时阻力减小，从而使密封圈的磨损减少，应将密封圈与封头门配合的平面正好与封头门安装密封圈的平面平齐。若要密封圈起密封作用，就要用一定的压力，将其压在密封门与之配合的平面上，这个压力由空气压缩机来提供。由于所需要的压力不大，所以选用小型的空气压缩机。经综合比较，选用浙江台州德瑞压缩机有限公司生产的0.08/8型空气压缩机（图5-8），其参数见表5-6。

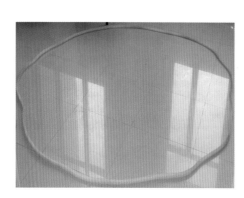

<table>
<tr><td>图 5-7 氟硅橡胶密封圈</td><td>图 5-8 空气压缩机</td></tr>
<tr><td>Fig. 5-7 Fluoro-silicone rubber ring</td><td>Fig. 5-8 Air compressor</td></tr>
</table>

表5-6 空气压缩机的技术参数

Table 5-6 Technical parameters of air compressor

型号	0.08/8						
技术参数	功率/kW	电压/V	电流/A	频率/Hz	额定转速 / (r/min)	容积流量 / (m³/min)	工作压力 /bar
	1.1	220	5	50	2850	0.08	8

3. 减速机

由于封头门需要开关，靠人力无法完成，必须使用减速机来开关封头门。减速机由电机和减速器组成（刘鸿文，2005）。因为要求电机在0.1~0.5s内完成启停动作，所以要求电机具有良好的启动特性，启停迅速、准确。电机可选择普通交流电机、交流或直流伺服电机、直流力矩电机、直流同步电机和直流步进电机。因工厂无直流电源，直流电机不可取。交流伺服电机也是无刷电机，分为同步电机和异步电机，目前运动控制中一般都采用同步电机，其具有功率范围大、惯量大、最高转动速度低和随着功率增大而快速降低等优点，因而适合做低速平稳运行的应用。交流伺服电机内部有旋转角度传感器和旋转角度控制器，可以检测电机的旋转角度，并根据外部的动作指令控制电机的转动角度，也就是说，伺服电机是按照指令节拍工作的，因此适合使用于本装置。交流电机既能控制运转时间的长短，也能控制正反转，虽然没有伺服交流电机特有的优点，但与行程开关配合，也能在本装置上使用。但行程开关易损坏，并且对感应头的间隙控制比较严格。封头门开关的速度不能太快，太快惯量大，易损坏封头门，因此在电机上应配有减速器来进行一级减速，通过减速齿轮进行二级减速，从而减小开关封头门的速度。

根据需要，且综合考虑经济性及实用性，采用河南全新液态起动设备有限公司生产的 Y90L-4 交流电机与减速器和行程开关配合来开关封头门。减速机具体型式见图 5-9。Y90L-4 交流电机的技术参数如表 5-7。

表 5-7　交流电机的主要技术参数
Table 5-7　Main technical parameters of AC motor

功率/kW	转速/（r/min）	电流/A	电压/V
1.5	1400	3.7	380

5.3.4　蒸汽干燥器自动疏水系统

在蒸汽干燥的过程中，不仅有进入干燥器内水蒸气全部液化的水分（张连起，1985），而且还有从干燥混料中蒸发并液化出来的水分，这些水分如果不及时排出，不仅浪费大量能量，而且还影响水稻植质钵育秧盘干燥。自动疏水系统主要由蒸汽疏水阀、

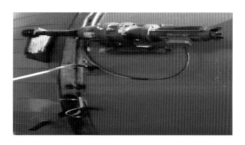

图 5-9　减速机
Fig. 5-9　Reducer

排水管、保温层和阀门等组成，保温层选择石棉作为保温材料，厚度为 100mm。

1. 蒸汽疏水阀

疏水阀在蒸汽加热系统中起到阻汽排水的作用，选择合适的疏水阀，可使蒸汽加热设备达到最高工作效率，从而达到最理想的干燥效果。疏水阀的品种很多，性能各不相同。选用疏水阀时，首先应选其特性能满足蒸汽加热设备的最佳运行要求者，然后才考虑其他客观条件。疏水阀要能"识别"蒸汽和凝结水，才能起到阻汽排水的作用。疏水阀的工作原理主要有密度差、温度差和相变。根据工作原理，疏水阀分为机械型、热静力型、热动力型 3 种类型。机械型也称浮子型，是利用凝结水与蒸汽的密度差，通过凝结水液位变化，使浮子

升降带动阀瓣开启或关闭，达到阻汽排水的目的。机械型疏水阀的过冷度小，不受工作压力和温度变化的影响，有水即排，加热设备里不存水，能使加热设备达到最佳换热效率。其最大背压率为80%，工作质量高，是生产工艺加热设备最理想的疏水阀（连政国和曹崇文，1996）。热静力型疏水阀是利用蒸汽和凝结水的温度差引起感温元件的变形或膨胀带动阀芯启闭阀门，其过冷度比较大，一般为15～40℃，它能利用凝结水中的一部分显热，阀前始终存有高温凝结水，无蒸汽泄漏，节能效果显著。它在蒸汽管道、伴热管线、采暖设备及温度要求不高的小型加热设备上，是最理想的疏水阀。热动力型疏水阀根据相变原理，靠蒸汽和凝结水通过时的流速和体积变化的不同热力学原理，使阀片上下运动产生不同压差，驱动阀片开关阀门。因热动力型疏水阀的工作动力来源于

蒸汽，所以蒸汽浪费比较大。其结构简单、耐水击、最大背压率为50%，有噪声，阀片工作频繁，使用寿命短。根据上述三种蒸汽疏水阀的特点，综合考虑本系统的连续排水等要求，使用机械型蒸汽疏水阀来排出液化水，具体选择上海迦百农阀门制造有限公司生产的 CS41H 自由浮球式疏水阀，其型式见图5-10，技术参数见表5-8。

图 5-10　CS41H 自由浮球式疏水阀
Fig. 5-10　Traps of CS41H free float

表 5-8　CS41H 自由浮球式疏水阀技术参数
Table 5-8　Technical parameters of traps of CS41H free float

口径/mm	最高工作压力/MPa	最低工作压力/MPa	长度/mm	高度/mm	外形直径/mm
50	1.6	0.1	290	300	190

2. 排水管

排水管的选择主要是排水管径 $d_{排}$、壁厚 $\delta_{排}$ 及排水管类型的选择。选择原则：一是能够保证及时排除干燥器内的水分，二是能够承受设计所要求的压力。排水管径 $d_{排}$ 的计算由式（5-16）得。

$$d_{排} \geqslant \sqrt{\frac{1.27 \times q_{\max}}{(3600 \times r_{水} \times \omega_{水})}} \qquad (5-16)$$

式中，$d_{排}$ 为排水管径，m；$q_{\max}$ 为最大蒸汽消耗量（kg/h），取锅炉的额定蒸发量，$q_{\max} = 500$kg/h；$r_{水}$ 为凝结水的容重（kg/m³），$r_{水} = 960$ kg/m³；$\omega_{水}$ 为凝结水在管内的流动速度（m/s），$\omega_{水} = 0.5$ m/s。

经计算得 $d_{排} \geqslant 19.2$mm，考虑到排水管与疏水阀的连接性，选取 $d_{排} = 50$mm。

排水管的类型有无缝钢管和有缝钢管，由于本装置属于压力容器，为了保证安全，选取壁厚满足承受设计压力要求的无缝钢管，即具体参数为 $d_{排}=50$，$\delta_{排}=3mm$ 的无缝钢管。

5.3.5　蒸汽干燥器进排气系统

蒸汽干燥器进排气系统主要由进气管、排气管、阀门、电磁阀、保温层等组成。设计的原则：一是能够保证快速进气、慢速排气，二是进排气控制容易，三是保证管路的安全，四是能够保温。遵循上述原则，经过试验，蒸汽的进排气速度选择：$v_{进}=50m/s$，$v_{排}=20m/s$；利用电磁阀来控制进排气，见图 5-11。同时在电磁阀出现故障或断电的情况下，为保障系统能够正常工作，设计了一套手动排气装置即安装了手动阀，见图 5-12。

图 5-11　电磁阀控制排气装置

Fig. 5-11　Exhaust device of solenoid valve control

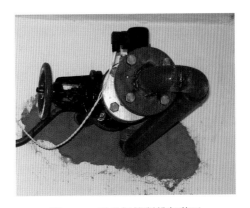

图 5-12　手动阀控制排气装置

Fig. 5-12　Exhaust device of manual valve control

保温层也是采用石棉作为保温材料，保温厚度为 100mm。根据无缝钢管的特点，进排气管采用壁厚为 3mm 的无缝钢管。钢管的直径由式（5-17）计算得到。

$$d \geqslant \sqrt{\frac{4 \times m}{(\rho_t \times \pi \times v)}} \qquad (5-17)$$

式中，d 为进排气管的直径，m；m 为进排气的质量流量（kg/s），根据蒸汽锅炉的额定蒸发量计算得到，即 $m=0.139kg/s$；ρ_t 为额定蒸汽温度下的蒸汽密度（kg/m³），$\rho_t=2.163kg/m^3$；v 为蒸汽的进排气速度，$v_{进}=50m/s$、$v_{排}=20m/s$。

经计算得：$d_{进}\approx40.5mm$、$d_{排}\approx63.98mm$。根据无缝钢管的规格表，取进气管的直径为 38mm，排气管直径为 63mm。

5.3.6　蒸汽干燥器安全系统

蒸汽干燥器是在高温高压下工作的，当干燥器内的蒸汽压超出设计压力时，容易发生爆炸（Beeby and Potter，1985），为确保安全，必须在干燥器上安装安全阀门。当压力超出设计压力时，安全阀门打开，排出过剩蒸汽，以减小干燥器内的压力。同时，为了防止安全阀出现故障，在干燥器的壳体上安装两个安全阀，当一个安全阀出现故障时，另外一个还能保证正常工作。本装置的设计压力为0.8MPa，最大工作压力为0.7MPa，蒸汽锅炉的额定工作压力为0.4MPa；同时考虑进排气系统和自动疏水系统中所选择无缝钢管的安全，以及本设备用于干燥其他需要用蒸汽干燥的混料，将安全阀的最高压力设为0.4MPa。本装置所选择的安全阀由上海人民电气有限公司生产，型号是A2J16（图5-13），具体参数见表5-9。

表5-9　安全阀技术参数
Table 5-9　Technical parameters of safety valve

公称直径/mm	公称压力/MPa	定压范围/MPa	行业代号	实用温度/℃
50	1.6	0.03～1.6	J	−25～300

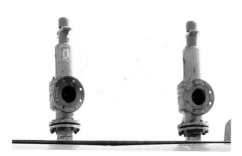

图5-13　安全阀
Fig. 5-13　Safety valve

5.4　进排料系统

干燥装置的进排料系统由干燥车、轨道、液压升降车组成。水稻植质钵育秧盘制备出后经过一段时间晾置，需放入干燥器进行干燥。由于水稻植质钵育秧盘生产车间与干燥器距离较远，人工将其放入干燥器里，既费时又费力，影响工作效率，因此考虑用干燥车将水稻植质钵育秧盘运送到干燥器内进行干燥。在干燥的过程中，水稻植质钵育秧盘和干燥车同时承受高温高压，如果车轮用橡胶材质，在高温高压的环境里很容易老化变质，从而影响其使用寿命，并且秧盘在干燥器内也不好定位。所以考虑采用钢制车轮。由于每辆干燥车上要放600盘，重量为1320kg，加上干燥车，重量将近1500kg。由于地面比较软，干燥车与地面的阻力非常大，人工根本无法推动干燥车，所以考虑采用轨道运输的形式。干燥器封头门的最低端与地面之间有一定的距离，人工无法将干燥车及水稻植质钵育秧盘抬到干燥器，须采用一套升降装置将干燥车升高到与干燥器内的轨道平齐，才能使干燥车进入干燥器内。因此干燥装置的进排料系统主要由干燥车、轨道（包括干燥器内的轨道）、液压升降车组成。

5.4.1　干燥车

干燥车由行走轮、把手、干燥车上表面、车架、止推轴承和滚子轴承组成。行走轮是由圆钢柱车削而成，其直径是100mm、宽度是50mm。在长度方向上行走轮的中心距离为800mm，在宽度方向上行走轮的中心距离为600mm。为了使干燥车能够更好地推动，并且能够绕轨道弯曲行走，车轮必须能够绕其纵轴线转动。车架是由槽钢焊接而成的，槽钢的型号为10型、宽度为100mm、高度为48mm。为使水稻植质钵育秧盘的间隙能够充满蒸汽，在秧盘车的上表面用钻钻直径为40mm的孔，使蒸汽能够从底部沿孔上升，充满整个空间。干燥车的上表面由厚度为3mm的钢板制成，并焊在车架上。

1. 干燥车的长度 a、宽度 c

根据水稻植质钵育秧盘尺寸及其在秧盘车上的摆放形式（图5-6），a 和 c 由式（5-18）和式（5-19）确定，即

$$a = n \times z \tag{5-18}$$
$$c = n_1 \times e \tag{5-19}$$

式中，n 为水稻植质钵育秧盘的横向摆放数量（个），取 $n = 5$；z 为水稻植质钵育秧盘宽度（mm），$z = 277$mm；n_1 为水稻植质钵育秧盘纵向摆放数量（个），取 $n_1 = 2$；e 为水稻植质钵育秧盘长度（mm），$e = 495$mm。

经计算 $a = 1385$mm，取 $a = 1500$mm；$c = 990$mm，取 $c = 1000$mm。

2. 干燥车的总体高度 H

干燥车高度在综合考虑小车与水稻植质钵育秧盘的总高度和干燥器壳体直径的情况下，由式（5-20）确定：

$$H = g - j \tag{5-20}$$

式中，g 为在干燥车和水稻植质钵育秧盘总高度的方向上的余量（mm），取 $g = 500$mm；j 为干燥车上最上边的水稻植质钵育秧盘距离干燥器内壁最近的距离，考虑到秧盘厚度的不均匀性及能够使干燥车方便地进出干燥器，取 $j = 205$mm。

经计算 $H = 295$mm。

3. 干燥车上表面钢板变形计算

由于湿秧盘强度小，如果水稻植质钵育秧盘车的上表面变形较大或者在秧盘的作用下产生较大的挠曲变形，水稻植质钵育秧盘将会发生弯曲变形。当变形较大时，水稻植质钵育秧盘将会断裂，从而影响干燥质量。因此将对干燥车的上表面进行挠度校核。钢板的挠度由式（5-21）确定：

$$f = \frac{ql^4}{192EI} \leqslant [f] \tag{5-21}$$

式中，q 为均布载荷（N/mm），在干燥车的宽度方向上，每行摆放两块水稻植质钵育秧盘，见图5-6，共60层，每块秧盘的重量为2.2kg，则 $q = 120 \times 2.2 \times 9.8 \times 1000 = 2.5872$ N/mm（9.8为重力加速度）；l 为水稻植质钵育秧盘车的长度（mm），$l =$

1000mm；E 为钢板的弹性模量（GPa），$E = 210$GPa；I 为截面的轴惯性矩（m⁴），$I = \dfrac{hc^3}{12}$，其中，c 是干燥车的宽度（$c = 1000$mm），h 是钢板的厚度（$h = 3$mm），得 $I = 25 \times 10^7$mm⁴；$[f]$ 为许用挠度（mm），根据设计要求，取 $[f] = 0.5$mm。

将以上各参数代入式（5-21），得 $f = \dfrac{ql^4}{192EI} = 0.256$mm，满足设计要求。

5.4.2 轨道

干燥装置进出混料的轨道包括 3 部分：一是路面上的轨道，二是干燥器壳体内的轨道，三是液压升降车上的轨道。轨道由枕木、角钢和槽钢组成。路面上的轨道，以枕木为轨基、以角钢为轨道，将角钢固定在轨道上。干燥器壳体内的轨道和液压升降车上的轨道，则以槽钢为轨基、以角钢为轨道，角钢焊在槽钢的槽内，槽钢再焊接在干燥器壳体内和液压升降车的表面，具体型式见图 5-14 和图 5-15。本研究所采用槽钢型号为 10 号，角钢型号为 5 号，角钢的厚度为 4mm。

图 5-14　路面轨道　　　　　　　　图 5-15　干燥器壳体内轨道
Fig. 5-14　Track of ground　　　　Fig. 5-15　Track of inside dryer shell

5.4.3 液压升降车

液压升降车由液压系统（液压油缸和液压马达）、行程导向机构、车架和轨道组成。满载水稻植质钵育秧盘的秧盘车总重量大约为 1500kg，考虑到误差及满足工人在其上边作业的要求，液压系统至少要能提供 19 600N 的升力。为保证升降车在升降过程中平稳作业及防止液压油缸与车架的连接机构损坏，在液压升降车上设计了行程导向机构。行程导向机构由两根无缝钢管组成，钢管的规格为 $\phi 50$mm 和 $\phi 60$mm，壁厚都为 3mm。车架由 10 号槽钢和 2mm 厚的钢板焊接而成。为了保证升降车在轨道上的横向稳定性，在两根槽钢轨基之间用两根方钢相连接，并且都焊接在秧盘升降车的表面。

5.5　干燥装置控制系统

工作时，蒸汽干燥装置要能显示干燥器内蒸汽及水稻植质钵育秧盘的主要技术参数，控制主要的工作过程，使工作人员及时了解工作状况，减轻劳动强度，提高生产率，保证工作安全。

5.5.1　控制系统设计原则

（1）实时显示主要技术参数，如温度、压力和重量。
（2）对主要工作过程实现自动控制。
（3）能够实现自动控制和整个工作过程的人工控制转换。当自动控制部分出现故障时，系统要能实现人工控制。

5.5.2　控制系统的组成及工作原理

1. 干燥装置控制系统的组成

根据设计原则及要实现的功能，干燥装置控制系统主要由温度测量装置（温度计和数字式温度显示控制仪）、数字式重量变送器、压力测量装置（压力传感器和数字式压力显示控制仪）、电磁继电器、电磁阀、控制开关、转换开关、振铃和导线等组成。

2. 干燥装置控制系统的工作原理

干燥装置控制系统的工作原理包括自动控制原理和人工控制原理。自动控制原理包括利用温度控制干燥工作过程和利用重量控制整个干燥工作过程。根据实验室试验及实际设备工艺优化试验，水稻植质钵育秧盘在温度为105℃时干燥效果比较好，工作时将温度数字显示控制仪的温度上限设置在105℃、温度下限设置在103℃。当干燥器内的温度高于105℃时，电磁继电器断电，关闭进气电磁阀停止供气，同时关掉蒸汽锅炉的鼓风机电源；当温度低于设置的下限温度时，继电器接通电源，打开进气电磁阀门，同时接通鼓风机的电源，使蒸汽锅炉燃烧，产生蒸汽，继续进行干燥。根据水稻植质钵育秧盘的实际含水率，经过试验确定，当干燥后的水稻植质钵育秧盘、干燥器整体、水稻植质钵育秧盘车和干燥器内剩余蒸汽的总重量已经达到干燥的要求时，对数字式变送器进行设置，设置重量下限，干燥时总重量达到设置的数值时，电磁继电器关掉总的电源，这时进气电磁阀和鼓风机都已经关掉，同时振铃响起，提醒工人注意。干燥过程可以通过转换开关而转化成人工控制，包括开关进气电磁阀和鼓风机。通过控制数字式重量变送器的开关，根据显示仪表显示的重量数值，对其进行人工控制。另外，在整个干燥过程中，需要人工控制的部分还包括封头门的开关和液压升降车的升降，原理图见图5-16。

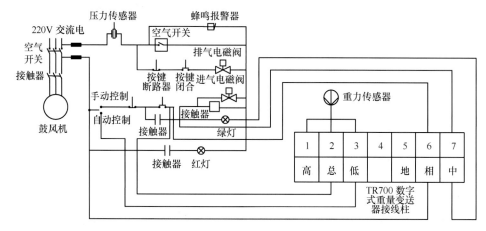

图 5-16　干燥装置显示控制系统工作原理图

Fig. 5-16　Principle diagram of drying device display control system

5.5.3　控制系统

1. 数字式重量变送器

在安装数字式重量变送器时，有两种方案：一种是把变送器放到反应器的内部，另一种是把变送器放到反应器的外边底部。放到反应器内部的变送器由于其测量的重量只有水稻植质钵育秧盘和干燥车的重量，可以选择小量程的变送器，确保测量的精度，并且安装也比较简单。但变送器是在高温高压的环境内工作的，工作环境恶劣，这不仅对变送器的工作性能提出了更加严格的要求，同时也增加了故障率和成本，故障检修操作也比较困难（连政国和蒋金琳，1999）。安装在反应器外部的变送器，其测量的重量除了水稻植质钵育秧盘和干燥车的重量外，还包括干燥器和蒸汽的重量，因此要选择量程大的变送器。其受工作环境的影响不大，价格也比较便宜，但对安装条件要求较高：要求地基水平，干燥器的四角所承受的力一致。

经过综合考虑，选择了安装在外部环境的变送器。由于单个变送器的量程达不到规定的要求，并且不容易安装，所以选择4个压力传感器串联来工作。由于工作环境是在冬季，根据变送器的工作环境温度，需要对变送器进行保温处理。变送器由天津市丽景微电子设备公司生产，型号为TR700型，主要技术参数如表5-10所示。

表 5-10　TR700 型变送器主要技术参数

Table 5-10　Main technical parameters of TR700 transmitter

直流电源/V	消耗功率/kW	工作温度/℃	湿度/%	重量/kg	非线性误差/%
24	0.1	−5 ~ 45	≤90	0.5	0.005

2. 温度测量装置

温度测量装置由温度计和数字式温度显示控制仪组成。温度计主要有玻璃管温度计、压力式温度计、双金属温度计、热电阻温度计和热电偶温度计。玻璃管温度计虽然结构简单、使用方便、测量精度相对较高、价格低廉，但其测量上下限和精度受玻璃质量与测温介质性质的限制，测量不能远传，易碎。压力式温度计的优点是结构简单、机械强度高、不怕振动、价格低廉、不需要外部能源；缺点是热损失大、响应时间较长，仪表密封系统（温包、毛细管、弹簧管）损坏后难于修理，必须更换，测量精度受环境温度、温包安装位置影响较大，精度相对较低，毛细管传送距离有限制。双金属温度计是利用两种膨胀系数不同、彼此又牢固结合的金属受热产生的几何位移作为测温信号的一种固体膨胀式温度计，其优点是：结构简单、价格低、维护方便、比玻璃管温度计坚固、耐振、耐冲击、视野较大；缺点是：测量精度低、量程和使用范围均有限、不能远传。由于干燥装置的测试量需要传送到测量室，要求温度计具有远距离传输功能；工作的环境是在室外、比较恶劣，要求温度计要坚固耐用。上述 3 种温度计无法满足其中的一项或多项要求，因此不选用上述 3 种类型的温度计。

热电阻温度计是利用金属导体的电阻值随温度变化而变化的特性来进行温度测量的。作为测温敏感元件的电阻材料，要求电阻与温度呈一定的函数关系，温度系数大、电阻率大、热容量小。在整个测温范围内热电阻温度计应具有稳定的化学物理性质，而且电阻与温度之间关系复现性要好。常有的热电阻材料有铂、铜、镍。成型仪表是铠装热电阻。铠装热电阻是将温度检测原件、绝缘材料、导线三者封焊在一根金属管内，因此它的外径可以做得较小。它具有良好的机械性能，不怕振动，同时具有响应时间快、时间常数小等优点。铠装热电阻除感温元件外，其他部分都可制成缆状结构，可任意弯曲，适应各种复杂结构中的温度测量。热电阻在化工生产中应用最广泛，它的优点是：测量精度高，再现性好，可保持多年稳定性、精确度，响应时间快，与热电偶温度计相比不需要冷端补偿；缺点是：价格比热电偶温度计高，需外接电源，热惯性大，避免使用在有机械振动的场合。热电偶温度计在工业测温中占较大比重，生产过程中的远距离测温很大部分使用热电偶温度计。它的优点是：体积小，安装方便；信号可远传用于指示、控制；与压力式温度计相比响应时间短；测温范围宽，尤其体现在测高温；价格低，再现性好，精度高。它的缺点是：热电势与温度之间呈非线性关系；精度比热电阻温度计低；在同样条件下，热电偶接点容易老化；冷端需要补偿。综合比较热电阻温度计和热电偶温度计的优缺点，考虑到本装置的实际特点，我们选择热电偶温度计来测温。

温控仪的选择要求能够实现自动控制、能设置温度上下限、读数方便，因此选择了红旗仪表有限公司的红旗牌 XMT 数显调节仪。热电偶温度计和数显调节仪如图 5-17 和图 5-18 所示。

图 5-17　热电偶温度计　　　　　　　图 5-18　XMT 数显调节仪

Fig. 5-17　Thermocouple thermometer　　Fig. 5-18　XMT digital adjustment device

3. 压力测量装置

干燥装置每次在开始向干燥器内通高压蒸汽时，干燥器内都含有大量气体，在整个预热阶段要把气体排出，否则当达到压力平衡时，里边混有大量气体，影响干燥温度，从而影响干燥效果。从显示仪表中可以看出干饱和蒸汽的温度和所显示的压力不相符。此时要通过排气装置进行排空气，在整个预热时间内，将干燥器内部的空气排出去。因此，在操作间要时时监视干燥器内的压力。压力测量装置主要由压力数字显示控制仪和压力传感器组成。压力传感器按照其工作原理及结构来看可以分为 3 类：液柱式、机械式和电气式。液柱式传感器虽然结构简单、价格低廉，但由于不能够远传、读数不方便，所以不选择。机械式传感器虽然也不能够远传，但由于其读数方便、价格低廉，可以和其他压力传感器读数相互参照，在控制间内也安装了该型式的普通压力表，由青岛国胜焊割设备有限公司生产。电气式传感器是将压力转化成各种电量如电感、电容、电阻、电位差等，依据电量的大小实现压力的间接测量。电气式传感器虽然价格较高，但其具有反应灵敏和远传的功能，因此选用电气式压力传感器。电气式压力传感器包括电阻应变片压力传感器、半导体应变片压力传感器、压阻式压力传感器、电感式压力传感器、电容式压力传感器、谐振式压力传感器及电容式加速度传感器等。与其他传感器相比，压阻式压力传感器具有极低的价格、较高的精度及较好的线性特性，应用非常广泛，因此本研究选用压阻式压力传感器。其由拓扑电子仪器有限公司生产，型号为 HDP503 型。由于本装置不用压力自动控制工作过程，所以选择不具有控制功能的数字显示仪。显示仪由昌晖自动化系统有限公司生产，型号为 SWP-C40 型。压力表、压力变送器见图 5-19，数字显示仪见图 5-20。

图 5-19 压力表、压力变送器

Fig. 5-19 Pressure gauge and pressure transmitter

图 5 20 压力显示仪

Fig. 5-20 Pressure indicator

5.6 小结

（1）确定了水稻植质钵育秧盘干燥装置开发的原则，即实用推广原则、保护环境原则、提高粮食品质原则和一机多用原则。

（2）提出了水稻植质钵育秧盘干燥装置的设计要求，确定了整机的设计流程及结构。水稻植质钵育秧盘干燥装置主要由蒸汽锅炉、蒸汽干燥器、进排料系统和显示控制系统四大部分组成。

（3）对水稻植质钵育秧盘干燥装置的蒸汽锅炉、蒸汽干燥器、进排料系统和显示控制系统四大部分进行研究，确定了蒸汽锅炉的加热能源和额定蒸汽流量；确定了干燥器的结构，并对其结构参数进行了选择计算；对干燥装置的干燥车、轨道和液压升降车进行了设计，并对主要的结构参数进行了确定；确定了显示控制系统的主要结构，并对其主要组成部分进行了选择。

参 考 文 献

丁崇功，寇广孝. 2005. 工业锅炉设备. 北京：机械工业出版社：15-17.

李燕红，欧阳峰，梁娟. 2008. 农业废弃物稻壳的综合利用. 广东农业科学，（6）：90-92.

连政国，曹崇文. 1996. 过热蒸汽干燥的发展现状. 农业机械学报，27（4）：136-141.

连政国，蒋金琳. 1999. 过热蒸汽干燥逆转点的直观分析. 农机与食品机械，（6）：6-8.

刘鸿文. 2005. 材料力学. 北京：高等教育出版社：212-216.

张连起. 1985. 关于木材蒸汽干燥室凝结水总管计算公式的探讨. 东北林业大学学报，13（4）：125-128.

Beeby C，Potter O E. 1985. Steam drying. Drying，（85）：57-58.

第6章 水稻植质钵育秧盘蒸汽干燥工艺及参数优化

干燥对水稻植质钵育秧盘冷压制备而言是一个重要环节，水稻植质钵育秧盘如靠自然晾干，其强度达不到育秧和插秧要求。由第5章分析可知，利用蒸汽干燥可解决上述问题。本章主要是利用第5章研制的干燥装置对水稻植质钵育秧盘干燥工艺进行深入研究，以探求最佳参数组合，实现干燥工艺的优化，以指导水稻植质钵育秧盘产业化生产。

6.1 试验方案

6.1.1 材料和设备

试验材料为新制备出的水稻植质钵育秧盘，试验设备为安达奇放锅炉厂生产的蒸汽干燥装置，试验装置如图6-1和图6-2所示。

图 6-1 干燥装置

Fig. 6-1 Dryer

图 6-2 水稻植质钵育秧盘压力机

Fig. 6-2 Forming machinery of seadling-growing tray made of paddy-straw

6.1.2 试验方法

水稻植质钵育秧盘整个干燥过程分3个阶段：一是水稻植质钵育秧盘预处理过程，即水稻植质钵育秧盘由压力机压出后，在自然环境中晾置的过程；二是水稻植质钵育秧盘在干燥器装置内连续通入蒸汽干燥的过程；三是停止供气后的处理过程。在自然环境中的晾置阶段，主要考虑晾置时间对整个干燥质量的影响。在通蒸汽干燥的阶段，主要考虑干燥时间和干燥温度对干燥质量的影响。在实际处理时，第一阶段和第二阶段合在一起作为干燥因素进行处理，即水稻植质钵育秧盘制成后晾置时间（Z）、水稻植质钵育秧盘烘干时间（X）、水稻植质钵育秧盘烘干温度（Y），并对这 3 个因素进行优化。在停止供气后的处理阶段，影响干燥的因素主要有烘干后的开罐温度（A）、开排气阀门（快速打开阀门）时的压强（C）、缓慢排气开始时的压强（C1）、烘干完毕水稻植质钵育秧盘在罐内自然晾置的时间（B）、停止供气开始至快速排气结束的时间（D）。试验结束后对比分析试验的结果。试验中，各阶段采用相同试验安排，运用正交试验设计确定试验次数及各次试验的影响因素，干燥流程见图 6-3。

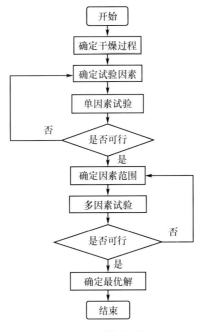

图 6-3　干燥流程图

Fig. 6-3　Dryer flow chart

6.1.3　评价指标

断裂和翘曲是评价水稻植质钵育秧盘性能的指标。其评价标准为：将水稻植质钵育秧盘放在干燥装置中在不同的条件下进行干燥，通过重力传感器来检测蒸汽干燥器内水稻植质钵育秧盘的含水率，当水稻植质钵育秧盘的含水率达到规定要求时，烘干结束，经排气冷却后，取出水稻植质钵育秧盘，观察其是否出现断裂和翘曲情况。

强度是评价水稻植质钵育秧盘性能的另一个重要的指标，包括湿强度和干强度。其评价标准：一是将不同干燥工艺烘出来的水稻植质钵育秧盘放在压力试验台上，测试其干强度；二是将不同干燥工艺的水稻植质钵育秧盘放到水中浸泡一定的时间，然后放到压力试验台上，测试其湿强度。

6.2 试验结果与分析

经过前期大量探索试验，确定影响水稻植质钵育秧盘蒸汽干燥的 3 个因素为：烘干时间、烘干温度和晾置时间。通过单因素试验确定各因素取值范围，为下一步试验奠定基础。

6.2.1 烘干时间对烘干质量的影响

在其他条件都相同的条件下，按照不同的时间对水稻植质钵育秧盘进行烘干，测出其干强度和湿强度，并观察其翘曲和断裂现象，结果如图 6-4 和图 6-5 所示。

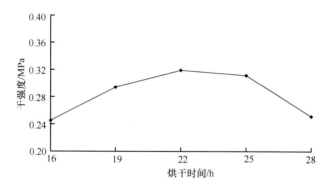

图 6-4 烘干时间对干强度的影响

Fig. 6-4 Influence of drying time on the dry strength

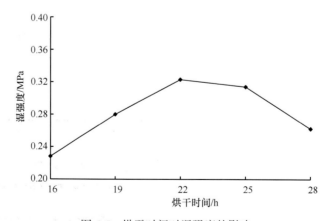

图 6-5 烘干时间对湿强度的影响

Fig. 6-5 Influence of drying time on the wet strength

如图 6-4 和图 6-5 所示，随时间增加，水稻植质钵育秧盘干强度和湿强度均先逐渐增加、后逐渐减小。当烘干时间在 19~25h 时，水稻植质钵育秧盘干强度值和湿强度值相对较大。观察发现，烘干时间在 16h 时，水稻植质钵育秧盘翘曲、断裂现象严重，湿度较大，没有达到干燥要求；当烘干时间在 19~25h 时，水稻植质钵育秧盘出现翘曲、断裂的概率大大降低；当烘干时间为 28h 时，水稻植质钵育秧盘出现翘曲、断裂的概率大大增加，且强度有所下降。因此将烘干时间取值范围确定为 19~25h。

6.2.2　烘干温度对烘干质量的影响

在其他条件都相同的条件下，按照不同温度对水稻植质钵育秧盘进行烘干，测出其干强度和湿强度，并观察其翘曲和断裂现象，结果如图 6-6 和图 6-7 所示。

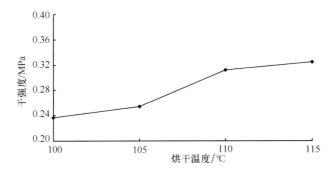

图 6-6　烘干温度对干强度的影响

Fig. 6-6　Influence of drying temperature on the dry strength

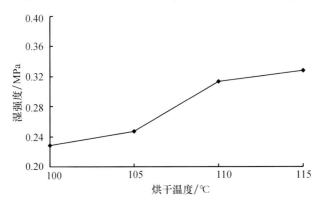

图 6-7　烘干温度对湿强度的影响

Fig. 6-7　Influence of drying temperature on the wet strength

如图 6-6 和图 6-7 所示，随烘干温度升高，水稻植质钵育秧盘的干强度和湿强度逐渐增大，当烘干温度在 105~115℃时，水稻植质钵育秧盘干强度值和湿强度值相对较大；观察发现，烘干温度在 100℃时，水稻植质钵育秧盘出现翘曲、断裂的概率比较大，湿度较大，没有达到干燥的要求；当烘干温度在 105~115℃

时，水稻植质钵育秧盘出现翘曲、断裂的概率比较小。因此将烘干温度取值范围选择 105～115℃。

6.2.3　晾置时间对烘干质量的影响

在其他条件都相同的条件下，按照不同的晾置时间对水稻植质钵育秧盘进行烘干，测出其干强度和湿强度，并观察其翘曲和断裂现象，结果如图 6-8 和图 6-9 所示。

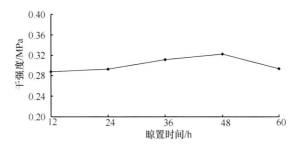

图 6-8　晾置时间对干强度的影响

Fig. 6-8　Influence of dry set time on the dry strength

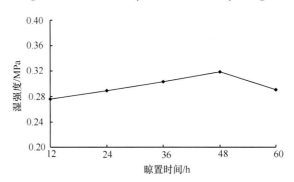

图 6-9　晾置时间对湿强度的影响

Fig. 6-9　Influence of dry set time on the wet strength

由图 6-8 和图 6-9 可知，水稻植质钵育秧盘的干强度、湿强度随着晾置时间的增加而增加，当增加到 48h 时，干强度最大，随后干强度、湿强度变小。观察干燥质量发现，晾置时间在 12h 时，出现裂纹的水稻植质钵育秧盘占总水稻植质钵育秧盘的比例比晾置时间在 24～48h 时要多；当晾置温度为 60h 时，出现裂纹的水稻植质钵育秧盘所占的比例也比晾置时间在 24～48h 时要多。当晾置时间在 24～48h 时，水稻植质钵育秧盘干强度值和湿强度值相对来说也比较大，因此水稻植质钵育秧盘晾置时间取值范围选择 24～48h。

6.2.4　正交试验结果与分析

根据单因素试验结果，选取烘干时间（X）、烘干温度（Y）、晾置时间（Z）

为试验因素，因素水平见表6-1。按照正交表 $L_9(3^4)$ 来安排试验。

表 6-1　因素水平表
Table 6-1　Factor level table

水平	烘干时间/h	烘干温度/℃	晾置时间/h
1	19	105	24
2	22	110	36
3	25	115	48

对干强度的测量结果及极差分析如表6-2所示。运用数据处理系统（DPS）软件对试验结果进行方差分析，如表6-3所示。由两表可知：3个因素对干强度影响的主次顺序为X>Y>Z，因素X和因素Y均为极显著因素，最优方案可确定为X2Y3Z2或者X2Y3Z3。

表 6-2　试验方案及结果（干强度）
Table 6-2　Test program and result（dry strength）

试验号	X	Y	Z	干强度/MPa
1	1	1	1	0.278
2	1	2	2	0.301
3	1	3	3	0.309
4	2	1	3	0.308
5	2	2	1	0.321
6	2	3	2	0.336
7	3	1	2	0.291
8	3	2	3	0.305
9	3	3	1	0.308
K_1	0.888	0.877	0.907	
K_2	0.965	0.927	0.928	
K_3	0.904	0.953	0.929	
R	0.077	0.076	0.021	

表 6-3　方差分析结果（干强度）
Table 6-3　Analysis results of variance（dry strength）

方差来源		偏差平方和	自由度	均方	F 值	p 值	显著性
干强度	X	0.0011	2	0.0006	412.75	0.0024	极显著
	Y	0.001	2	0.0005	373	0.0027	极显著
	Z	0.0001	2	0	29.25	0.0331	显著

对湿强度的测量结果及极差分析如表 6-4 所示。运用 DPS 软件对试验结果进行方差分析，如表 6-5 所示。由两表可知：3 个因素对湿强度影响的主次顺序为 Y>X>Z。因素 Y 和因素 X 为极显著因素，最优方案可确定为 X2Y3Z3。

表 6-4　试验方案及结果（湿强度）

Table 6-4　Test program and result（wet strength）

试验号	X	Y	Z	湿强度/MPa
1	1	1	1	0.274
2	1	2	2	0.305
3	1	3	3	0.311
4	2	1	3	0.310
5	2	2	1	0.323
6	2	3	2	0.339
7	3	1	2	0.291
8	3	2	3	0.308
9	3	3	1	0.311
K_1	0.89	0.875	0.908	
K_2	0.972	0.936	0.925	
K_3	0.91	0.961	0.929	
R	0.082	0.086	0.027	

表 6-5　方差分析结果（湿强度）

Table 6-5　Analysis results of variance（wet strength）

方差来源		偏差平方和	自由度	均方	F 值	p 值	显著性
湿强度	X	0.0012	2	0.0006	261.1429	0.0038	极显著
	Y	0.0013	2	0.0007	279.5714	0.0036	极显著
	Z	0.0001	2	0.0001	28.7143	0.0337	显著

综上所述，对于干强度 3 个因素对其影响的主次顺序为：烘干时间>烘干温度>晾置时间，对于湿强度 3 个因素对其影响的主次顺序为：烘干温度>烘干时间>晾置时间。能够使干强度、湿强度两个评价指标达到最优的方案为：烘干时间 22h、烘干温度 115℃、晾置时间 48h。

6.2.5　验证试验

如表 6-6 所示，按照最优方案烘干时间 22h、烘干温度 115℃、晾置时间 48h 进行试验，试验结果证明干强度值和湿强度值均较大，而且翘曲、断裂水稻植质钵育秧盘占整个水稻植质钵育秧盘的比例很小，试验最优方案可行。

表 6-6　验证试验结果

Table 6-6　Validation test results

烘干时间/h	烘干温度/℃	晾置时间/h	干强度/MPa	湿强度/MPa
22	105	48	0.343	0.346

6.3　烘干后试验结果与分析

通过大量试验发现，水稻植质钵育秧盘烘干后的处理工艺显著影响其质量。影响烘干后水稻植质钵育秧盘质量的处理因素有：烘干后的开罐温度、快速排气时的压强、烘干完毕水稻植质钵育秧盘在罐内自然晾置的时间、停止供气开始至快速排气结束的时间。首先通过单因素试验确定各因素的水平，为进一步试验奠定基础。

6.3.1　烘干后开罐温度对烘干质量的影响

水稻植质钵育秧盘制备后晾置 48h，设置烘干时间为 22h、烘干温度为 115℃。在其他条件都相同时，烘干完毕后，按照不同的开罐温度进行单因素试验，测出水稻植质钵育秧盘的干强度和湿强度，并观察其翘曲和断裂现象，结果如图 6-10 和图 6-11 所示。

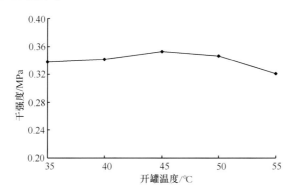

图 6-10　开罐温度对干强度的影响

Fig. 6-10　Influence of cans temperature on the dry strength

如图 6-10 和图 6-11 所示，当开罐温度在 40~50℃时，水稻植质钵育秧盘干强度值和湿强度值相对较大；观察发现，开罐温度在 35℃时，水稻植质钵育秧盘比较潮湿，出现裂纹的秧盘占所有秧盘的比例较大，影响水稻植质钵育秧盘干湿强度；当开罐温度在 40~50℃时，水稻植质钵育秧盘比较干燥，出现裂纹的秧盘占所有秧盘比例较小；当开罐温度在 55℃时，水稻植质钵育秧盘干湿强度降低较多。因此烘干后开罐温度选择 40~50℃。

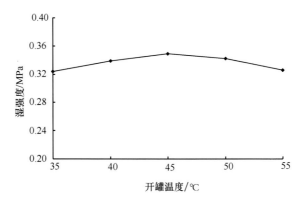

图 6-11　开罐温度对湿强度的影响

Fig. 6-11　Influence of cans temperature on the wet strength

6.3.2　罐内自然晾置时间对烘干质量的影响

水稻植质钵育秧盘制备后晾置时间 48h，设置烘干时间为 22h、烘干温度为 115℃。在其他条件都相同时，烘干完毕后，按照不同的晾置时间进行单因素试验，测出水稻植质钵育秧盘的干强度和湿强度，并观察其翘曲和断裂现象，结果如图 6-12 和图 6-13 所示。

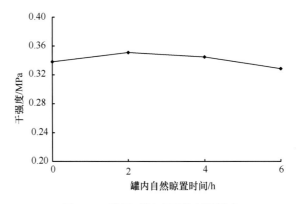

图 6-12　晾置时间对干强度的影响

Fig. 6-12　Influence of dry set time on the dry strength

如图 6-12 和图 6-13 所示，当烘干完毕后，水稻植质钵育秧盘在罐内自然晾置时间在 2~4h 时，其干强度值和湿强度值比较大；观察发现，烘干完毕后水稻植质钵育秧盘在罐内晾置 0h 时（即烘干完毕后直接取出水稻植质钵育秧盘），比较潮湿，用手拿会出现严重的断裂现象（Chu et al.，1953）；当晾置时间在 2~4h 时，水稻植质钵育秧盘比较干燥，用手可以将其拿起而不断裂，没有翘曲现象；当晾置时间在 6h 时，水稻植质钵育秧盘比较潮湿，用手拿会出现断裂的现

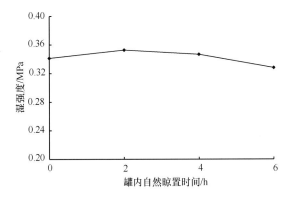

图 6-13　晾置时间对湿强度的影响

Fig. 6-13　Influence of dry set time on the wet strength

象。因此烘干后水稻植质钵育秧盘在罐内自然晾置时间选择 2~4h。

6.3.3　开排气阀门（快速打开阀门）时压强对烘干质量的影响

水稻植质钵育秧盘制备后晾置时间 48h，设置烘干时间为 22h、烘干温度为 115℃。在其他条件都相同时（Maa，1967），烘干完毕后，按照不同的开排气阀门时的压强进行单因素试验，测出水稻植质钵育秧盘的干强度和湿强度，并观察其翘曲和断裂现象，结果如图 6-14 和图 6-15 所示。

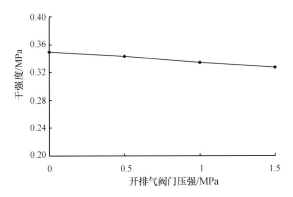

图 6-14　开排气阀门（快速打开）时的压强对干强度的影响

Fig. 6-14　Influence of pressure of opening exhaust valve on the dry strength（fast open）

如图 6-14 和图 6-15 所示，当烘干完毕后，开排气阀门时的压强在 0~1MPa 时，水稻植质钵育秧盘干强度值和湿强度值比较大；通过观察发现，烘干完毕后开排气阀门压强在 0~1MPa 时，水稻植质钵育秧盘均出现翘曲、断裂现象，但考虑干湿强度值，将开排气阀门压强确定在 0~1MPa。

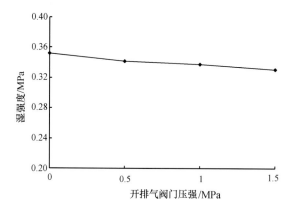

图 6-15　开排气阀门（快速打开）时的压强对湿强度的影响

Fig. 6-15　Influence of pressure of opening exhaust valve on the wet strength （fast open）

6.3.4　停止供气至排气结束的时间对烘干质量的影响

水稻植质钵育秧盘制备后晾置时间 48h，设置烘干时间为 22h、烘干温度为 115℃。在其他条件都相同时，烘干完毕后，停止供气至排气结束时间对干燥的质量有影响。按照不同的时间进行单因素试验，测出水稻植质钵育秧盘的干强度和湿强度，并观察其翘曲和断裂现象，结果如图 6-16 和图 6-17 所示。

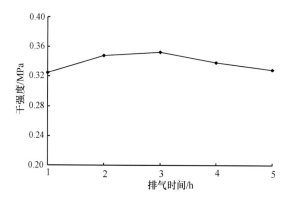

图 6-16　停止供气至排气结束的时间对干强度的影响

Fig. 6-16　Influence of end time to stop gas supply to the exhaust on the dry strength

如图 6-16 和图 6-17 所示，当烘干完毕后，停止供气至排气结束的时间在 2~4h 时，水稻植质钵育秧盘干强度值和湿强度值相对来说比较大；通过观察发现，烘干完毕后停止供气至排气结束时间在 2~4h 时，水稻植质钵育秧盘均有翘曲、断裂现象，但考虑干湿强度值（连政国和王延耀，1998），将停止供气至排气结束的时间确定在 2~4h。

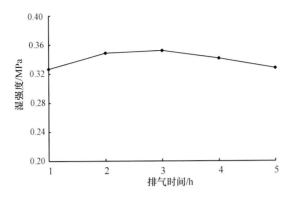

图 6-17　停止供气至排气结束的时间对湿强度的影响

Fig. 6-17　Influence of end time to stop gas supply to the exhaust on the wet strength

6.3.5　正交试验结果与分析

根据单因素试验结果，烘干后开罐温度（A）、罐内自然晾置时间（B）、开排气阀门时的压强（C）、停止供气至排气结束的时间（D）为试验因素，因素水平见表 6-7。按照正交表 $L_9(3^4)$ 来安排试验。

表 6-7　因素水平表

Table 6-7　Factor level table

水平	烘干后开罐温度/℃	罐内自然晾置时间/h	开排气阀门时的压强/MPa	停止供气至排气结束的时间/h
1	40	0	0.00	2
2	45	3	0.05	3
3	50	4	0.10	4

对干强度的测量结果及极差分析如表 6-8 所示。运用 DPS 软件对试验结果进行方差分析，如表 6-9 所示。由表可知：4 个因素对干强度影响的主次顺序为 A>B>D>C，因素 A 和因素 B 均为极显著因素，最优方案可确定为 A2B2C1D2 或者 A2B2C2D2。

表 6-8　试验方案及结果（干强度）

Table 6-8　Test program and result（dry strength）

试验号	A	B	C	D	干强度/MPa
1	1	1	1	1	0.343
2	1	2	2	2	0.348
3	1	3	3	3	0.339
4	2	1	2	3	0.357
5	2	2	3	1	0.362
6	2	3	1	2	0.358

续表

试验号	A	B	C	D	干强度/MPa
7	3	1	3	2	0.344
8	3	2	1	3	0.351
9	3	3	2	1	0.336
K_1	1.03	1.044	1.052	1.041	
K_2	1.077	1.061	1.041	1.05	
K_3	1.031	1.033	1.045	1.047	
R	0.046	0.028	0.007	0.009	

表6-9 方差分析结果（干强度）

Table 6-9 Analysis results of variance（dry strength）

方差来源		偏差平方和	自由度	均方	F 值	p 值	显著性
干强度	A	0.003 12	2	0.000 61	375.75	0.002 4	极显著
	B	0.002 16	2	0.000 52	295.89	0.002 7	极显著
	C	0.001 02	2	0.000 33	29.25	0.033 1	显著
	D	0.000 76	2	0.000 03	24.13	0.036 8	显著

对湿强度的测量结果（连政国和曹崇文，1999）及极差分析如表6-10所示。运用 DPS 软件对试验结果进行方差分析，如表6-11所示。由表可知：4 个因素对湿强度影响的主次顺序为 A>B>C>D，因素 A 和因素 B 均为极显著因素，最优方案可确定为 A2B2C1D2。

表6-10 试验方案及结果（湿强度）

Table 6-10 Test program and result（wet strength）

试验号	A	B	C	D	湿强度/MPa
1	1	1	1	1	0.346
2	1	2	2	2	0.349
3	1	3	3	3	0.341
4	2	1	2	3	0.359
5	2	2	3	1	0.363
6	2	3	1	2	0.361
7	3	1	3	2	0.347
8	3	2	1	3	0.352
9	3	3	2	1	0.333
K_1	1.036	1.052	1.059	1.042	

续表

试验号	A	B	C	D	湿强度/MPa
K₂	1.083	1.064	1.041	1.057	
K₃	1.032	1.035	1.051	1.052	
R	0.051	0.029	0.018	0.015	

表 6-11　方差分析结果（湿强度）

Table 6-11　Analysis results of variance（wet strength）

方差来源		偏差平方和	自由度	均方	F 值	p 值	显著性
温强度	A	0.002 57	2	0.000 43	1 759.75	0.000 9	极显著
	B	0.001 79	2	0.000 39	886.89	0.002 7	极显著
	C	0.000 83	2	0.000 21	28.37	0.033 1	显著
	D	0.000 45	2	0.000 02	22.18	0.036 8	显著

综上所述，对于干强度 4 个因素对其影响的主次顺序为：烘干后开罐温度>罐内自然晾置时间>停止供气至排气结束时间>开排气阀门时压强，对于湿强度 4 个因素对其影响的主次顺序为：烘干后开罐温度>罐内自然晾置时间>开排气阀门时压强>停止供气至排气结束时间。能够使干强度、湿强度两个评价指标达到最优的烘干后工艺条件为：烘干后开罐温度 45℃、罐内自然晾置时间 2h、开排气阀门时压强 0MPa、停止供气至排气结束时间 3h。

6.3.6　验证试验

如表 6-12 所示，按照烘干前后最优工艺：烘干时间 22h、烘干温度 115℃、晾置时间 48h、烘干后开罐温度 45℃、罐内自然晾置时间 2h、开排气阀门时压强 0MPa、停止供气至排气结束时间 3h 进行试验。试验结果证明水稻植质钵育秧盘干强度值和湿强度值均较大，而且无翘曲、断裂现象，试验最优方案可行。

表 6-12　验证试验结果

Table 6-12　Validation test results

开罐温度/℃	罐内自然晾置时间/h	开排气阀门时压强/MPa	停止供气至排气结束时间/h	干强度/MPa	湿强度/MPa
45	2	0	3	0.366	0.369

6.4　小结

（1）通过干燥装置所要完成的工作及所实现的功能，设计干燥器、进排料系统和显示控制系统，确定主要工作部件的主要结构和原则，并对各部分进行了选择。

（2）通过水稻植质钵育秧盘干燥的大量试验，确定整个水稻植质钵育秧盘的干燥分为3部分：一是水稻植质钵育秧盘的预处理过程，二是水稻植质钵育秧盘在干燥器装置内连续通入蒸汽干燥的过程，三是停止供气后的处理过程。

（3）在水稻植质钵育秧盘的预处理过程和在干燥器装置内连续通入蒸汽干燥的过程中，确定水稻植质钵育秧盘制成后晾置时间（Z）、水稻植质钵育秧盘烘干时间（X）、水稻植质钵育秧盘烘干温度（Y）为试验因素，对这3个因素进行优化并得出结论：烘干时间22h、烘干温度115℃、晾置时间48h为最优。

（4）在停止供气后的处理阶段，确定影响干燥的因素主要有：烘干后的开罐温度（A）、开排气阀门（快速打开阀门）时的压强（C）、烘干完毕水稻植质钵育秧盘在罐内自然晾置的时间（B）、停止供气至排气结束的时间（D），对这4个因素进行优化并得出结论：烘干后的开罐温度45℃、罐内自然晾置时间2h、开排气阀门时的压强0MPa、停止供气至排气结束的时间3h为最优。

（5）蒸汽干燥最优工艺为：水稻植质钵育秧盘生产出来后，在温度为10℃左右的环境中自然晾置48h后，将其送入蒸汽干燥装置中，在烘干温度为115℃时，连续烘干22h，停止供气，此时打开排气阀门缓慢排气3h，此时罐内的压强为0MPa，然后继续将其在罐内晾置2h左右，当罐内的温度为45℃时打开罐门，取出水稻植质钵育秧盘。

参 考 文 献

连政国，曹崇文 . 1999. 无空气干燥的试验研究 . 农业机械学报，30（4）：31-34.

连政国，曹崇文 . 2000. 过热蒸汽干燥特性的试验研究 . 农业机械学报，31（1）：66-68.

连政国，王延耀 . 1998. 过热蒸汽干燥水分凝结的试验研究 . 莱阳农学院学报，15（4）：293-296.

Chu J C, Lane A M, Conklin D. 1953. Evaporation of liquids into their superheated vapors . Industrial and Engineering Chemistry，45（7）：1586-1591.

Maa J R. 1967. Evaporation coefficient of liquids. Ind Eng Chem Fundam，（6）：504-518.

第 7 章　水稻植质钵育秧盘产业化实现与效益分析

　　水稻植质钵育秧盘制备技术就是将稻草制备成水稻育秧载体，实现了稻草的高附加值再利用（周定国和张洋，2007）。前期由于技术和工艺的原因未实现该技术的产业化开发。水稻植质钵育秧盘冷压制备工艺和蒸汽干燥工艺试验的成功，为实现水稻植质钵育秧盘制备的工业化生产提供了可能。本章着重介绍水稻植质钵育秧盘产业化制备方法，其成品能够提供完全满足水稻育秧的生长环境。在现有市场条件下，利用本生产线制备水稻植质钵育秧盘，项目静态投资回收期为 1.7 年。

7.1　项目技术工艺路线及实施

7.1.1　技术工艺路线

　　水稻植质钵育制备工艺可实现水稻秸秆废弃物的综合再利用，采用恰当的水稻秸秆处理方式，添加有利于水稻生长的物料，经过合理压制及干燥工艺，便可将水稻秸秆废弃物制备成新型水稻育秧载体，即水稻植质钵育秧盘，这极大地提高了水稻秸秆废弃物的附加值。该技术工艺路线如图 7-1 所示。

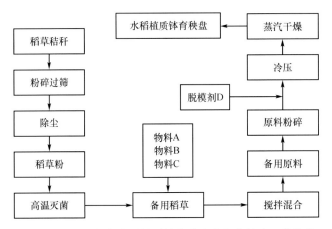

图 7-1　用稻草制备水稻植质钵育秧盘产业化技术工艺路线

Fig. 7-1　Techniques of the preparation of the seedling-growing bowl tray

在上述工艺中，水稻秸秆废弃物首先要被剪切成小段，再经过粉碎处理、过筛，除去土块等杂质；然后经120℃高温灭菌处理，并去除稻草表面的蜡质层，消除其对物料 A、物料 B 和物料 C 的影响。灭菌处理后的稻草在物料 A、物料 B 和物料 C 综合作用下产生一定的黏性，具有黏性的稻草混合料在成型压力机的作用下成为水稻植质钵育秧盘的胚体，水稻植质钵育秧盘胚体经过蒸汽干燥，便成为适合水稻育秧和栽植的水稻植质钵育秧盘。本工艺具有流程简单、操作安全、设备易于制造和稻草营养物质流失少等特点（李耀明等，2005）。

7.1.2 水稻植质钵育秧盘制备产业化流程

水稻植质钵育秧盘制备工艺分别于2007年8~12月、2008年5~9月和2009年9~12月在黑龙江省胜利农场、云山农场和290农场进行了中试，均采用如图7-2所示的生产流程。

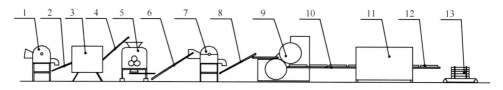

图 7-2　水稻植质钵育秧盘制备流程图

Fig. 7-2　Flowchart of production line for seedling-growing tray made of paddy-straw

1. 粉碎机；2. 传送带；3. 高温消毒设备；4. 传送带；5. 搅拌机；6. 传送带；7. 粉碎机；8. 传送带；9. 成型压力机；10. 传送带；11. 蒸汽干燥设备；12. 水稻植质钵育秧盘；13. 打包机

水稻秸秆首先经过剪切处理，成为2~5cm的小段秸秆，然后经过粉碎机粉碎除尘，经2mm孔径筛子过筛，形成稻草粉。对稻草粉进行120℃高温灭菌处理，以去除秸秆表面蜡质层，使其成为备用稻草。

将备用稻草、物料 A、物料 B 及物料 C 放在搅拌机里混合搅拌，经过搅拌20~30min后，将混合物料输送到粉碎机进一步粉碎，其主要目的是为了消除团状结块。将粉碎后的混合料过筛，筛子孔径为60目，过筛后的混合料经输送带输送到成型压力机一端。混合料经成型压力机作用后，成为水稻植质钵育秧盘胚体。其紧接着被送往蒸汽干燥室进行48h缓慢烘干，烘干打包后为最终产品，即水稻植质钵育秧盘。

7.2　结果与讨论

在生产线经过安装调试进入正式生产后，对3个地方生产的水稻植质钵育秧盘进行取样，经过检测，其内在成分如表7-1所示。

表 7-1 不同地点水稻植质钵育秧盘释放成分对比

Table 7-1 Release component comparison of the rice seedling-growing tray in different locations

测试项目	取样地点		
	黑龙江省胜利农场	黑龙江省云山农场	黑龙江省 290 农场
释放盐分总和/%	0.193	0.20	0.185
pH	7.9	7.4	7.6

由表 7-1 可以看出，在黑龙江省胜利农场、云山农场和 290 农场经过本生产线流程制备的水稻植质钵育秧盘，经检测其释放的盐分总和（周海波等，2008）分别为 0.193%、0.20% 和 0.185%；pH 分别为 7.9、7.4 和 7.6。由此可知，该生产线制备的水稻植质钵育秧盘适合水稻育秧期间的环境需要（田慎重等，2008）。

7.3 经济性分析

7.3.1 生产线主要经济指标

以年生产水稻植质钵育秧盘 400 万片为例，项目总投资需要 260 万元。生产线主要经济指标如下。

处理量：5000t 水稻秸秆/年

生产量：1.1 万片/天

产品得率：77.6%

其中：

水稻秸秆至备用原料的得率为 80%；

备用原料至水稻植质钵育秧盘胚体的得率为 98%；

水稻植质钵育秧盘胚体至水稻植质钵育秧盘成品的得率为 99%。

装机容量：≤75kW

万片成品耗水量：≤0.5t

7.3.2 经济性分析

1. 成本情况

原料成本：按照目前水稻秸秆的市场价 100 元/t 计。

生产成本：单班生产工人配置为 11 人，人员工资为 80 元/（人·天）计；电价为 0.60 元/（kW·h），水价按 1 元/t，由此所得生产成本为 894.9 元/万片。

折旧及其他：厂房按照 30 年折旧计算，设备按照 15 年折旧计算，所得折旧费为 63.2 元/万片，车间运输费用为 34.7 元/万片。

总成本：由上述计算可得每万片成品的成本为：1121.4 元。

2. 销售情况

1）定价依据

目前，根据市场上常用的钵育育秧载体价格，大部分为 1.5~17 元，性价比如表 7-2 所示。

表 7-2　不同水稻钵育育秧载体性价比

Table 7-2　Price and performance comparison of carrier of different rice bowl seedling

载体名称	价格/元	使用年限/年	平均产量/（kg·hm²）
日本钵育秧盘	17	3~5	11 250
常规塑料钵盘	1.5	1~3	10 500
水稻植质钵育秧盘	0.5	1	11 250

根据近几年的推广应用，农民能够接受的成品价格为不大于 0.5 元/片，因此，定价为 0.5 元/片。

2）回收期分析

由以上分析可知，每万片成品的利润为 3878.6 元，年利润为 155.144 万元，静态投资回收期为 1.7 年。

7.4　小结

（1）随着中国对水稻产量和品质要求的日益提高，以解决稻草废弃物利用及增加水稻产量和品质的水稻植质钵育秧盘制备技术具有广阔的市场前景（周青等，2007；张卫星等，2007）。

（2）利用本项目提供的技术工艺路线，可得到水稻植质钵育秧盘释放的盐分总和分别为 0.193%、0.20% 和 0.185%；pH 分别为 7.9、7.4 和 7.6，适合水稻生长。此技术工艺路线成熟，已经进入产业化实施阶段。

（3）在现有市场条件下，利用本生产线制备水稻植质钵育秧盘，可以提高植质钵育机械化栽培技术体系的产业链，经济和社会效益可观，项目静态投资回收期为 1.7 年。

参 考 文 献

李耀明，徐立章，向忠平，等 . 2005. 日本水稻种植机械化技术的最新研究进展 . 农业工程学报，21（11）：182-185.

田慎重，李增嘉，宁堂原，等 . 2008. 保护性耕作对农田土壤不同养分形态的影响 . 青岛农业大学学报

（自然科学版），25（3）：171-176.

张卫星，朱德峰，林贤青，等 . 2007. 不同播量及育秧基质对机插水稻秧苗素质的影响 . 扬州大学学报
（农业与生命科学版），28（1）：45-48.

周定国，张洋 . 2007. 我国农作物秸秆材料产业的形成与发展 . 木材工业，1（21）：5-8.

周海波，马旭，姚亚利 . 2008. 秧盘育秧播种技术与装备的研究现状及发展趋势 . 农业工程学报，24（4）：
301-303.

周青，陈新红，丁静，等 . 2007. 不同基质育秧对水稻秧苗素质的影响 . 上海交通大学学报（农业科学
版），25（1）：76-80.

第8章 气吸式水稻植质钵育秧盘联合精量真空播种机的研制

在水稻植质钵育秧盘制备成功之后，按照水稻栽培农艺要求，需进入水稻植质钵育秧盘播种作业。由于人工播种费时费力，所以，需要进行机械化播种。本章在探讨国内外水稻播种机械发展过程的基础上，对气吸式水稻植质钵育秧盘联合精量真空播种机进行研制。

8.1 国内外研究现状

8.1.1 国外发展现状

在水稻工厂化育秧播种机的研制方面，日本一直处于领先地位，这主要与水稻移栽机研制相关。生产企业主要有久保田、三菱、石井等公司，产品形式主要有常规播量和精量毯状秧苗联合播种机，也有用于穴盘育苗的精量播种机（李志伟等，1999）。播种部件有槽轮散播和槽轮条播两种。各种播种机均具有播种、铺土、洒水、覆土等功能。用于穴盘育秧的播种机均有压土辊，将底土镇压，防止根部缺土而影响秧苗生长和机械化移栽。大多数联合播种机类似机械行业的加工流水线，秧盘叠放、落下、输送、播种、洒水、覆土秧盘取出、营养土自动补给等工序全部自动化，生产率为180～430盘/h。

气力式精密播种器按工作原理分为气吸式精密播种机、气吹式精密播种机和气压式精密播种机。气吸式典型机型有法国的 Nodet Peumasem Ⅱ 型、苏联 CY-8型、罗马尼亚的 SPC-6M 等；气吹式典型机型为德国贝克尔公司的 Acromat Ⅱ 型；气压式典型机型有美国哈维斯特公司的 Cyclo500 型。

气吸式播种器在精密播种中有一定的优势，有些学者曾经致力于此研究。俄罗斯学者 B. M. KaKob 于 1966 年对气吸式充种问题进行了研究，在研究气吸式播种器的空气动力学，以及不同形状和孔径的播种盘及各种结构的搅动器后，发现充种频率不高的问题在于种子室结构不合理。改进的结构是在种子箱底部和种子室的过渡区加一块挡板，这样种子顺搅动器转向，并自流到搅动器表面，立即被带动形成环流。经试验，改进后的播种器充种频率有较大的提高。各国在改善播种器的充种性能时采用的共同措施是安装叶片式、指杆式和其他形式的搅动器。美国学者 Zulin 等（1991）对发芽的芹菜籽用气吸式播种器进行试验，采取用水将种子从漏斗输送到播种盘吸孔上的方法，探讨真空度及线速度对播种性能的影响。Guarella 等（1996）用不同吸嘴的吸盘对蔬菜种子进行试验与理论研究，找到不同吸嘴及最适合的气压。Molin 等（1998）利用打孔播种器对玉米在实验室和田间进行性能试验，在一定真空度下，线速度在 1~3m/s 内排种性能变化不大。土耳其学者 Karayl 等（2004）以吸孔的形状、线速度、真空度、播种盘上吸孔的面积和种子的千粒重为工作参数对玉米进行了试验，结果显示，当线速度增大时，充种率下降，同时在高真空度时充种率能提高。

8.1.2　国内发展现状

虽然日本的机械设计、制造水平较高，工艺精湛，产品精巧可靠，性能满足生产要求，自动化程度高，但价格昂贵，使其推广范围受到局限。

在中国，穴盘育苗技术起步较晚。1975 年开始水稻工厂化育秧的试验研究，此后其发展较快，特别是 20 世纪 90 年以后，随着抛秧技术的出现和发展，穴盘秧苗的需求量迅速增加，各水稻产区相继建立了水稻育秧工厂，其数量也直线上升。在育秧设备方面，国内的绝大部分水稻工厂化育秧联合播种机是由引进、消化、吸收国外技术而来，且以与插秧机配套为主。1979 年从日本引进育秧成套设备，在江苏、浙江、上海、贵州、吉林等省市进行试验改制，总结试验经验，结合实际条件，研制出适合中国国情的育种生产流水线，如北京市农业机械研究所研制的 2BS-360 育苗播种生产线、吉林农业大学研制的吸盘式播种器。1994 年黑龙江省红兴隆机械厂与省农垦科学院农业工程研究所在引进、消化、吸收日本久保田联合育秧播种机的基础上，联合研究开发出水稻工厂化育秧成套设备，该设备可实现常规育秧的机械化作业，操作简便，生产率较高。1997~1998 年，中国农业大学和湖南省农业机械工程研究所分别自行研制出简易槽轮条播穴盘播种复合机，种子播量和铺土量均可调，满足常规稻的穴盘育秧播种要求。

精密播种包括 3 个方面：播下精确数量的种子（目前最常见的是一穴一粒，即单粒精密点播，而本试验是每穴 2~4 粒，达到农艺要求）、精密的粒距分布（即粒距均匀一致）和精确的深度（即深度均匀一致）。

精密播种机的核心部件是播种器，由于作物品种多、种植规范不同、新兴农业技术的发展，所以从 20 世纪 50 年代起，一直有人不断地研究精密排种器，按照播种实现方式它可分为：机械式精密播种器和气吸式精密播种器。机械式精密播种器又分为：齿盘转动式播种器和抽板式播种器，其工作原理是根据种子粒型和大小，利用播种器的型孔将种子从种群中分离出来，充种、清种和卸种等环节靠种子自重或机械装置来完成。机械式精密播种器具有结构简单、造价低廉、工作可靠性较好、制造工艺要求不高等优点，在实际应用中占很大比例。但这类播种器对种子尺寸要求较严，一般只适于外形尺寸一致的种子，对种子的损伤较严重，一般不适于高速作业，更不适于播催芽后的种子，一般用于中小型播种机上。例如，于建群等（2000）研制的阶梯型内窝孔式播种器、马连元等（1993）研制的内侧充种垂直圆盘播种器、郑晓平（2003）研制的转勺式排种器、于海明等（2002）研究的磨纹式排种器等；另外还有水平圆盘式播种器（崔清亮等，2003）和带式播种器（曹景新和张丽平，2004）。尽管个别机械式精密播种器能适于高速作业，如美国的 John-Deere 7000 型精播机上采用的指夹式播种器能以 11.3km/h 的速度作业，但目前它还只适于玉米的精播，通用性较差，不能用于其他作物精播。气吸式精密播种器：该种播种器通常由拖拉机动力输出轴或由液压系统驱动液压马达带动风机，产生真空吸力或空气压力，使种子按粒（单粒或多粒）贴附在吸孔上，充种或清种环节靠自重或气吸来完成，是一种较先进的播种装置。由于它对播种作物种子的几何尺寸要求不严，更换播种元件，即可播多种作物，能适应较高的作业速度而种子损伤小，目前在国内外已得到广泛应用。国外一些发达国家在 20 世纪 50 年代就已经开始推广使用气吸播种机，中国气吸排种器的试验研究开始于 60 年代。

近年来，国内气吸式精密播种器和精密播种机的研究也有较快的发展，先后研制出多种精密播种机，一些精密播种器已达到国际先进水平，如吉林工业大学研制的气力轮式播种器、新疆农垦科学院设计的 2BJQD-2 型播种机，还有采用气压式精密播种器的 2BQYF-6A 硬茬播种机、采用气吸式播种器的黑龙江省农垦机电设备厂研制的 2BQ-6 型精播机、赵文厚和孙平生（1997）研制的喷射式播种机和崔清亮等（2001）研制的气压式播种机等，都得到了推广和应用。它们主要用于玉米、棉花、甜菜、高粱等作物的精密播种。其中，垂直圆盘气吸式播种器因结构紧凑，播种性能和通用性较好，可以精密点播、穴播多种作物，对种子的适应性强，可靠性高，伤种率小，且能适应较高的作业速度，而被国内外许多精密播种机采用。目前，气吸式播种器是大豆、高粱等中、小球状种子精量播种较为理想的播种器，如辽宁复州城镇农机配件厂生产的系列气吸式精密播种机。

以气吸式垂直圆盘播种器为研究对象，吉林工业大学的胡树荣等（1981）提出了投种参数的最佳范围。后来，西北农业大学的何东健和李增武（1995）研究了组合吸孔气吸式播种器内种子的运动和受力情况，建立了种子在播种器内的运动方程式，探讨了影响播种器性能的主要影响因素。吉林农业大学盛江源和齐红彬（1990）曾对吸盘式播种器的几个基本参数进行试验研究，确定吸盘真空室理论流场的方法。中国农业机械化科学研究院李林，推导确定吸室真空度计算公式，由试验进一步证实吸室真空度与吸孔孔径、排种盘吸孔处线速度及种子物理机械特性等因素的关系，但该公式只考虑了种子的重力和离心惯性力，没有对种子由静止到与吸种盘有相同转速进行转动这一过程中种子所需的力进行计算分析（李林，1979）。栾明川等（1996）采用气吸式播种器对花生进行了播种性能的试验研究，并进行了型孔参数设计。封俊等（2000）对小麦用新型组合吸孔式小麦精密播种器进行了播种性能的试验，并进行了运动学、动力学特性分析。庞昌乐等（2000）设计了气吸式双层滚筒水稻播种器。杨宛章等（2001）对气吸式播种器种子吸附过程从运动学及动力学角度进行了分析。刘彩玲和宋建农

（2004）分析了种盘振动对气吸振动式精量播种装置的工作性能的影响。周晓峰和胡敦俊（2004）对穴盘育苗气吸式精量播种器的吸附性能进行研究。

8.2　理论分析

影响气吸式播种机播种质量的关键部分是播种器。本节就气吸式播种器的种子吸附机理及影响工作质量的参数进行理论分析，并对种子的力学和运动特性进行理论分析。

8.2.1　设计思路

气吸式水稻植质钵育秧盘联合精量真空播种机是以空气动力学理论为基础的，运用机电一体化的设计理念，以气动作为主要动力源，采用真空负压吸种、定量、定位投种，播量均匀；采用定时自动控制装置，连续完成置盘—覆底土—压实—吸种—排种—补种—覆表土—出盘等作业程序，该播种机能够实现播种自动化。其结构主要由真空吸种排种机构、播土机构、底土压实机构、气动和气动控制系统等组成。

工作机理：气吸式播种机主要由吸种盘、气室、转换开关、接管、气源及控制电路组成（吴国瑞和李耀明，1998）。在吸种盘上有与水稻植质钵育秧盘相匹配的钵孔，当吸种时，转换开关（完成气路转换的装置），通过活塞向左移动使接管的孔与气室和气源相通（吸气管与风机的进风口连接），气室形成负压，将种子盘移到吸种部件下方适当位置，将种子吸起，再将水稻植质钵育秧盘移到适当位置，打开开关，使接管与阀体上出气孔相通，气室与气源通路切断，同时气室与大气相通，使种子在自身重力作用下落入相应位置，完成一次播种作业。

8.2.2　气吸式播种机理论分析

1. 真空室流场

由流体力学可知流体质点的运动在一般情况下可分解成 3 部分：平移运动、变形运动和旋转运动。当流体运动时，其每一个流体质点均没有绕通过参考点（通常取质心）的瞬时轴的旋转运动，则流体的这种运动称为势流或无旋运动。从数学角度讲，每个流体质点运动满足下列条件：

$$\omega_X = \frac{1}{2\left(\dfrac{\partial u_Z}{\partial_Y} - \dfrac{\partial u_Y}{\partial_Z}\right)} = 0 \qquad (8\text{-}1)$$

$$\omega_Y = \frac{1}{2\left(\dfrac{\partial u_X}{\partial_z} - \dfrac{\partial u_Z}{\partial_X}\right)} = 0 \tag{8-2}$$

$$\omega_Z = \frac{1}{2\left(\dfrac{\partial u_Y}{\partial_X} - \dfrac{\partial u_X}{\partial_Y}\right)} = 0 \tag{8-3}$$

式中，ω_X 为假设微团（质点）x 方向的旋转角速度，rad/s；ω_Y 为假设微团（质点）y 方向的旋转角速度，rad/s；ω_Z 为假设微团（质点）z 方向的旋转角速度，rad/s。

反之，如果流体运动无法满足上述条件，称为有旋运动或有涡运动。对于不可压缩流体恒定势流，当忽略重力时，可运用势流的伯努利方程：

$$P + \frac{1}{2\rho u^2} = C \tag{8-4}$$

式中，P 为静压力；$2\rho u^2$ 为动压；ρ 密度；u 为质点运动速度；C 为常数。常数 C 对于整个势流场是相同的，说明整个势流场的全压处处相等。当流场为有旋运动时，则伯努利方程为

$$P + \frac{1}{2\rho u^2} = C_1 \tag{8-5}$$

此时，C_1 只在同一条流线上相等。不同流线上，一般说来，C_1 值不同，即在同一高度平面上可认定真空室的流场是一势流场。可以认为气吸室为等势流场，气吸室内部压力相等。所以，不管风机提供的空气是有旋运动还是有涡运动都可以实现在同种穴孔组合、同一个高度平面上吸取种子。

2. 吸种过程中的流体介质对种子的作用力

当吸种盘运动到种子上方时，气流对种子产生吸附携带作用，使种子产生向吸种盘方向的运动。以下就气体动力学原理及流体动力学原理，对种子的运动过程和规律进行定性分析。

吸种盘下（未被吸附在吸种盘上）的种子处在具有一定流速的气体流场中。根据流体动力学原理可知，若流体为理想流体，即具有体积弹性（体积模量 $K \neq 0$）而没有刚性（刚性系数 $N = 0$）的流体。因为 $N = 0$，所以理想流体具有以下 3 个特性。

（1）只能传递压力。

（2）无摩擦，不能传递切向（剪切）力。

（3）一点处压力在所有方向上相同。

处于理想流体中的物体，所受到的力有：①由 $\rho v^2/2$ 确定的惯性力；②由静压力 P 确定的静压力。而实际中，气体流场中的流体不是理想流体，而是真实流

体。在真实流体中，由于流体具有黏性，所以除惯性力和静压力外，还存在黏性力。黏性力表现为相邻流线间的剪切应力。此时物体所受的力称为阻力，总阻力可以分为以下两种不同的阻力。

（1）由于作用在物体前面的压力大于后面而引起的形状阻力或压差阻力。

（2）由物体壁面附近流体内的剪切应力引起的表面摩擦阻力。

如图 8-1 所示为真实流体流过置于其中的一个圆柱体的情况。流体以均匀的速度流过物体，一些流线停滞于物体前面，从而产生使物体向右运动的压力 F。一些流线不能沿物体外形轮廓流动，于是从某一点（即分离点 s）处流体分离，在物体后面形成一个低速区或分离区，这个区域里的静压力与分离点 s 处差别不大。若流体速度增大，分离点 s 向上游移动，分离点处压强减少，分离区中的压强也减少。于是，流线或流体作用在物体前后产生压力差，其合力即构成形状阻力或压差阻力。产生表面摩擦的剪切应力仅发生在紧靠物体表面的附面层，是由该层内很陡的速度梯度引起的。

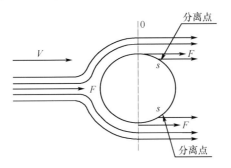

图 8-1　流体中质点受力图

Fig. 8-1　Fluid particle diagram

处于流体中的物体所受的阻力也称为绕流阻力，是由流体绕物体的绕流运动所形成的。其中摩擦阻力可由附面层理论求解，形状阻力一般依靠试验来确定。一般情况下，绕流阻力计算式为

$$D = CDA\frac{\rho v_0^2}{2} \tag{8-6}$$

式中，CD 为阻力系数，与物体形状、表面状态和雷诺数（R_e）有关。当 $R_e = 10 \sim 10^3$ 时，可近似采用 $CD = \dfrac{13}{\sqrt{R_e}}$；当 $R_e = 10 \sim 2 \times 10^3$ 时，可近似采用 $CD = 0.48$。A 为物体在垂直于流动方向的平面上的投影面积，mm^2。ρ 为流体密度，kg/m^3。v_0 为流体的平均流速，m/s。

当绕流物体为非对称体，或虽为对称体其对称轴方向与流体流动方向不平行时，由于绕流的物体上下侧所受的压力不相等，所以，在垂直于流体流动方向存在着升力 L，且在绕流物体的上部流线较密，而下部流线较稀。也就是说，上部

的流速大于下部流速。根据能量方程，流速大则压强小，而流速小则压强大。因此物体下部的压强比物体上部压强大，物体有上升趋势，证实升力存在，升力计算式为

$$L = CLA \frac{\rho v^2}{2} \tag{8-7}$$

式中，CL 为升力系数，一般由实验确定。其他符号意义同式（8-6）。

3. 种子在吸孔附近的力学模型

本节是针对吸盘式播种器与水稻种子进行研究的。其吸孔是钻在半球形凹台上的，故与一般气吸式播种器略不同，吸孔结构如图8-2所示。

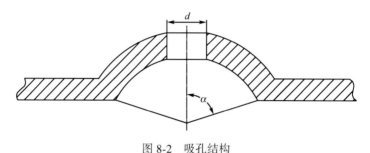

图 8-2　吸孔结构

Fig. 8-2　The structure of suction pore

在此做以下几点假设。

（1）由于吸盘式排种器吸孔间的距离远大于吸孔直径，故忽略各孔间的相互影响，只研究单个吸孔对种子的作用情况。

（2）由于吸种过程中排种器的空气流量是稳定的，假设吸孔前的流场为有势恒流场。

（3）由于种子与吸孔距离较小，而种子尺寸又大于吸孔尺寸，故在确定流场过程中假设种子为无限大平板。

（4）在模型计算中，假设种子平面为圆形（种子实际为肾状）。

在吸孔附近，种子处于具有一定气体流速的流场中，假设种子在流场中为具有同一尺寸的均匀球体，根据流体动力学原理可知，种子受到流体的阻力推动，即绕流阻力产生的对种子的吸附效果（又称吸附力，在前一节中有详细论述），控制了种子在吸孔附近的运动。

根据作用力与反作用力关系的原理，固体对流体的阻力，也就是流体对固体的推动力。吸孔前的种子正是由空气气流的推动力所提起，并被真空作用吸附在吸嘴上。种子所受的力有：绕流阻力 D、升力 L、空气浮力 B 及重力 G。

在前一节中先假定种子的3个方向尺寸相同，即圆球体，直径为 d，密度为

ρ_m。因在假设情况下，种子为中心对称旋转体，故升力 $L = 0$，相应其他各力如下。

向上的力有绕流阻力和浮力，其计算式分别为

$$D = CDA \frac{\rho v_0^2}{2} = \frac{1}{8}CD\pi d^2 \rho v_0^2 \qquad (8\text{-}8)$$

$$B = \frac{1}{6}\pi d^3 \rho g \qquad (8\text{-}9)$$

向下的力有

$$G = \frac{1}{6}\pi d^3 \rho_m g \qquad (8\text{-}10)$$

式中，CD 为阻力系数，前面假设种子形状为球体，则其值约为 0.48。d 为种子直径，mm。ρ 为气体的密度，L/m^3；g 为重力加速度，m/s^2。

种子被吸起的条件为：向上的力之和大于等于向下的力之和，即 $D + B \geqslant G$，考虑临界状态：$D + B = G$，则有

$$\frac{1}{8}CD\pi d^2 \rho v_0^2 + \frac{1}{6}\pi d^3 \rho g = \frac{1}{6}\pi d^3 \rho_m g \qquad (8\text{-}11)$$

从而得出种子被吸起时的临界气流速度 v_0 为

$$v_0 = \sqrt{\frac{4}{3CD}\left(\frac{\rho_m - \rho}{\rho}\right) gd} \qquad (8\text{-}12)$$

此速度也应为种子的漂浮速度，从有关资料中查得，水稻的平均漂浮速度为 $7.5 \sim 8.3 m/s$。

若吸孔阻力系数定义为

$$\xi = \Delta p/(\rho v_i^2/2) \qquad (8\text{-}13)$$

则通过吸孔的气流平均速度 v_i 可表示为

$$v_i = \sqrt{\frac{2\Delta p}{\rho \xi}} \qquad (8\text{-}14)$$

式中，Δp 为吸孔内外压力差，MPa。

已知吸孔直径为 d_i，则通过单个吸孔的空气流量为

$$Q^1 = \frac{\pi d_i^2 v_i}{4} \qquad (8\text{-}15)$$

把式（8-14）代入式（8-15）得

$$Q^1 = \frac{\pi d_i^2}{4}\sqrt{\frac{2\Delta p}{\rho \xi}} \qquad (8\text{-}16)$$

吸孔附近的气流流场分布由孔穴的形状决定（邱兵等，2002），为便于吸种和投种，孔穴做成内凹形，对于此种孔穴，气流流场呈放射状，气流速度大小取决于吸孔半径 R 的大小。

对于孔穴的凹形区域，其表面积 $S = 2\pi R(1 - \cos\alpha)$。假设流体为不可压缩的连续流，根据质量守恒定律，已知空气流量 Q^1 及表面积 S，此时气流平均速度为

$$v_0 = \frac{Q^1}{2\pi R^2(1 - \cos\alpha)} \tag{8-17}$$

将式（8-16）代入式（8-17）得

$$v_0 = \frac{d_i^2}{8R^2(1 - \cos\alpha)} \sqrt{\frac{2\Delta p}{\rho\xi}} \tag{8-18}$$

将式（8-18）代入式（8-8）得

$$D = \frac{CD\pi d^2 d_i^4 \Delta p}{256R^4(1 - \cos\alpha)^2 \xi} \tag{8-19}$$

将式（8-17）代入式（8-8）得

$$D = \frac{CD d^2 \rho Q^{'2}}{32\pi R^4(1 - \cos\alpha)^2} \tag{8-20}$$

根据质量守恒定律，由 $Q = nQ^1$ 得

$$D = \frac{CD\rho Q^2}{32\pi n^2 R^4(1 - \cos\alpha)^2} \tag{8-21}$$

式中，n 为吸孔个数，个。

已知临界气流速度 v_0，见式（8-12），则

$$R = \sqrt{\frac{d_i^2}{8(1 - \cos\alpha)} \cdot \sqrt{\frac{3\Delta pCD}{2\xi(\rho_m - \rho)gd}}} \tag{8-22}$$

4. 气吸式播种机播种质量的影响因素

由上述临界状态下各因素之间关系的分析可知以下内容。

由式（8-19）和式（8-20）得知，种子所受吸附力（绕阻力）大小与吸孔大小和孔穴的形状（d_i、ξ、α）、吸孔内外压力差（Δp）、种子的大小和形状（CD、d）及种子所处的位置有关。

由式（8-19）和式（8-21）比较发现，吸孔直径 d、吸孔个数 n、压力差 Δp、总空气流量 Q、阻力系数 ξ 之间有着内在的联系。从数学模型可看出种子受力与流量平方呈正比，与吸孔半径的 4 次方呈反比，说明流量和吸孔半径均为影响播种性能的主要因素。

吸附力与气源总流量的平方呈正比。提高气源的流量，将大幅提高吸种效果。同时，吸附力与临界距离 R 的 4 次方呈反比，所以 R 的值绝对不能大，即种子距吸种盘越远，吸附力越小。特别是当距离趋近于 0 时，吸附力急剧增加。因而要获得较好的吸附效果，应使种子与吸盘间的距离最小。实践证明，当吸盘底部达到种子层表面时吸附效果最好。但由于种子的形状及种盘运动的

影响，种子层表面并非绝对水平。故播种器吸种时，吸孔应尽量与种子相接触。

由式（8-22）可知，种子被吸起的临界距离 R 与吸孔径 d_i 呈正比，说明增大孔径可以加大种子被吸起时的距离，同时吸附力急剧增大。然而孔径不能较大，否则会降低工作性能，达不到性能指标要求。

真空压力的大小受种子类型及品种的制约，每一种作物品种都有一个最佳的真空压力范围。真空度减小时，漏吸率会增大；当真空度超过最佳值时，重吸率将会增加。同时，随真空度增大，漏吸率减小，重吸率略有增加，播种性能有所改善，但对排种质量影响不明显。原因是气压值过低时吸附力不足以克服种子的重力使囊种率下降、漏播增加，反之，重播增加。实际工作中，由于风机与排种器之间存在管路压力损失（一般 40% 左右）及机器振动的影响，所以对于真空压力不易精确控制（郑丁科和李志伟，2002）。在试验时随机性较大，每次损耗量不一致，受很多现实条件制约，在设计时一般取值稍大，只有一个较优范围。

8.3　模拟试验

对于一种机械系统，只有通过试验得出相关数据才能了解和掌握，理论依据往往都是在实践中摸索出来的。结构形式直接影响播种机工作性能。本节对气吸式水稻植质钵育秧盘联合精量真空播种机中播种部件进行模拟，结合前一节理论分析，探索在一定气压下、穴深 3mm 时吸种盘孔穴几何参数对吸种质量的影响及其规律。

气吸式播种主要受两种因素影响，即气吸作用和吸盘仿形孔穴尺寸。现分别概述如下。

（1）气吸作用主要是控制吸种（取种）和播种（放种），其参数是吸盘仿形孔处的负压，负压太小，则种子不能稳定地吸附于吸盘仿形孔内。负压大小的控制可通过调节风机转速来实现。

（2）吸盘仿形孔穴几何参数包括 3 种：仿形孔穴间距，以此控制播种的间距；单个仿形孔穴的几何尺寸，以此控制单孔吸种的粒数；仿形孔穴内吸孔的直径和数量，以此控制播种时每穴种子的粒数。

8.3.1　原始数据采集

不同的水稻品种其种子几何尺寸（长度和宽度）是有差异的，不同地区的水稻种子差别更大，南方一般以种植杂交稻为主，而北方主要种植常规稻。水稻还分有芒和无芒两种，对于设计播种机都是需要考虑的因素。

由于水稻种子的几何尺寸直接影响吸孔与穴孔大小的选择，所以应首先了解当地的水稻情况。黑龙江八一农垦大学水稻研究中心（隶属黑龙江八一农垦大学农学院）提供的本地区常用水稻种子的几何尺寸如表 8-1 所示。

表 8-1　不同品种水稻种子的尺寸
Table 8-1　Rice seed size of different varieties

品种	直径/mm	长度/mm	备注
垦稻 10 号	3.0	5.0	无芒
龙稻 11 号	2.9	5.0	无芒
垦稻 9 号	2.9	5.5	无芒
富士光	3.0	5.4	无芒
藤系 137	2.9	4.7	无芒
东农 415	3.1	4.5	无芒
空育 131	3.1	4.75	无芒
绥粳 9 号	3.0	4.9	无芒
垦鉴稻 6 号	3.2	5.3	无芒
龙粳 9 号	2.8	5.4	无芒
垦香糯 1 号	3.0	5.0	无芒
垦鉴稻 5 号	3.2	5.0	无芒

以此为最基本的依据对播种器吸种穴的深度、形状、面积，以及吸种盘气孔直径、个数进行试验考察确定。在后文中有更详细的说明。

8.3.2　播种器模拟试验研究

本播种机用于水稻植质钵育秧盘育秧播种，每钵盘 406 穴，需要考虑的影响因素众多，若生产要求进行整机的试验，经济条件和劳动强度不能承受。所以，根据相关经验减少穴孔个数，设计试验方案，先进行模拟试验，通过模拟试验考察播种器吸种穴深度、形状、面积，吸种盘气孔的直径、个数，以及真空室压力、落种高度对合格率、单粒率、重播率、空穴率的影响，确定非主要因素的参数值和主要因素对播种质量的影响，为确定播种机的适宜参数提供依据。再减少试验因素个数，在样机上进行其处于完整工作状态时的试验，以确实其关键参数，并进行相关验证。

1. 模拟试验方案

吸孔形状及孔径对所需的吸室真空度影响很大（庞昌乐等，2000），直接影响着播种器对种子的吸附能力，吸孔径越大其吸附种子的能力也越强，但过大的吸孔直径对气压的损失也较大。

气吸式播种器的播种性能与播种盘吸孔径关联密切。随孔径的增大，孔穴面积增大，吸附种子所需要的真空度降低，播种性能逐渐提高；当孔径增加到一定值时，漏气量逐渐增大，排种性能又开始逐渐降低。在保证排种性能的情况下，孔径小需要的真空度较高，相应地要提高风机的性能，但对于同一个风机，当达到一定的转速后真空度再提高的速度非常缓慢。在真空度相同的条件下，孔径过小而使吸力不足，会使漏播率增加；孔径过大而使漏气量增加，播种效果同样会变差。因此，需要选择适合于种子大小的吸孔孔径。

寒地水稻植质钵育苗与以往钵育苗相同，应选择中早熟的 11~12 叶品种，如空育 131、垦稻 10 号、垦稻 11、垦鉴稻 5 号、垦鉴稻 6 号等，这主要是由于钵育苗系稀植栽培，分蘖穗比率大，抽穗期相对于密植栽培有所拉长，从而使结实期加长；钵育苗技术可使水稻生育进程提前，为寒井灌稻区提供了揭高稻米品质、生产优质米的契机，若使用晚熟品种必然使水稻的成熟期回到温度较低的条件下，与研究目的相悖。所以应选用中早熟品种作为植质钵育苗栽培的品种。

不同的孔径和每穴孔数都影响吸种（如表 8-1 中的稻种尺寸所示），使水稻被吸住的同时不被吸入真空室内，穴孔的直径受到水稻宽度的影响（徐锦大等，2002）。所以根据水稻的宽度来初步确定 6 种孔径，见表 8-2。

表 8-2　孔径、孔数组合方案

Table 8-2　Pore size and pore number of package

序号	孔径/mm	孔数/个				
1	0.5	1	2	3	4	5
2	1.0	1	2	3	4	5
3	1.5	1	2	3	4	5
4	2.0	1	2	3	4	5
5	2.5	1	2			
6	3.0	1				

为满足吸种后种子在穴内的稳定性，孔组可采用凹坑式穴孔组。影响直径的主要因素是水稻的长度（有芒与无芒均有影响），由于存在水稻并列被吸上的可能性，所以要考虑宽度对穴孔直径的影响。水稻的长度为 4.5~5.5mm，如果考虑 1 个孔穴内吸附 4~5 粒种子的情况并且并列排放，总的宽度为 12~16mm，型孔深度选两种形式。具体方案如表 8-3 所示（凹坑穴截面直径即播种盘孔穴直径，简称穴径）。

表 8-3　孔穴直径、深度组合方案

Table 8-3　Hole diameter and depth of package

直径/mm	12	13	14	15
深度/mm	3	3	3	3
	4	4	4	4

对以上各试验方案重新组合，可得 200 种情形，需在 200 种情形中选择符合农艺要求的每穴 2~4 粒的、空穴率低的孔径。

为了使试验更加直观、方便，将 200 种情形放在同一吸种盘上进行对比试验，材料采用 1.0mm 镀锌铁板。在吸盘上开 200 穴小孔，被吸物为水稻种子。选择 ϕ0.5mm、ϕ1.0mm、ϕ1.5mm、ϕ2.0mm、ϕ2.5mm、ϕ3.0mm 这 6 种孔径作为试验方案，每穴组中小孔的数目为 1 个、2 个、3 个、4 个、5 个（其中 ϕ2.5mm 最多为 4 个孔，ϕ3.0mm 为 1 个孔），其排列形式如下：将吸盘分成 8 个区域，每个区域采用的穴径相同，但其他几何参数按不同的方式进行排列。采取如下排列方案：每区 5 行 4 列，从上到下孔数增加；孔径从左到右、从上到下顺序增大；从左到右穴径增大。但是 ϕ2.5mm、ϕ3.0mm 例外，如图 8-3 所示。

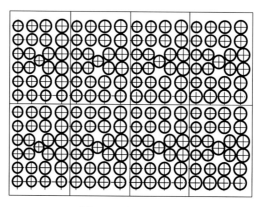

图 8-3　孔排列方案

Fig. 8-3　Hole array programme

2. 试验装置

据前文试验方案及相关经验设计试验装置，其主要由吸种板、气室和气源（吸尘器）、限位板组成（盛江源等，1998），吸种盘上冲出不同直径和深度的穴孔（盲孔），在穴孔上加工不同直径、不同数量的吸孔。其工作方式和结构示意图见图 8-4 和图 8-5。

（1）吸种板的外形尺寸为 285mm×200mm，采用 1.0mm 厚的镀锌铁板，在吸种板上钻出孔径为 0.5mm、1.0mm、1.5mm、2.0mm、2.5mm、3.0mm 的小孔。每组小孔的孔数为 1 个、2 个、3 个、4 个和 5 个，并在吸种板上冲出穴径为 12mm、13mm、14mm 和 15mm 的穴孔。

（2）吸种板上的穴孔（图 8-3）是利用凸模与凹模靠模制成的，将吸种板置于凸模与凹模之间，利用冲击凸模而在吸种板上形成穴孔。根据吸种板上穴径的情况，凸模共分为 8 种尺寸，具体如表 8-4 所示。

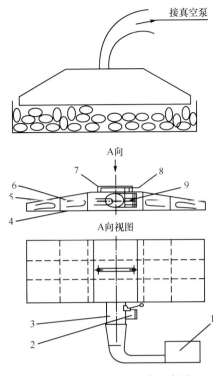

图 8-4　模拟播种器总成示意图

Fig. 8-4　Schematic diagram of simulated seeding

1. 引风机；2. 转动风门；3. 分气管；4. 型孔板；5. 箱体；6. 内隔板；7. 箱把；8. 门转动手柄；9. 输气管

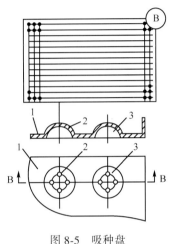

图 8-5　吸种盘

Fig. 8-5　Aspirating rice part

1. 型孔板；2. 小孔；3. 穴孔

表 8-4　凸模尺寸

Table 8-4　Punch Size

直径/mm	深度/mm	吸种盘孔径/mm	直径/mm	深度/mm	吸种盘孔径/mm
12	3、4	6.50、7.50	14	3、4	9.67、8.13
13	3、4	8.54、7.28	15	3、4	10.88、9.03

（3）为保证气室密闭性，罩壳是用 0.4mm 厚的镀锌铁板加工而成的。在与吸种板连接处用圆弧过渡，以使气流平稳，流畅，并尽量避免涡流，且使气室内负压分布比较均匀。

（4）气室是由吸种盘及金属罩壳构成的空间，是由锡焊焊接而成的，所以在焊接处要留出 5~10mm 的边。气室的结构能够使气流平稳、流畅，且气室内负压分布比较均匀。为了加强气室的刚度和强度（关伟等，2000），不使气室由于吸气而发生变形，在气室中加了 3 块隔板。

（5）使播种机能够准确地将稻种播入钵育秧盘的穴孔内，可通过一个定位装置来实现。

（6）气源选用声宝牌 EC-831 型家用吸尘器，功率为 0.8kW。

3. 试验材料和指标

种子的质量直接影响吸种的效果，试验时选用籽粒饱满、无芒的水稻种子。水稻品种为空育 131，籽粒含水率为 19%~21%，千粒重为 27g。

吸种性能指标：吸种的合格率（2~4 粒/穴）大于 98%；空穴率小于 1%。单粒率、重播率在达到合格率的情况下越小越好，不超过 1%。

8.3.3　试验结果与分析

初步分析，影响吸种效果的因素包括气室的真空度、孔组的情况、穴组的情况，即播种器吸种穴的深度、形状、面积，吸种盘气孔的直径、个数，真空室压力、落种高度，它们要满足播种精度的要求。满足播种精度的要求必须确定吸尘器的工作点（风压）与吸种板上孔组情况匹配，要求气室内各部位的负压分布均匀，在上述实验条件下，将吸尘器的调速旋钮由低速向高速转动，找出满足吸种要求的起始位置。

本试验在上述试验条件下，对吸尘器的风量进行调整，找到能满足吸种要求的位置，此位置为稳定位置。由于在吸盘上每一种穴孔的数量只有 1 个，为使试验所得的数据更加准确，必须用增加试验次数的方法来提高试验的准确度。本研究在此位置连续做了 20 次实验，对试验数据进行如下分析。

1. 不考虑穴径影响的情况

1）1mm

1 孔：本小区内共有 8 个孔，主要吸单粒，空穴率较高。单粒率 75%，空穴率 25%。

2 孔：单粒率较高，有 2 粒出现。空穴率 6%，单粒率 63.8%，2 粒率 29.2%。

3 孔：3 孔空穴率比 2 孔的有所下降，这是由于 3 孔可以每个孔吸住 1 粒种子。结果为：空穴率 3.8%，单粒率 43%，2 粒率 45%，3 粒率 6.3%，2~4 粒吸种率（合格率）51.3%。

4 孔：2 粒和 3 粒数量增加。空穴率 0.625%，单粒率 7.5%，2 粒率 56.25%，3 粒率 30%，4 粒率 2.5%，2~4 粒吸种率 88.75%，好于 3 孔。

5 孔：空穴率 0.625%，但 2~4 粒吸种率有所增加。结果为：2 粒率 37.5%，3 粒率 44.4%，4 粒率 10.625%，2~4 粒的吸种率 92.425%，好于 4 孔。

对各评价指标的试验结果如表 8-5 和图 8-6 所示。

表 8-5　1mm 时各评价指标百分比

Table 8-5　Percentage of the evaluation indicators when 1mm

孔数/个	空穴率/%	单粒率/%	2 粒率/%	3 粒率/%	4 粒率/%	合格率/%
1	25	75	0	0	0	0
2	6	63.8	29.2	0	0	29.2
3	3.8	43	45	6.3	0	51.3
4	0.625	7.5	56.25	30	2.5	88.75
5	0.625	2.5	37.5	44.4	10.625	92.425

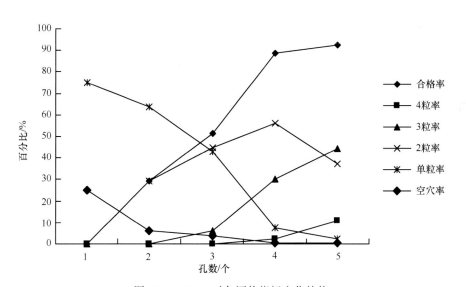

图 8-6　1.0mm 时各评价指标变化趋势

Fig. 8-6　Evaluation indicators trend when 1mm

由图 8-6 可知，在孔径 1mm 且不考虑穴径影响时，随着孔数的增加，空穴率和单粒率下降；而合格率和 3 粒率上升；2 粒率在 4 孔时达到最大，随后减小；4 粒率变化不明显。

2）1.5mm

1 孔：与 1.0mm 的 1 孔相比，单粒率较高，空穴率下降明显。单粒率 95.6%，空穴率 0.625%。

2 孔：空穴率 0，单粒率减少，2～4 粒吸种率增加。2 粒率 73%，3 粒率 9%，4 粒率 1%，2～4 粒吸种率 83%。

3 孔：从孔数上进行分析，理论上吸 3 粒的情况更突出。空穴率 0，单粒率 0.625%，2 粒率 11.25%，3 粒率 62.5%，4 粒率 19.4%，2～4 粒吸种率 93.15%。

4孔：此孔空穴率0，但满足2~4粒/穴吸种率的孔的吸种次数下降，大于4粒的逐渐增加。2粒率1.9%，3粒率13.75%，4粒率44.38%，大于4粒率39.4%，2~4粒吸种率60%。

5孔：此孔的空穴率仍旧为0，单粒率和2粒率也为0，3粒率也很小，大多数集中在4粒以上。数据为：3粒率1.9%，4粒率24.35%，4粒以上吸种率73.75%，2~4粒吸种率26.25%。

试验结果如表8-6和图8-7所示。

表8-6　1.5mm时各评价指标百分比

Table 8-6　Percentage of the evaluation indicators when 1.5mm

孔数/个	空穴率/%	单粒率/%	2粒率/%	3粒率/%	4粒率/%	合格率/%
1	0.625	95.6	3.775	0	0	0
2	0	17	73	9	1	83
3	0	0.625	11.25	62.5	19.4	93.15
4	0	2.5	1.9	13.75	44.38	60
5	0	0	0	1.9	24.35	26.25

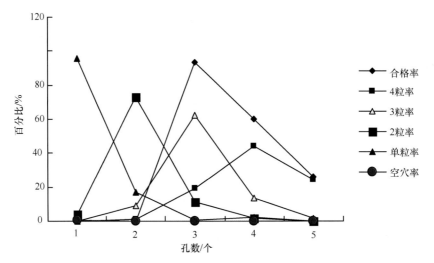

图8-7　1.5mm时各评价指标变化趋势

Fig.8-7　Evaluation indicators trend when 1.5mm

由图8-7可知，在孔直径为1.5mm且不考虑穴径的影响时，随孔数增加，合格率、2粒率、3粒率和4粒率先增大后减小，并在3孔时，3粒率和合格率均达最大值，单粒率在2孔后基本为零，而空穴率也为零，有利于播种。

3）2.0mm

1 孔：从以上 2 种孔径可以看出，1 孔单粒率高，但孔径不同，吸种的情况也不一样。试验得：单粒率 78.8%，2 粒率 18%，3 粒率 3%，2~4 粒吸种率 21%，空穴率 0。

2 孔：从表 8-7 可知，单粒率相对较小，2 粒率、3 粒率、4 粒率大于单粒率。试验结果得：2 粒率 55.6%，3 粒率 32.5%，4 粒率 8.75%，2~4 粒吸种率 96.9%。

3 孔：3 粒概率最大，每个孔均可吸 1 粒种子。试验结果得：空穴率 0，单粒率 0，2 粒率 0，3 粒率 44.4%，4 粒率 33.1%，2~4 粒吸种率 77.5%。

4 孔：由表 8-7 可知，吸种主要集中在 4 粒上，大于 4 粒的情况偏高。无论是否考虑穴径的影响，满足吸种 2~4 粒的情况为零，以后分析中不再考虑。

5 孔：由于孔径大、孔数多，吸种数目超过 4 粒的达到 90% 以上，无法再满足 2~4 粒吸种率在 90% 以上要求，以后分析中不再考虑。

试验结果如表 8-7 和图 8-8 所示。

表 8-7　2.0mm 时各评价指标百分比

Table 8-7　Percentage of the evaluation indicators when 2.0mm

孔数/个	空穴率/%	单粒率/%	2 粒率/%	3 粒率/%	4 粒率/%	合格率/%
1	0	78.8	18	3	0	21
2	1	1.9	55.6	32.5	8.75	96.9
3	0	0	0	44.4	33.1	77.5
4	0	0	0	22	22	78
5	0	0	0	10	10	90

由图 8-8 可知，在孔直径为 2.0mm 且不考虑穴径的影响时，随着孔数增加，重播率增大，合格率、2 粒率和 3 粒率先增大后减小，在 2 孔时，合格率与 2 粒率达到最大值，单粒率变化趋势与 1.5mm 相似，此种组合对播种情况也较有利。而 4 孔 5 孔达到的合格率太低，在以后试验分析中不再考虑。

4）2.5mm

从孔径看，2.5mm 较大，相对来说吸种数量将有所改观。试验结果如下。

1 孔：2 粒率 20%，3 粒率 10.6%，4 粒率 15.6%，大于 4 粒率 36.3%，2~4 粒吸种率 46.2%。

2 孔：大于 4 粒的吸种数量较大，2~4 粒吸种率相对较少。单粒率 14.4%，2 粒率 13.1%，3 粒率 20.6%，4 粒率 48.1%，大于 4 粒率 46.9%，2~4 粒吸种率 46.3%。

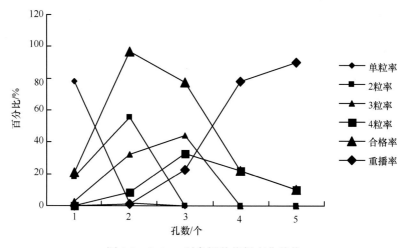

图 8-8　2.0mm 时各评价指标变化趋势

Fig. 8-8　Evaluation indicators trend when 2.0mm

3孔：单粒率9%，2粒率27.5%，3粒率13%，4粒率49.5%，合格率43%。

4孔：由于孔径较大，孔数又较多，大部分孔都吸较多种子，重播率太高，大多数都集中在 8 粒左右。试验得：2 粒率 2.06%，3 粒率 14.4%，4 粒率 50.6%，大于 4 粒率 3.04%，2~4 粒吸种率 14.4%。

试验结果如表 8-8 和图 8-9 所示。

表 8-8　2.5mm 时各评价指标百分比

Table 8-8　Percentage of the evaluation indicators when 2.5mm

孔数/个	空穴率/%	单粒率/%	2 粒率/%	3 粒率/%	4 粒率/%	合格率/%
1	17.5	20	20	10.6	15.6	46.2
2	14.4	14.4	13.1	20.6	48.1	46.3
3	7.5	9	27.5	13	49.5	43
4	3	12.5	2.06	14.4	50.6	14.4

从图 8-9 可知，孔径为 2.5mm 且不考虑穴径的影响时，随着孔数的增加，单粒率、2 粒率、3 粒率、4 粒率变化不明显，处于较低水平；而合格率与重播率相对处于较高水平，均没超过 50%，不利于播种。

5）3.0mm

由于 3mm 可能使水稻种子被吸入真空室内，在此只是作为对水稻种子厚度大于种子宽度吸种效果参考。试验结果为：单粒率 23%，2 粒率 47%，3 粒率 23%，4 粒率 5%，2~4 粒吸种率 75.5%。

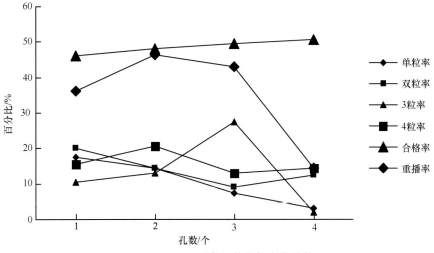

图 8-9　2.5mm 时各评价指标变化趋势

Fig. 8-9　Evaluation indicators trend when 2.5mm

2. 考虑穴孔直径的情况

1) 1.0mm

当考虑孔径影响时，每一小区内的 8 个方案是不同的。在此孔径下，有以下几种吸种率较好的孔径。

1 孔：吸单粒，空穴率高，吸种率最高的是穴深 $H=4mm$、穴径 $D=12mm$ 的穴组。

2 孔：8 个方案中，单粒率最高的是穴深 $H=4mm$、穴径 $D=13mm$ 的穴组，单粒率 80%，空穴率 10%；2 粒率最高的是穴深 $H=3mm$、穴径 $D=12mm$ 的穴组，2 粒率 45%，空穴率 0。

3 孔：8 个方案中，单粒率最高的是穴深 $H=4mm$、穴径 $D=14mm$ 的穴组，单粒率 90%；2 粒和 3 粒总粒率最高的是穴深 $H=3mm$、穴径 $D=12mm$ 和穴深 $H=4mm$、穴径 $D=15mm$ 的穴组，均达到 75%，但是穴深 $H=3mm$、穴径 $D=12mm$ 的穴组有空穴，而穴深 $H=3mm$、穴径 $D=15mm$ 的穴组无空穴。

4 孔：8 个方案中，当穴深 $H=4mm$、穴径 $D=13mm$、14mm 和 15mm 时，能够满足农艺要求 2~4 粒/穴，吸种率为 95%，每一种的 2 粒率分别 35%、75% 和 40%，3 粒率分别是 60%、15% 和 45%，4 粒率分别是 0、5% 和 10%。2~4 粒吸种率均是 95%，3 粒最多，即穴深 $H=4mm$、穴径 $D=13mm$ 的穴组。

5 孔：8 个方案中，当穴深 $H=4mm$、穴径 $D=14mm$ 时，能够满足农艺要求 2~4 粒/穴，即吸种率 100%，其中 2 粒率 30%、3 粒率 65%、4 粒率 15%。

2) 1.5mm

1 孔：8 个方案中，穴深 $H=3mm$、穴径 $D=12mm$、13mm 和 14mm，单粒率

100%，空穴率 0。

2 孔：8 个方案中，当穴深 $H=3mm$、穴径 $D=13mm$ 时，吸种能够满足 2~4 粒，吸种率 95%，3 粒率最高。

3 孔：8 个方案中，当穴深 $H=3mm$、穴径 $D=14mm$ 时，吸种能够满足 2~4 粒，吸种率 100%，3 粒率 85%；穴深 $H=3mm$、穴径 $D=15mm$ 时，吸种率 100%，3 粒率 65%。

4 孔：8 个方案中，当穴深 $H=3$、穴径 $D=14$ 时，吸种能够满足 2~4 粒，吸种率 90%，3 粒率 65%；穴深 $H=3mm$、穴径 $D=15mm$ 时，吸种率 90%，3 粒率 70%。

5 孔：8 个方案中，最优孔吸 2~4 粒的吸种率只有 45%，不可取。

3）2.0mm

1 孔：从孔的数量上来考虑，吸单粒的情况是最好的。8 个方案中，吸单粒的最优穴深 $H=4mm$、穴径 $D=13mm$，单粒率为 95%；穴深 $H=4mm$、穴径 $D=15mm$ 的单粒率 95%；2~4 粒率最优穴深 $H=4mm$、穴径 $D=12mm$，吸种率为 55%。

2 孔：8 个方案中，2~4 粒率的穴数为 4 个，这说明本孔在此孔径中的吸种率是较好的。试验得：穴深 $H=3mm$、穴径 $D=12mm$ 的 2~4 粒率 100%，3 粒率 35%；穴深 $H=3mm$、穴径 $D=15mm$ 的 2~4 粒率为 100%，3 粒率 25%；穴深 $H=4mm$、穴径 $D=13mm$ 的 2~4 粒率 100%，3 粒率 45%；穴深 $H=3mm$、穴径 $D=15mm$ 的 2~4 粒率为 100%，3 粒率为 25%。

3 孔：8 个方案中，吸种 2~4 粒最优穴深 $H=3mm$、穴径 $D=15mm$，2~4 粒率 95%，空穴率 0。

4 孔：本孔没有可以满足要求的孔组。

5 孔：本孔没有可以满足要求的孔组。

4）2.5mm

1 孔：孔径与 1.0mm 相比，单粒的吸种情况较少，每个空穴都可以吸 2~4 粒种子。吸种 2~4 粒最优穴深 $H=3mm$、穴径 $D=13mm$，2~4 粒率为 100%，2 粒率为 45%，3 粒率为 50%，4 粒率为 5%。

2 孔：吸种 2~4 粒最优穴深 $H=3mm$、穴径 $D=13mm$，2~4 粒率 100%；穴深 $H=4mm$、穴径 $D=13mm$ 的 2~4 粒率为 100%。

3 孔：吸种 2~4 粒最优穴深 $H=3mm$、穴径 $D=13mm$，2~4 粒率 95%。

4 孔：吸种 2~4 粒最优穴深 $H=4mm$、穴径 $D=13mm$，2~4 粒率 100%。

5）3.0mm

1 孔：本孔穴由于孔径较大，很可能将种子吸到真空室中，所以只用于直径大于 3mm 的水稻种子。吸种 2~4 粒最优穴深 $H=4mm$、穴径 $D=14mm$，2~4 粒率为 90%；穴深 $H=4\text{mm}$、穴径 $D=14\text{mm}$ 的 2~4 粒率为 100%。

8.3.4　优化分析

1. 不考虑穴径影响

在同一孔径下，不同孔数吸种的效果是不同的。当不考虑穴径时，结果如表 8-9 所示。

表 8-9　不考虑穴径影响的试验结果
Table 8-9　Test result without the influence on the hole diameter

孔径/mm	单粒率/%		2~4 粒率/%	
1.0	1 孔	95	5 孔	92.43
1.5	1 孔	95.6	3 孔*	93.15
2.0	1 孔	78.8	2 孔*	96.9
2.5	1 孔	17.5	3 孔	48.5
3.0			1 孔	75

所以在表 8-9 中，不考虑穴径，吸单粒较优：1.5mm、1 孔时吸种率 95.6%。2~4 粒率较优：2.0mm、2 孔时吸种率 96.9%；1.5mm、3 孔时吸种率 93.15%。

2. 考虑穴径影响

从表 8-9 和表 8-10 的数据分析，吸种率相同时，孔数越少越好，即上表中带 * 项。

表 8-10　考虑穴径影响的试验结果
Table 8-10　Test result with the influence on the hole diameter

孔径/mm	单粒率/%		2~4 粒率/%	
1.0	1 孔 $H=4$ $D=12$	95	4 孔 $H=4$ $D=13$	95
			5 孔 $H=4$ $D=14$	100
1.5	1 孔 $H=3$ $D=12$	100		
	1 孔 $H=3$ $D=13$	100	3 孔 $H=3$ $D=14$*	100
	1 孔 $H=4$ $D=14$	100		
2.0	1 孔 $H=4$ $D=13$	95	3 孔 $H=4$ $D=13$*	100
	1 孔 $H=4$ $D=15$	95		
2.5			1 孔 $H=3$ $D=13$*	100
			2 孔 $H=3$ $D=13$	100
			2 孔 $H=4$ $D=13$	100
			4 孔 $H=4$ $D=13$	100

3. 孔径不同时不考虑穴径影响

由表 8-11 中各数据分析，优化孔组：孔径 1.5mm、孔数 3 个、穴深 $H = 3mm$、穴径 $D = 14mm$。

表 8-11 孔径不同时的试验结果

Table 8-11 Test result with the influence on the different hole diameter

孔数/个	孔径/mm	单粒率/%	孔径/mm	2~4 粒率/%
1	1.5	98.6	2.5	46.2
2	1.0	63.8	2.0	96.9
3	1.0	43	1.5	93.15
4	1.0	7.5	1.0	88.75
5			1.0	92.43

8.4 结构设计

总体设计方案如下。

1. 总体方案及整机参数

为满足水稻植质钵育秧盘播种农艺要求，气吸式播种机总体结构示意如图 8-10 和图 8-11 所示。

整机结构主要由真空吸种排种机构、播土机构、底土压实机构、充种及补种机构和气动系统等组成，见图 8-11。其中，真空吸种排种机构由负压吸种盘、吸种盘阀门、开闭汽缸、吸种盘上下振动汽缸等组成；播土机构由土箱、排土辊、齿轮等组成；底土压实机构由压实辊、齿轮组成；充种及补种机构由种箱、移动盛种盘、汽缸等组成；气动系统由 4 个汽缸、推盘汽缸、充种补种汽缸、吸种盘上下振动汽缸、开闭汽缸等组成。

2. 作业流程

锁定行走轮，在底土排土总成、表土覆土总成、种箱和盛种盘内分别加入适量的种土和种子；打开电控开关板上的气泵电控钮，先将第 1 个装有水稻植质钵育秧盘的齿条式托盘利用托盘滚轮放入槽形轨道上，并位于推盘后侧部，当气泵达到作业气压后，推盘双向汽缸带动推盘回到初始位置，将第 2 个装有水稻植质钵育秧盘的齿式条托盘放入槽形轨道上，当推盘驱动第 2 个齿条式托盘向机架总成后侧运动时，由第 2 个齿条式托盘推动第 1 个齿条式托盘继续向后侧移动，重

图 8-10　气吸式水稻植质钵育秧盘联合精量真空播种机

Fig. 8-10　Vacuum seeder of seedling-growing tray made of paddy-straw

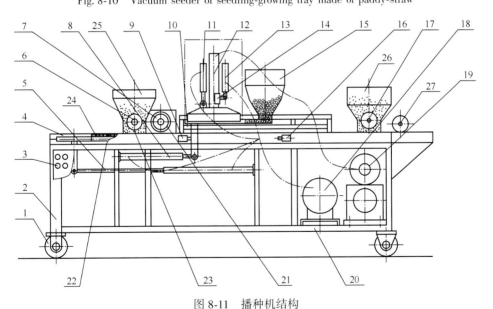

图 8-11　播种机结构

Fig. 8-11　Structure of seeder

1. 行走轮；2. 机架总成；3. 电控开关；4. 推盘；5. 推盘双向汽缸；6. 底土排土辊；7. 压实辊；8. 盛种盘双向汽缸；9. 吸种盘振动开关；10. 移动式盛种盘；11. 吸种盘振动汽缸；12. 负压吸种盘；13. 吸种盘阀门和开闭汽缸；14. 空气阀门；15. 种箱；16. 空气阀门开关；17. 表土覆土辊；18. 气泵；19. 真空风机；20. 下纵梁；21. 传动齿轮Ⅱ；22. 齿条式托盘；23. 传动齿轮Ⅰ；24. 上纵梁；25. 底土排土总成；

26. 表土覆土总成；27. 压实滚轮

复前述操作，依次添加齿条式托盘，并逐个相互使每个齿条式托盘从机架总成前侧部逐步移动至后侧部，此时每个齿条式托盘两边上的齿条依次与传动齿轮啮合，先带动底土排土辊转动，向水稻植质钵育秧盘内洒底土，再带动压实辊转动完成底土压实；当第 1 个齿条式托盘将要移动至负压吸种盘下方时，先打开电控开关上的真空风机的电控按钮，真空风机开始工作，盛种盘双向汽缸带动盛种盘向前方运动直至撞击吸种盘振动开关，使吸种盘振动汽缸工作，带动负压吸种盘上下运动吸取位于负压吸种盘下方的盛种盘内的种子，完成吸种之后，推盘再次推动齿条式托盘向后移动，使齿条式托盘正好处于负压吸种盘正下方，盛种盘在盛种盘双向汽缸带动下向后方移动，离开负压吸种盘下方，并适时撞击空气阀门开关，使吸种盘阀开闭汽缸工作，带动空气阀门打开，将负压吸种盘中的真空状态破坏，吸附在负压吸种盘底部的种子在自身重力作用下下落在位于齿条托盘内的覆有底土的水稻植质钵育秧盘上，与此同时，种箱内的种子落于盛种盘上，为盛种盘补种；当齿条式托盘即将到达表土覆土辊下方时，齿条式托盘的齿条开始驱动表土覆土辊转动，将表土覆土总成内的种土覆置于齿条式托盘上的水稻植质钵育秧盘种子表面，继续向后移动，由表面光滑的压实辊压于育秧盘土壤上表面上，将表土轻微压实。至此，完成全部作业的齿条式托盘与配置在其上的育秧盘一并从机架总成后侧端部取下，将水稻植质钵育秧盘送入水稻育秧室即可；齿条式托盘从机架总成前部再次配装在槽形轨道上，重复使用。

3. 吸室形状及吸室真空度

真空压力的大小受种子类型及品种的制约，每一种作物品种都有一个最佳的真空压力范围。真空度减小时，漏吸率会增大（张瑞林等，1998），当真空度超过最佳值时，重吸率将增加。同时，随真空度增大，漏吸率减小，重吸率略有增加，播种性能有所改善，但对排种质量影响不明显。这主要是由于气压值过低时吸附力不足以克服种子的重力使囊种率下降、漏播增加，反之，重播增加。

吸室的真空度直接影响播种孔吸种的性能，各吸孔处真空度的均匀程度对播种质量有较大影响。吸室的结构形式主要有两种，即圆弧双扭线形和维托辛斯曲线形。根据气吸式播种器的设计要求选用维托辛斯曲线形吸室结构较为合适，这样有利于结构的布置及室内真空度的一致性。

依据相关文献，吸室所需真空度的最小值计算公式为

$$H_{cmin} = \frac{80K_1K_2mgC}{\pi d^3}\left(1 + \frac{v^2}{gr} + \lambda\right) \qquad (8-23)$$

式中，H_{cmin} 为气吸室真空度最小值，kPa；d 为播种盘吸孔直径，cm；C 为种子重心与吸种盘的间距，cm；m 为种子质量，kg；v 为播种盘吸孔中心处的线速度，m/s；r 为孔中心与种子上表面的距离（播种盘穴半径），mm；g 为重力加速度，m/s^2；λ 为种子的摩擦阻力综合系数，λ =（6~10）tanθ，θ 为种子自然休止角；

K_1 为吸种可靠性系数，取 1.8~2.0，种子千粒重小、形状近似球形时，取小值；K_2 为外界条件系数，取 1.6~2.0，种子千粒重大时，取大值。

由式（8-23）可知，气吸式播种器所需真空度极限值与吸孔直径、播种盘吸孔处线速度及种子物理特性等有关。

而种子的漂浮速度，从有关资料中查得，水稻的平均漂浮速度为 7.5~8.3m/s。经计算，播水稻种子时气吸室所需真空度的最小值为 2.079kPa。

综上所述，若要能吸附起种子，在忽略阻力和管道损耗的理想情况下，所需要的最小真空度为 2.079kPa。在流体计算中，一般以 1.2~1.5 倍的理想情况为工作真空度，而在农业机械中应用时，因为工作条件恶劣，有可能还有很多被忽略的因素，所以，选择 1.5~2.0 倍为工作真空度。在此限制条件下，风机的选型为：南通德林工业吸尘器有限公司制造的德林牌高真空吸风机，型号 XF400、真空度 3.725kPa、频率 50Hz、功率 4kW。

4. 气吸式播种机辅助部件及工作原理

气吸式播种机主要由真空箱、穴孔板、转动活门、滑动活门和两个汽缸等组成。其中，穴孔板与真空箱为刚性连接，周边密封，只有每个穴孔中的小细孔为内外通气孔。

播种器直接影响着播种机的工作性能。气吸式播种机是依靠真空室内的负气压，经吸孔将种子吸附上的。因此，必须确定气室形状、吸孔结构布局和整个装置的几何尺寸等才能有效保证该播种机既有较好的工作性能，又有较高的生产效率。

吸种盘有效工作面积只能等于或小于水稻植质钵育秧盘面积，配套水稻植质钵育秧盘的几何尺寸为：584mm×280mm×20mm（长×宽×高）；穴距：20mm×20mm；穴数：经纬排列 406 穴（宽 14cm×长 29cm）；穴内腔：18mm×18mm×23mm。

为提高播种机的实际工作效率，本机采用吸种盘有效工作面积等于 1 个水稻植质钵育秧盘面积。为使气室中真空度一致，在吸种盘四周留出一定的距离，所以实际几何尺寸为 610mm×310mm。

1）吸种操作

如图 8-12 所示，吸种时活门汽缸下落，滑动活门将管道侧壁 A、B 两个通气孔封闭，并使转动活门的叶片处于垂直位置，此时真空箱内的空气被真空泵吸走，只有通过各穴孔内的小孔有少量的空气进入，使箱内形成一定的真空度。当穴孔板与种子接触时，部分种子就被小孔气流吸到穴孔内。为确保每穴充种合格率，通过上下振动汽缸改变真空箱与种子面距离，也使两者多接触几次，每穴充种量为 2~4 粒。

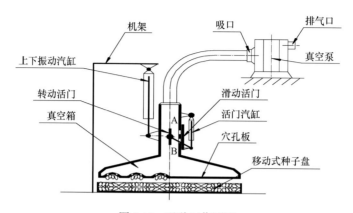

图 8-12　吸种工作原理

Fig. 8-12　The working principle of seeds aspirating

2) 排种操作

如图 8-13 所示，移动式种子盘退出后，露出下方的水稻植质钵育秧盘。此时活门汽缸向上将滑动活门提起，使侧壁上 A、B 两通气孔打开，转动活门也同时产生转角，并将管道堵塞。真空泵所吸空气将直接由 A 孔进入，形成空运转。因 B 孔打开，真空箱内失去真空度，于是被吸在穴孔板上的种子便自动脱落。因为穴孔板与育秧盘位置对应，所以种子恰好落入水稻植质钵育秧盘穴孔中，从而完成一次吸种、播种过程。

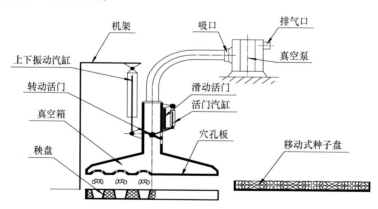

图 8-13　排种工作原理

Fig. 8-13　The working principle of seeds fall

3) 种盘及补种操作

该机构由移动式盛秧盘和种子盘及固定刮平胶板组成。其中，种子箱的底部为活动拉板，平时由拉簧将底板向前延伸，外露部分有一层备用种子，其备用量由调量板控制。

当盛种盘向后移动时（图 8-14a），撞块 A、B 接触，将拉板推向后方，前部底板面上的备用种子挤落到盛种盘与固定刮平胶板之间。

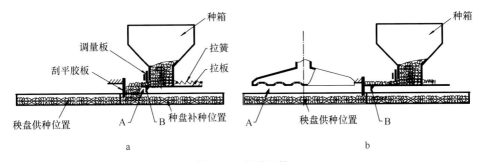

图 8-14　补种机构

Fig. 8-14　The device to supply seeds

当种盘再向前移动时（图 8-14b），通过固定刮平胶板将补入的备用种子刮平，使其均匀分布在盛种盘面上。与此同时，种子箱的活动底板，在拉簧的作用下向前移动，并从种箱中又带出备用种子，以便下次补种之用。

4）播土机构及工作原理

如图 8-15 所示，该机构由土箱、护板、排土辊、齿轮等组成，其中排土辊有定量齿槽，槽数和同轴的齿轮齿数相同，通过齿轮可以驱动排种辊转动，育秧盘装在齿条式托盘上。

托盘的侧板为齿条，其模数 $m = 6.5$，齿距 $t = 20\text{mm}$（图 8-15），等于水稻植质钵育秧盘穴距。由图 8-15 可见，当托盘经过排种箱下方时，齿条便驱动齿轮及排土辊转动。将土播到托盘上的水稻植质钵育秧盘内时，其排量的大小已由排土辊槽形确定，无需调整。

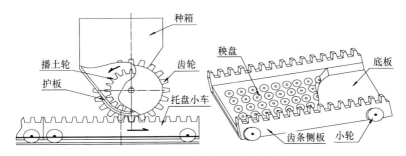

图 8-15　播土机构和齿条式托盘

Fig. 8-15　Casing soil device and pallet rack

5）压实辊

该机构的作用是将水稻植质钵育秧盘内底土压实，以便使播种深度一致。机构的主要部件是齿轮和压实辊，如图 8-16 所示，在横截面上指状齿的分布和齿轮同步，呈刚性连接，并随齿轮转动而同步转动。由于压实辊指尖外圆大于齿轮外圆，所以在转动时指尖可压入水稻植质钵育秧盘的穴孔内，压入深度为 5~6mm。

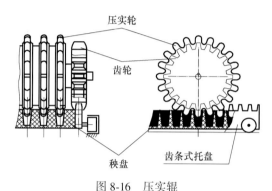

图 8-16　压实辊

Fig. 8-16　Compression roll

8.5　多因素试验

通过模拟试验结果分析，初步了解了播种过程中各因素对评价指标影响的规律。需进一步通过正交试验和回归试验研究各因素组合情况对气吸式水稻植质钵育秧盘联合精量真空播种机播种性能的影响。

8.5.1　正交试验设计

由于正交试验具有均衡分散性和整齐可比性，能减少试验次数，使计算分析大为简化，故试验采用正交试验。为了获得各因素的回归方程，须进行回归试验。本研究主要考虑播种盘孔直径、播种盘每穴孔数量及种穴直径对播种质量的影响。先对播种盘孔直径、播种盘每穴孔数量及种穴直径三因素进行正交试验，并对试验结果进行数据处理，找出影响播种性能因素的主次关系和较优组合，再对三因素进行二次正交旋转回归试验，建立回归方程，分析各因素的影响关系及贡献率。

试验装置及试验方法如 8.3 节所述。综合模拟试验中的单因素试验结果及分析，对播种盘孔直径、播种盘每穴孔数量及种穴直径各取 3 种水平进行正交试验，选用 $L_9(3^4)$ 正交表，考虑到二者之间有交互作用，试验因素的水平选择如

表 8-12 所示，正交试验方案表如表 8-13 所示。

表 8-12　因素水平

Table 8-12　Level of factors

因素水平	A	B	C
	孔直径/mm	每穴孔数/个	种穴直径/mm
1	1.5	2	12
2	2	3	13
3	2.5	4	14

表 8-13　气吸式播种器正交试验方案

Table 8-13　Orthogonal test scheme of suction seed device

处理号	A	B	C	孔直径/mm	孔数/个	种穴直径/mm
1	1	1	1	1.5	2	12
2	1	2	2	1.5	3	13
3	1	3	3	1.5	4	14
4	2	1	2	2	2	13
5	2	2	3	2	3	14
6	2	3	1	2	4	12
7	3	1	3	2.5	2	14
8	3	2	1	2.5	3	12
9	3	3	2	2.5	4	13

8.5.2　结果分析

通过正交试验获得试验数据，经计算处理结果如表 8-14 所示。

表 8-14　正交试验结果

Table 8-14　Results of orthogonal test

处理号	A	B	C	合格率/%	单粒率/%	重播率/%
1	1	1	1	93.65	6.35	0
2	1	2	2	96.27	3.73	0
3	1	3	3	92.24	3.36	5.4
4	2	1	2	90.81	5.76	3.63
5	2	2	3	98.92	0	1.08

续表

处理号	A	B	C	合格率/%	单粒率/%	重播率/%
6	2	3	1	24.69	75.31	0
7	3	1	3	20.55	0	79.45
8	3	2	1	41.53	58.47	0
9	3	3	2	80.06	0	19.94

由表 8-14 和表 8-15 的试验结果可知：播种盘孔直径对于评价指标的合格率、单粒率、重播率影响显著；播种盘每穴孔数量和种穴直径对三者的影响程度不一。在最优水平的选择上，对 3 个评价指标虽各有不同，但在较优水平的选择上，播种盘孔直径集中在第 2 水平，在重播率上第 1 水平有 1 个；播种盘每穴孔数量集中在第 2 水平，在重播率上第 2 水平也有 1 个；种穴直径集中在第 3 水平，在合格率上第 2 水平有 1 个。

表 8-15 正交试验极差分析
Table 8-15 Analysis of range of orthogonal test

总和	合格率极差分析			
	因子	水平 1	水平 2	水平 3
	x (1)	282.16	214.42	142.14
	x (2)	205.01	267.14	211.71
	x (3)	159.87	236.72	196.99
均值	因子	水平 1	水平 2	水平 3
	x (1)	94.053 33	71.473 33	47.38
	x (2)	68.336 67	89.046 67	70.57
	x (3)	53.29	78.906 67	65.663 33
因子	极小值	极大值	极差 R	调整 R'
x (1)	47.38	94.053 3	46.673 3	42.037 1
x (2)	53.29	89.046 7	35.756 7	32.204 83
x (3)	65.663 33	78.906 7	13.243 3	11.927 83
最优水平	A1	B2	C2	
主次因素	A	B	C	
总和	单粒率极差分析			
	因子	水平 1	水平 2	水平 3
	x (1)	13.44	81.07	58.47
	x (2)	12.11	62.2	48.67
	x (3)	9.39	9.49	23.36
均值	因子	水平 1	水平 2	水平 3

续表

总和	单粒率极差分析			
	因子	水平 1	水平 2	水平 3
	x（1）	4.48	27.023 33	19.49
	x（2）	4.036 67	20.733 33	16.223
	x（3）	3.13	3.163 333	7.79
因子	极小值	极大值	极差 R	调整 R′
x（1）	4.48	37.023 3	32.543 3	18.304 02
x（2）	4.036 667	26.223 3	22.186 7	19.982 79
x（3）	31.12	46.71	15.59	21.061 38
最优水平	A2	B2	C3	
主次因素	A	B	C	

总和	重播率极差分析			
	因子	水平 1	水平 2	水平 3
	x（1）	99.39	4.71	5.4
	x（2）	83.08	1.08	25.34
	x（3）	2.34	23.57	85.93
均值	因子	水平 1	水平 2	水平 3
	x（1）	33.13	1.57	1.8
	x（2）	27.693 33	0.36	8.446 667
	x（3）	0.78	7.856 667	28.643 33
因子	极小值	极大值	极差 R	调整 R′
x（1）	1.57	33.13	31.56	28.425 03
x（2）	0.36	27.693 3	27.333 3	24.618 22
x（3）	0	28.643 3	28.643 3	25.798 09
最优水平	A1	B1	C3	
主次因素	A	C	B	

表 8-16　正交试验方差分析

Table 8-16　Analysis of variance of orthogonal test

变异来源	合格率方差分析				
	偏差平方和	自由度	均方	F 值	显著水平
x（1）	3 268.745	2	1 634.373	1.114 266	0.772 98
x（2）	294.257 5	2	147.128 7	1.100 308	0.908 84
x（3）	1 918.525	2	959.262 4	0.653 996	0.604 63

续表

变异来源	合格率方差分析				
	平方和	自由度	均方	F 值	显著水平
误差	2 933.542	2	1 466.771		
总和	8 415.07				
	A	B	C		
显著分析	显著	显著	不显著		

变异来源	单粒率方差分析				
	平方和	自由度	均方	F 值	显著水平
x（1）	790.253 1	2	395.126 5	0.776 003	0.563 06
x（2）	801.167	2	400.583 5	0.786 72	0.559 68
x（3）	3 978.935	2	1 989.468	3.907 184	0.80 378
误差	1 018.364	2	509.182		
总和	6 588.72				
	A	B	C		
显著分析	不显著	不显著	显著		

变异来源	重播率方差分析				
	平方和	自由度	均方	F 值	显著水平
x（1）	1 977.655	2	988.827 7	0.089 86	0.323 64
x（2）	1 182.939	2	591.469 7	0.250 05	0.444 43
x（3）	1 314.253	2	657.126 6	0.388 817	0.418 62
误差	946.311 3	2	473.155 6		
总和	5 421.159				
显著分析	A	B	C		

8.5.3　方差分析

对正交试验结果进行方差分析，其结果如表 8-16 所示。

由表 8-16 的方差分析结合表 8-15 的极差分析可知：播种盘孔直径、播种盘每穴孔数量在试验范围内时对播种性能的影响非常显著，说明播种器在满足其他要求的前提下，增大或减小这两者对播种质量影响非常大；而种穴直径对播种性能的影响不显著。且 3 个因素对播种质量影响的顺序依次是合格率、单粒率、重播率，尤其是对合格率、单粒率影响非常显著，对重播率影响不太显著。

综合极差与方差分析结果，3 个因素选择如下。

（1）较优水平：A1、B2、C3。

（2）主次因素：A、B、C。

8.5.4　试验及结果分析

前文对播种盘孔直径、播种盘每穴孔数量及种穴直径进行了正交试验，找出了各因素之间的主次顺序和因素水平的较优组合，但还不能看出各因素与各指标之间的直接变化关系。为此，利用二次正交旋转组合方法进行试验，建立各因素与各指标之间的回归方程，明确各因素的影响，更准确地预报各因素的最优值及对因素的影响程度。

1. 因素水平及试验设计

从正交试验的结果来看，在其他条件不变的情况下，影响播种质量的主次因素顺序为：播种盘孔直径、播种盘每穴孔数量及种穴直径。因此，将播种盘孔直径、播种盘每穴孔数量及种穴直径作为3个因素，进行二次回归试验。

1）确定因素水平

取播种盘孔直径下水平为1.5mm、上水平为2.5mm，播种盘每穴孔数量下水平为2孔、上水平为4孔，种穴直径下水平为12mm、上水平为14mm。

利用编码公式，计算出其余水平的值，计算结果如表8-17所示。

表8-17　二次正交旋转组合试验水平编码表

Table 8-17　Level coding of quadratic rotation-orthogonal combination test

编码值 $\gamma = 1.681\ 793$	x (1)	x (2)	x (3)	播种盘孔直径/mm	播种盘每穴孔数/个	种穴直径/mm
上星号臂（$+\gamma$）	1.682	1.682	1.682	2.8	5.0	14.7
上水平（+1）	1	1	1	2.5	4	14
零水平（0）	0	0	0	2.0	3	13
下水平（-1）	-1	-1	-1	1.5	2	12
下星号臂（$-\gamma$）	-1.682	-1.682	-1.682	1.2	1.0	11.3

2）设计二次正交旋转组合试验表

根据二次正交旋转组合试验方案的设计理论，设计播种盘孔直径、播种盘每穴孔数量、种穴直径三因素试验方案，如表8-18所示。

表 8-18 二次正交旋转组合试验方案
Table 8-18 Scheme of quadratic rotation-orthogonal combination test

编号	x（1）	x（2）	x（3）
1	2	4	14
2	2	4	12
3	2	2	14
4	2	2	12
5	1	4	14
6	1	4	12
7	1	2	14
8	1	2	12
9	0.6591	3	13
10	2.3409	3	13
11	1.5	1.3182	13
12	1.5	4.6818	13
13	1.5	3	11.3182
14	1.5	3	14.6818
15	1.5	3	13
16	1.5	3	13
17	1.5	3	13
18	1.5	3	13
19	1.5	3	13
20	1.5	3	13
21	1.5	3	13
22	1.5	3	13
23	1.5	3	13

2. 试验结果分析

1）试验结果

在表 8-18 所设计的试验方案下，对播种盘孔直径、播种盘每穴孔数量、种穴直径三因素进行试验，所得结果如表 8-19 所示。

表 8-19　二次正交旋转组合试验结果

Table 8-19　Results ofquadratic rotation-orthogonal combination test

编号	孔径/mm	孔数/个	穴径/mm	合格率/%
1	2	4	14	62.43
2	2	4	12	24.69
3	2	2	14	96.11
4	2	2	12	98.76
5	1	4	14	88.5
6	1	4	12	91.38
7	1	2	14	16.57
8	1	2	12	44.18
9	0.6591	3	13	5.56
10	2.3409	3	13	92.48
11	1.5	1.3182	13	12.33
12	1.5	4.6818	13	26.78
13	1.5	3	11.3182	80.66
14	1.5	3	14.6818	99.32
15	1.5	3	13	96.27
16	1.5	3	13	98.45
17	1.5	3	13	96.78
18	1.5	3	13	97.97
19	1.5	3	13	97.84
20	1.5	3	13	95.73
21	1.5	3	13	96.61
22	1.5	3	13	98.93
23	1.5	3	13	97.14

2）试验结果分析及回归方程

利用试验优化设计中的计算方法，采用 DPS 数据处理系统对回归方程系数进行计算，得出合格率 Y_1 的回归方程为

$$Y_1 = 96.927\,79 + 13.823\,20X_1 + 4.040\,35X_2 + 2.627\,68X_3 - 13.465\,88X_1^2 - 26.062\,99X_2^2$$
$$+ 1.139\,41X_3^2 - 28.515\,00X_1X_2 + 8.042\,50X_1X_3 + 8.29500X_2X_3$$

试验结果方差分析结果如表 8-20 所示。

表 8-20　方差分析

Table 8-20　Variance analysis

变异来源	偏差平方和	自由度	均方	F 值	显著水平
X_1	2 609.564	1	2 609.564	12.811 96	0.303 36
X_2	222.939 9	1	222.939 9	1.094 55	0.314 53
X_3	94.296 7	1	94.296 7	0.462 961	0.508 18
X_1^2	2 808.716	1	2 808.716	13.789 73	0.002 6
X_2^2	10 724.35	1	10 724.35	52.652 49	0.000 01
X_3^2	31.630 3	1	31.630 3	0.155 293	0.699 92
X_1X_2	6 504.842	1	6 504.842	31.936 3	0.000 08
X_1X_3	517.454 4	1	517.454 4	2.540 505	0.134 97
X_2X_3	550.456 2	1	550.456 2	2.702 531	0.124 14
回归	24 129.26	9	2 681.029	$F_2 = 13.163$	0.000 27
剩余	2 647.863	13	203.681 8	$F_2 = 13.163 > F_{0.01}$	
失拟	2 638.845	5	227.769	$(9, 13) = 4.19$	
误差	9.017 8	8	1.127 2	$F_1 = 3.284 < F_{0.05}$	
总和	26 777.13	22		$(5, 8) = 3.69$	

F_2、F_1 检验结果说明回归方程拟合得好。大于 98.00 的 10 个方案中各变量取值的频率分布如表 8-21 所示。

表 8-21　变量取值的频率分布

Table 8-21　The variable frequency distribution of values

水平	X_1	频率	X_2	频率	X_3	频率
-1.681 79	0	0	0	0	2	0.2
-1	5	0.5	0	0	2	0.2
0	5	0.5	4	0.4	2	0.2
1	0	0	6	0.6	2	0.2
1.681 793	0	0	0	0	2	0.2

大于 98.00 的 10 个方案中各个因子频率如表 8-22 所示。

表 8-22 因子频率

Table 8-22 Frequency of factor

因素	加权均数	标准差	95%的置信区间
x (1)	1.341	0.108	-1.130, 0.767
x (2)	-1	0	-1.000, 1.000
x (3)	0	0.391	-0.767, 1.767

回归系数检验过程如下。

通过 F_2 和 F_1 检验，说明回归方程有效，与实际情况拟合较好。进一步对回归系数进行检验，检验各回归系数，可采用 t 检验：

$$t_2 = \frac{|b_2| \cdot \sqrt{d_2}}{\sqrt{D_{剩}/f_{剩}}} = 2.86 > t_{0.05}(13) = 2.16$$

$$t_3 = \frac{|b_3| \cdot \sqrt{d_3}}{\sqrt{D_{剩}/f_{剩}}} = 2.94 > t_{0.05}(13) = 2.16$$

$$t_{12} = \frac{|b_{12}| \cdot \sqrt{d_{12}}}{\sqrt{D_{剩}/f_{剩}}} = 1.31 < t_{0.05}(13) = 2.16$$

$$t_{13} = \frac{|b_{13}| \cdot \sqrt{d_{13}}}{\sqrt{D_{剩}/f_{剩}}} = 2.59 > t_{0.05}(13) = 2.16$$

$$t_{23} = \frac{|b_{23}| \cdot \sqrt{d_{23}}}{\sqrt{D_{剩}/f_{剩}}} = 0.352 < t_{0.05}(13) = 2.16$$

$$t_{11} = \frac{|b_{11}| \cdot \sqrt{d_{11}}}{\sqrt{D_{剩}/f_{剩}}} = 3.627 > t_{0.01}(13) = 3.01$$

$$t_{22} = \frac{|b_{22}| \cdot \sqrt{d_{22}}}{\sqrt{D_{剩}/f_{剩}}} = 8.65 > t_{0.01}(13) = 3.01$$

$$t_{33} = \frac{|b_{33}| \cdot \sqrt{d_{33}}}{\sqrt{D_{剩}/f_{剩}}} = 3.18 > t_{0.05}(13) = 2.16$$

对回归系数检验，可知 b_0、b_1、b_2、b_3、b_{13}、b_{11}、b_{22}、b_{33} 均达到显著水平，作用显著。剔除不显著项后，简化后的回归方程为

$$Y_1 = 96.92779 + 13.82320X_1 + 2.62768X_3 - 13.46588X_1^2$$
$$- 26.06299X_2^2 - 28.51500X_1X_2$$

8.5.5 降维分析

本研究采用降维法来分析各因素与合格率比例之间的关系。

1. 单因子效应分析（其他因子为零水平）

由 DPS 数据处理系统对回归方程和实验数据处理的结果如表 8-23 所示。

表 8-23　单因子数据表
Table 8-23　Single factor data table

水平	X_1	X_2	X_3
−1.682	23.211	35.593	60.066
−1.341	50.066	54.181	80.865
−1	70.865	69.639	90.412
−0.5	90.412	86.65	94.412
0	96.928	96.928	96.412
0.5	94.412	100.00	98.928
1	70.865	97.285	99.128
1.341	50.066	91.252	98.928
1.682	23.211	82.088	98.328

1）播种盘孔直径与合格率的关系

将播种盘每穴孔数量、种穴直径固定在零水平上，由 DPS 数据处理系统对回归方程和实验数据进行处理，变化趋势如图 8-17 所示。

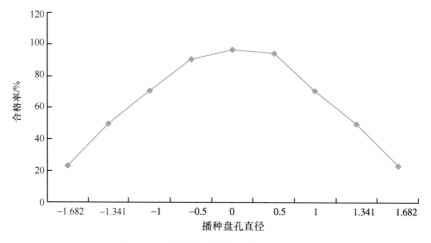

图 8-17　播种盘孔直径与合格率的关系
Fig. 8-17　The relationship between hole diameter and the pass rate

播种盘孔直径与合格率之间的关系变化曲线如图 8-17 所示。由图 8-17 可知，受种子形状、千粒重及气体流量损耗的影响，播种合格率并不是呈线性变化的，随播种盘孔直径的增大，合格率先增大、后减小。在风机功率一定的情况下，通过孔的气体流量一定，随着播种盘孔直径的变化，通过孔的气体所产生的吸力发生变化，当吸力使种子速度达到水稻的平均漂浮速度时，播种的合格率达到最高。孔径小，单粒率上升；孔径大，重播率增大，两都合格率都不高。从图中曲线的变化趋势可以看出，当播种盘孔直径变化时，播种合格率的变化很明显，即播种盘孔直径对播种合格率影响显著。

2）播种盘每穴孔数量与合格率的关系

将播种盘孔直径、种穴直径固定在零水平上，由 DPS 数据处理系统对回归方程和实验数据进行处理，变化趋势如图 8-18 所示。

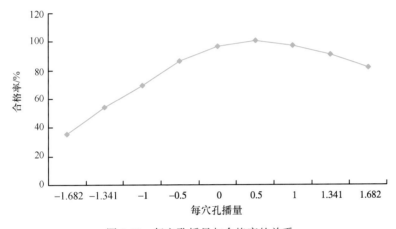

图 8-18　每穴孔播量与合格率的关系

Fig. 8-18　The relationship between seed number per hole and the pass rate

播种盘每穴孔数量与合格率关系的变化曲线如图 8-18 所示。由图 8-18 可知，受种子形状、千粒重及气体流量损耗的影响，播种合格率也不是呈线性变化的，随播种盘每穴孔数量的增多，合格率先增大、后减小。在风机功率一定的情况下，通过孔的气体流量一定，随着播种盘孔直径的变化，通过穴孔气体所产生的吸力发生变化，当吸力使种子速度达到水稻的平均漂浮速度时，播种合格率达到最高。孔数少时，空穴率与单粒率较大；而当孔数较多时，受功率的影响，吸力不足，不能达到水稻的平均漂浮速度，合格率也不高。从图 8-18 中曲线的变化趋势可以看出，当播种盘每穴孔数量变化时，播种合格率的变化比较明显，即播种盘每穴孔数量对播种合格率的影响比较显著。

3）种穴直径与合格率的关系

将播种盘每穴孔数量、播种盘孔直径固定在零水平上，由 DPS 数据处理系统对回归方程和实验数据进行处理，变化趋势如图 8-19 所示。

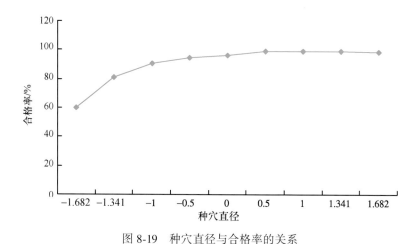

图 8-19　种穴直径与合格率的关系

Fig. 8-19　The relationship between hole diameter and the pass rates

　　种穴直径与合格率之间的关系变化曲线如图 8-19 所示。由图 8-19 可知，受种子形状、千粒重及气体流量损耗的影响，播种合格率也不是呈线性变化的，但随着播种盘种穴直径的增大，合格率在一定程度上处于上升的趋势。但是，当种穴直径过大时，会使种子与吸种盘底部距离过小，使吸种过程中每穴中种子分布得过散，影响落种准确性，即影响播种合格率。从图中曲线的变化趋势可以看出，当种穴直径变化到一定值时，播种合格率变化并不是很明显，即种穴直径对播种合格率的影响程度与前两个因素相比并不显著。

2. 二因子互作效应分析

　　由 DPS 数据处理系统对回归方程和实验数据进行处理，从而进行二因子效应分析（其他因子为零水平）。

1）播种盘孔直径和播种盘每穴孔数量与合格率的关系

　　将种穴直径固定在零水平上，由 DPS 数据处理系统对回归方程和实验数据进行处理，变化趋势如图 8-20 所示。

　　图 8-20 中显示，较高的播种合格率出现在播种盘孔直径和播种盘每穴孔数量都较适中的区域，大体趋势是：孔径较小、孔数较少与孔径较大、孔数较多这两种组合方式播种合格率都较低；孔径较小、孔数较多与孔径较大、孔数较少这两种组合方式播种合格率都较高；当孔径与孔数处于中间位置时，播种的合格率非常高，因此播种盘孔直径和播种盘每穴孔数量只有选择在一个合适的范围内，才能保证播种的合格率最高。

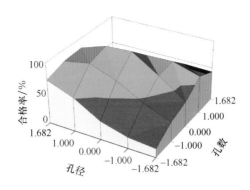

图 8-20　播种盘孔直径和每穴孔播量与合格率的关系

Fig. 8-20　The relationship between the pass rate and hole diameter and

seed number per hole

2）播种盘孔直径和种穴直径与合格率的关系

　　将播种盘每穴孔数量固定在零水平上，由 DPS 数据处理系统对回归方程和实验数据进行处理，变化趋势如图 8-21 所示。较高的播种合格率出现在播种盘孔直径和种穴直径都较适中的区域，大体趋势是：当孔径较小时，播种合格率都较低；当孔径较大时，播种合格率都较高；当孔径与穴径处于中间位置时，播种的合格率非常高，因此播种盘孔直径和种穴直径只有选择在一个合适的范围内，才能保证播种的合格率最高。而且，从图 8-21 可以看出，随着穴径的变化，播种的合格率变化比较平缓；而随着孔径的变化，播种的合格率变化比较剧烈。

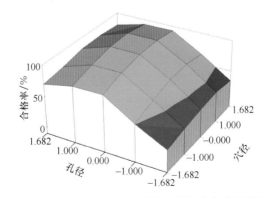

图 8-21　播种盘孔直径和种穴直径与合格率的关系

Fig. 8-21　The relationship between the the pass rate and hole diameter and cave

3）播种盘每穴孔数量和种穴直径与合格率的关系

　　将播种盘孔直径固定在零水平上，由 DPS 数据处理系统对回归方程和实验数据进行处理，变化趋势如图 8-22 所示。较高的播种合格率出现在播种盘每穴孔数量和种穴直径都较适中的区域，大体趋势是：不管穴径大小，孔数较少与孔数较多这两种组合方式播种合格率都较低；当穴径变大时，合格率的总体趋势是变大的；当孔数与穴径处于中间位置时，播种的合格率非常高，因此播种盘每穴孔数量和种穴直径只有选择在一个合适的范围内，才能保证播种的合格率最高。而且从图 8-22 可以看出，随着穴径的变化，播种合格率的变化比较平缓；而随着孔数的变化，播种合格率的变化比较剧烈。

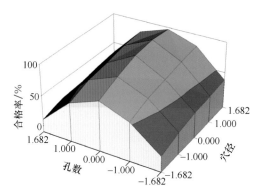

图 8-22　每穴孔播量和种穴直径与合格率的关系

Fig. 8-22　The relationship between the pass rate and cave diameter and seed number per hole

8.5.6　因素贡献率

以上进行了各个因素及因子互作对播种合格率的影响，然后需要判断各个因素对合格率的影响程度，现在用贡献率来判定；由于偏差平方和中除了因子的效应外还包含误差，从而称 $S_{因} - f_{因} \times MS_e$ 为因子的纯平方和，将因子的纯平方和与总偏差（S_T）的比称为因子贡献率，即

$$\rho_A = \frac{S_A - f_A \times MS_e}{S_T}$$

$$\rho_B = \frac{S_B - f_A \times MS_e}{S_T}$$

$$\rho_C = \frac{S_C - f_C \times MS_e}{S_T}$$

$$\rho_e = \frac{f_T \times MS_e}{S_T}$$

故各个因素的贡献率如表 8-24 所示。

表 8-24　因子贡献率

Table 8-24　Contribution rate of factors

来源	偏差平方和	自由度	纯平方和	贡献率/%
因子 A	6 911.1	3	7 340.92	45.71
因子 B	4 858.53	3	2 752.35	30.01
因子 C	2 029.6	3	691.42	12.6
误差 e	676.37	6	1 690.88	11.68
总和 T	14 475.572	15	14 475.572	

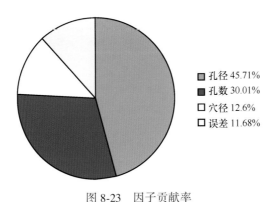

孔径 45.71%
孔数 30.01%
穴径 12.6%
误差 11.68%

图 8-23　因子贡献率

Fig. 8-23　Contribution rate of factors

　　贡献率的大小表明：在 3 个因素中，播种盘孔直径对播种合格率的影响最大，其次是播种盘每穴孔数量，影响最小的是种穴直径（图 8-23）。

8.5.7　试验数据优化

　　在吸孔孔深、穴形及播种器结构一定的条件下，以播种合格率回归方程 Y_1 为目标函数，以播种盘孔直径、播种盘每穴孔数量和种穴直径 3 个因素取值范围为约束条件，即 $-1.682 < X_i < 1.682$（$i = 1$，2，3），用 DPS 对影响评价指标的播种盘孔直径、播种盘每穴孔数量和种穴直径 3 个参数进行优化，在真空度 3.725kPa、穴深 3mm 的条件下，优化结果为：1.5mm、3 个、14mm。在优化条件下进行验证性试验，合格率的试验结果为：99.86%。由此可知，优化结果和验证结果比较吻合，说明回归方程是可信的。

8.6　小结

　　（1）通过对种子在吸附过程中的受力分析，得知种子在不同区域的受力情况，并通过分析种子在气流中的受力，建立了种子在气流中的受力模型。由此可知，影响播种器吸种可靠性的因素有：吸种穴的深度、形状、面积，吸种盘气孔的直径、个数，真空室压力、落种高度等。

（2）受客观条件限制，以吸附机理和工作原理作为基础排除真空度的干扰，从减少试验次数和工作强度角度出发，并以播种盘孔直径、播种盘每穴孔数量、种穴直径3个因素的变化设计并建立简易模拟试验台。

（3）通过对模拟试验数据的直观性分析，得出对评价指标影响比较大的3个因素并进行确定，采用凹形、球状穴，穴深为3mm，初步获得以下因素变化对评价指标影响的大致规律。

a. 孔径是最主要因素。孔径大小对播种机吸种性能指标的影响规律为：随着孔径的减小，单粒率上升，空穴率和重播率下降。试验表明：孔径小有利，但是孔径小合格率也降低。当孔径增大到一定程度时，孔会出现堵塞的现象而无法顺利落种。

b. 孔数是次主要因素。孔数少，合格率较低；随着孔数的增加，除了个别孔径外合格率基本都在增长，但同时重播率也在增加。

c. 穴径是次主要因素。穴径的大小对播种机排种性能指标的影响规律为：穴径越小，单粒率越高；穴径越大，2~4粒率越高，重播率也在增加。

d. 穴深度是次要因素。穴深对播种机吸种性能指标的影响未见统一规律，然而试验表明，有凹穴比无凹穴的吸种性能指标有明显的提高。

e. 播种机在排种过程中，吸种盘与钵盘间的距离在工作时可以通过机械的方式按要求调整，影响播种性能的程度极小；而且吸种盘与种子间无相对运动，不易伤种。

（4）从实际作业角度出发，设计符合农艺要求的联合播种机试验台，使底土覆置、稻种精播、表土覆置、压实几道工序在一台机具上完成，实现流水线作业。

（5）对播种盘孔直径、播种盘每穴孔数量、种穴直径三因素做正交试验，通过对试验数据的处理，得出如下最优水平和主次因素。

a. 较优水平：A1、B2、C3。

b. 主次因素：A、B、C。

（6）由二次正交旋转组合试验得出了最佳参数组合，同时建立了播种盘孔直径、播种盘每穴孔数量、种穴直径三因素对播种质量影响的数学模型，建立回归方程：

$$Y_1 = 96.927\,79 + 13.823\,20X_1 + 4.040\,35X_2 + 2.627\,68X_3 - 13.465\,88X_1^2$$
$$- 26.062\,99X_2^2 + 1.139\,41X_3^2 - 28.51\,500X_1X_2 + 8.042\,50X_1X_3 + 8.295\,00X_2X_3$$

在真空度3.725kPa、穴深3mm的条件下，经优化得出播种盘孔直径最佳值为1.5mm、播种盘每穴孔数最佳值为3个、种穴直径最佳值为14mm。

参 考 文 献

曹景新，张丽平．2004．带式精密排种器的工作原理及其性能影响因素分析．林业机械与木工设备，32（2）：15-17.

崔清亮，秦刚，王明富．2003．几种典型精密排种器的对比分析．山西农业大学学报，23（1）：69-72.

崔清亮，裴祖荣，贺俊林，等．2001.2BQYF-6A 型气压硬茬精密播种机的研究．农业机械学报，32（4）：31-34.

封俊，梁素钰，曾爱军，等．2000．新型组合吸孔式小麦精密排种器运动学与动力学特性的研究．农业工程学报，16（1）：63-66.

关伟，漆东勇，常振臣，等．2000．吸盘式水稻钵育苗精播器试验初报．吉林农业大学学报，22（1）：99-101.

何东健，李增武．1995．组织吸孔气吸式排种器研究．农业工程学报，11（4）：57-61

胡树荣，马成林，李慧珍，等．1981．气吹式排种器锥孔的结构参数对排种质量影响的研究．农业机械学报，（3）：21-24.

李林．1979．气吸式排种器理论及试验的初步研究．农业机械学报，10（3）：56-60.

李志伟，邵耀坚，郑丁科，等．1999．水稻钵体苗工厂化播种育秧的设备设施配套技术及经济分析．中国农机化，（4）：24-26.

刘彩玲，宋建农．2004．种盘振动对气吸振动式精量播种装置工作性能的影响，中国农业大学学报，9（2）：12-14.

栾明川，连政国，王延耀，等．1996．气吸式排种器单粒播花生的试验研究．农机与食品机械，（1）：9-10.

马连元，王庭双，李秋菊．1993．内侧充种垂直圆盘排种器．中华人民共和国国家知识产权局，ZL93240136.8.

庞昌乐，鄂卓茂，苏聪英，等．2000．气吸式双层滚筒水稻播种器设计与试验研究．农业工程学报，30（5）：52-55.

邱兵，张建军，陈忠慧，等．2002．气吸振动式秧盘精播机振动部件的改进设计．农机化研究，13（2）：66-68.

盛江源，齐红彬．1990．吸盘真空室理论流场的确定．吉林农业大学学报，12（3）：89-93.

盛江源，田宏炜，高玉林，等．1998．吸盘式排种器几个基本参数的试验研究．吉林农业大学学报，10（2）：92-95.

吴国瑞，李耀明．1998．气吸式精量播种装置的研究设计．农机化研究，9（1）：55-58.

徐锦大，俞文伟，吕美巧，等．2002．穴盘育秧播种装置的设计．农业工程学报，32（1）：82-84.

杨宛章，孙学军，康秀生．2001．气吸式播种机种子吸附过程研究．新疆农业大学学报，24（4）：49-53.

于海明，黄强，黄坚．2002．磨纹式排种器主要结构与参数的选择原则．塔里木农垦大学学报，14（3）：21-24.

于建群，马成林，杨海宽，等，2000．组合内窝孔玉米精密排种器型孔的研究．吉林工业大学学报（自然科学），30（1）：16-20.

张瑞林，陈巧敏，徐金山，等．1998．振动气吸式秧盘精量播种机的工作原理及作业性能分析．中国农机化，（6）：35-38.

赵文厚，孙平生．1997.4BQD-40 气力喷播机喷射式排种器设计．林业机械与木工设备，25（6）：10-14.

郑丁科，李志伟．2002．水稻育秧软盘穴播机设备研究．农机化研究，13（4）：42-45.

郑晓平．2003．转勺式排种器的研究设计．农业机械化与电气化，（1）：30-31.

周晓峰，胡敦俊．2004．穴盘育苗气吸式精量排种器的吸附性能．山东理工大学学报，18（2）：36-40.

Guareua P，Peuerano A，Pascuzzi S.1996．Experimental and theoretical performance of a vacaum seeder nozzle for vegetable seeds. Journal of Agricultural Engineering Research，64（1）：29-36.

Karayel D, Barut Z B, Özmerzi A. 2004. Mathematical modelling of vacuum pressure on a precision seeder. Biosystems Engineering, 87 (4): 437-444.

Molin J P, Bashford L L, Grisso R D, et al. 1998. Population rate changes and other evaluation parameters for a punch planter prototype. Transactions of the ASAE-American Society of Agricultural Engineers, 41 (5): 1265-1270.

Zulin Z, Upadhyaya S K, Shafii S, et al. 1991. A hydropneumatic seeder for primed seed. Transactions of the ASAE, 34 (2): 41-43.

第9章 水稻植质钵育秧盘型孔式播种机设计与试验

在自主研发气吸式水稻植质钵育秧盘精量真空播种机的基础上，为解决工厂化和家庭式播种需要，项目组开发出两种新型水稻植质钵育秧盘型孔式播种机，它们具有类似的播种装置。本章着重阐述工厂化水稻植质钵育秧盘型孔式播种机工作原理、设计及试验研究，并对家庭式水稻植质钵育秧盘型孔式播种机进行简单介绍。

9.1 工作原理

工厂化水稻植质钵育秧盘型孔式播种机主要由种箱、电动机、传动机构、播种装置等组成，采用直线式工作方式，结构如图9-1所示。

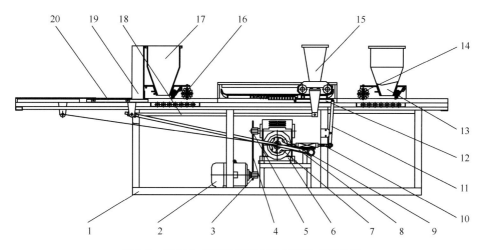

图9-1 工厂化水稻植质钵育秧盘型孔式播种机

Fig. 9-1 Cell type seeder of seedling-growing tray made of paddy-straw for large-scale

1. 机架；2. 电动机；3. 主动链轮；4. 传动链；5. 主动链轮；6. 减速器；7. 曲柄；8. 推盘连杆；9. 凸轮；10. 推杆；11. 摆杆；12. 翻板拉杆；13. 表土箱；14. 压种轮；15. 种箱；16. 压土轮；17. 底土箱；18. 种箱推杆；19. 苗盘架；20. 推盘板

该播种机的工作原理是：将准备好的水稻植质钵育秧盘放置于苗盘架处。开动后，电动机带动主动链轮，由传动链传至动链轮到达减速器，通过减速器减速后传动到曲柄，这时由曲柄滑块机构来完成推盘及播种工作。推盘过程是由曲柄通过推盘连杆带动推盘板来完成的，随着曲柄运动实现苗盘连续进给，水稻植质钵育秧盘首先到达底土箱下方覆底土，然后由压土轮将底土压实，压实后的水稻植质钵育秧盘到达播种部分进行播种。播种过程是曲柄带动推盘连杆通过种箱推杆来实现种箱的往复播种运动，每次进给1盘，种箱往复运动1次。1次往复运动，与曲柄轴同轴的凸轮推动推杆实现摆杆摆动，此时摆杆带动翻板拉杆使翻板迅速打开，种子落入水稻植质钵育秧盘，完成1次整盘播种。最后水稻植质钵育秧盘通过压种轮到达表土箱下面覆表土从而完成播种的全过程。

　　播种装置主要由种箱、型孔板、刷轮及翻板等组成。根据水稻植质钵育秧盘播种工艺要求，采用型孔板作为囊种装置，该装置能够实现整盘播种，效率高，并采用直线式工作方式。播种装置如图9-2所示。该播种机属于机械式播种机，传统机械式播种机虽具有结构简单、造价低、生产率高等特点，但是伤种现象比较严重，并伴有空穴。伤种主要是由排种过程中的机械压力所造成的，如果能够避免这一过程，机械式的播种机就能发挥其优越性。水稻植质钵育秧盘型孔式播种机的排种机构为了避免这种现象设计了翻板式结构，很好地避免机械磕种问题，如图9-3所示，其加工简单，各个工位安装调整比较容易。在实际播种时，种子是芽播状态，在种箱中会出现架空现象，从而会使孔板内出现空穴，导致最终水稻植质钵育秧盘穴内出现空穴，而种子在型孔板的型孔内也容易出现架空现象。为此，在翻板上设计清种舌，可很好地解决这个问题，提高充种率与投种率。

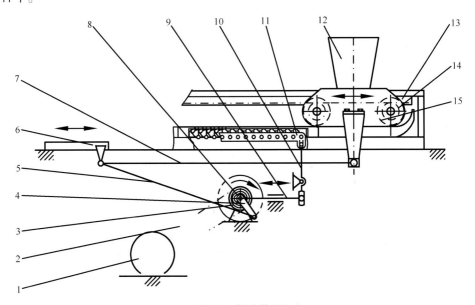

图 9-2　播种装置

Fig. 9-2　Diagram of seeding device

1. 电动机；2. 传动链；3. 主动轴；4. 曲柄；5. 推盘连杆；6. 推盘；7. 种箱连杆；8. 凸轮；
9. 推杆；10. 摆杆；11. 播种总成；12. 种箱总成；13. 齿条；14. 齿轮；15. 毛刷轮

工作时，种箱中先放入不超过其高度的种子，种箱在型孔板上方，电动机通过传动链、主动轴、曲柄、推盘连杆、种箱连杆及齿条传动机构带动其做直线往复运动，种箱底侧（靠近型孔板）两侧带有种刷跟随其运动，防止漏种，并保证型孔内水稻种子囊入能力，种箱往复运动两次，此时推盘在电动机带动曲柄推动水稻植质钵育秧盘至型孔板下方。同时，型孔板下方翻板由摆杆带动转轴迅速上下翻转，种子靠自重及清种舌的轻微波动落入水稻植质钵育秧盘，完成 1 次播种作业。由上可知，播种装置播种性能与充种及投种性能密切相关。

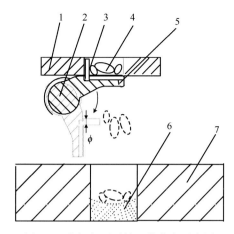

图 9-3　翻板打开时的工作状态示意图

Fig. 9-3　State sketch map of turning board

1. 型孔板；2. 转轴；3. 清种舌；4. 种子；5. 翻板；
6. 营养土；7. 水稻植质钵育秧盘

充种时，要求按整苗盘所需种子位置和数量进行种子分布，使种子均匀地囊入型孔内，保证较高的充种率，即较低的空穴率。投种装置将充种装置布好的种子准确地送入水稻植质钵育秧盘空穴内。充种好坏直接影响投种状况，从而影响最终合格率。囊种区域大小及囊种质量优劣是排种装置各个组成元件技术性能与种子物理力学特性协调的结果，只有深入地研究方案和参数，才能设计出精巧、性能优良、效益高的精密播种装置（王立臣等，2000）。

9.2　关键部件

型孔板是播种关键部件，而翻板是投种部件，两部件工作状况将直接影响其播种精度。影响充种性能的主要因素是型孔板尺寸，影响投种性能的因素是水稻植质钵育秧盘穴与型孔板型孔相对位置关系。

9.2.1　型孔板

排种元件是排种器对所播种子进行控制的基本单元。排种器是靠排种元件实现从种子群中分离出定量种子，分离种子的精确性也取决于排种元件（李志伟和邵耀坚，2000）。目前，以容腔方式控制种子体积从而确定排种量的排种元件应用最为普遍，因此型孔式排种器都采用这种方式。容腔的形式、容积、种子在容腔中的排列状态和稳定程度，以及所排种子的形状、尺寸都直接影响排种量的精确性。排种器必须满足下列条件。

（1）排种均匀稳定。

（2）不损伤种子。

（3）通用性好。

（4）工作可靠、不易堵塞、调节方便，并能迅速清除排种器内的残种。

本节所研究的型孔板是保证充种率的关键环节，其充种率主要与型孔形状、型孔厚度、型孔尺寸及翻板的结构有关。

1. 型孔板型孔形状试验

在自由流动（即重力场内）情况下，散粒体的单位时间流出量与排出口的形状有关。本节对型孔板型孔进行试验。

1）试验方法与材料

型孔板作为播种装置主要部件，其型孔形状会影响种子囊入能力，影响播种稳定性。由于只需观察型孔形状这一因素水平变动对其稳定性的影响，所以选用单因素试验设计。本试验采用正方形、圆形及三角形 3 种形状，如图 9-4 所示，针对稳定性进行对比性试验。

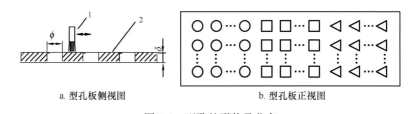

a. 型孔板侧视图　　　　　　　　b. 型孔板正视图

图 9-4　型孔的形状及分布

Fig. 9-4　Sketch map of shape and distribution of seed cell

φ. 型孔直径；δ. 型孔板厚度

试验材料选择聚碳酸酯型孔板。聚碳酸酯是一种工程塑料，具有优良的物理机械性能，尤其是耐冲击性优异，拉伸强度、弯曲强度、压缩强度高，蠕变性小，吸水率小，收缩率小，尺寸精度高，在较宽的温度范围内具有稳定的力学性能，尺寸稳定，电性能和阻燃性优良，能在 $-60 \sim 120 ℃$ 下长期使用。选用的水稻品种是垦鉴稻 5 号。

2）试验方案

型孔大小的依据是在同等面积的型孔板上均匀布置 3 种形状型孔，在原有设备型孔尺寸的基础上将其直径为 8.5mm 圆孔、边长为 8.5mm 的正方形型孔及边长为 8.5mm 的三角形型孔进行对比。在试验的过程中发现，型孔为三角形结构时，在型孔板上布置的方向有差异，种子的囊入能力是不同的，如图 9-5 所

图 9-5　三角形型孔示意图

Fig. 9-5　Sketch map of triangle-type hole

示，箭头表明种子囊入方向，经测试，选择囊入效果最好的第 1 种布置方式与其他两种形状进行试验。每种形状选择 56 穴，进行 12 组试验，型孔形状及分布如图 9-4b 所示，种子的囊入方向由左至右。

3）试验结果

型孔形状单因素方差分析的试验结果和分析如表 9-1 所示，显著水平取 $\alpha=0.01$。

表 9-1　型孔形状的单因素方差分析
Table 9-1　Simple factor variance analysis of seed cell shape

组	观测数	求和	平均	方差	
方形	12	414	34.5	44.578 06	
三角形	12	342	28.5	111.207 9	
圆形	12	476	39.666 67	36.824 24	
方差分析					
差异源	偏差平方和	自由度	均方	F	P 值
组间	749.555 6	2	374.777 8	5.837 352	0.006 542
组内	2 118.712	33	64.203 39		
总计	2 868.267	35			

在试验的过程中，型孔形状为方形结构的每个穴内 4 粒水稻较多，圆形结构的 3 粒水稻较多，而三角形结构的 1 粒较多，将每种情况的稳定性进行对比。由表 9-1 可知：当选定 $\alpha=0.01$、$F>F_{0.01}$（2，34）= 5.31，除了随机因素的干扰外，3 种形状的稳定性存在特别显著的差异，从 3 个水平的均值可以看出，圆形的稳定性明显好于方形和三角形。

方形稳定性差的原因是种子间的相互作用，导致穴内的部分种子被带走，直角处种子不易囊入；圆形结构的每穴 3 粒较多，因为每穴 3 粒水稻，穴内呈三角形结构，其结构稳定，每穴所囊入的种子数可以通过增加孔径来改善。

2. 型孔板充种性能试验

任何一个具体的分离元件的设计，都应建立在对分离对象——种子的形状尺寸调查的基础上。为此，在确定型孔板参数时，对于所研究的水稻种子进行实际测量。由于水稻品种较多，为使设计的播种机有较强的适应性，选用形状上较有代表性的圆形品种垦鉴稻 5 号和长形品种 V7 作为参考进行了试验。两种品种的性状如表 9-2 所示。

由表 9-2 可知：垦鉴稻 5 号种子比 V7 种子厚约 0.2mm，宽约 0.3mm；V7 种子比垦鉴稻 5 号种子长约 1.5mm。

表9-2 两种水稻种子几何尺寸

Table 9-2 Two types of rice seed geometry

水稻形状	种子尺寸/mm	
	垦鉴稻5号	V7
长	7.37	8.84
宽	3.41	3.13
厚	2.39	2.21

1) 试验方法与材料

在试验的过程中，由于各种条件、因素的不同影响，任何一个试验数据都含有随机误差，它的大小决定试验数据的精确程度，从而直接影响试验结果分析的可靠性。实际上，任何试验都存在干扰，可对试验结果产生影响，但在试验中未加考虑，也未加精确控制。这种干扰影响是随机的，事前无法估计、试验过程中也无法控制。为保证试验精度，各种试验组合处理必须在基本均匀一致的条件下进行，即应尽量控制或消除干扰影响（邱兵等，2002）。

若要保证试验条件基本均匀一致和有效控制干扰对试验的影响，需要做到以下几点。

（1）对验证性试验，要求规定统一的标准和试验条件。实际试验时，必须严格按规定的标准和条件进行。

（2）对于探索性试验，必须认真遵循试验设计的3个基本原则，即设置区组、重复试验和随机化。

只有这样，才能控制干扰，降低实验误差，提高试验的精度。

试验设计是离散优化的基本方法，它是从正交性、均匀性出发，利用拉丁方、正交表、均匀表等工具来设计试验方案、实施广义试验，直接寻找最优点。设计试验时，方案的编制与数据的处理常常表格化，这样应用分析非常方便。其主要作用是降低实验误差，提高试验精确度。根据试验设计的基本原则与试验设计种类的特点，针对所研究对象为型孔板和本试验的实际情况选用正交试验法。

试验材料选择聚碳酸酯型孔板，以及翻板、板刷；水稻品种选择了在形状上有代表性的干种垦鉴稻5号和V7。

2) 试验方案

型孔板是布种装置的关键部件，布种合格率除了与型孔的形状有关外，还与型孔厚度、型孔尺寸及翻板的结构参数有关。根据播种装置实际的工作状况及型孔板结构的实际情况，选择型孔板的厚度、型孔板的型孔尺寸及清种舌3个参数作为研究对象。

（1）试验型孔板方案

水稻是靠种箱和型孔板的相对运动及种子的自身重力来促使种子囊入型孔的。为保证精度，使种子数量控制在 3~5 粒，必须提供适当的囊入空间，增加囊入空间的方案有两种（图 9-6）：一种是靠增加厚度减少型孔直径，另一种是靠增加型孔直径而减少厚度。

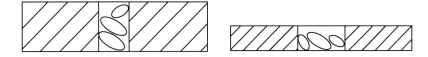

图 9-6　型孔方案

Fig. 9-6　Project of cell

第 1 种方案：型孔直径小，与种子接触机会减少，并且由于厚度的增加第一层囊入过程的轨迹增长，使囊入时间增加，这样就会直接影响第二层种子的囊入过程，充种率将无法保证。对于投种过程也会有影响，即增加了投种轨迹。而且种子很容易出现架空现象，即使设有清种舌，厚度的增加，限制了清种舌的长度，也会使清种舌发挥不了本身的功能。

第 2 种方案：与第 1 种方案相比，型孔直径的增加使得其与种子接触的机会增加，囊入效果要明显好于第 1 种方案，并将使清种舌的作用得到充分发挥。

因此选用第 2 种方案进行研究。

（2）正交试验因素水平

水稻种子在囊入型孔时，型孔的高度仅与水稻的厚度有关系。通过试验发现，型孔板过厚，种子间相互作用的影响就会很大，型孔内种子的数量就难于控制；型孔板过薄，型孔内的种子就会由于种箱的移动被带离型孔而影响型孔内种子的数量，也就是型孔的厚度会影响型孔的囊种能力。根据实际情况，型孔厚度一般不宜超过 2 层种子厚度，否则种子在型孔内的情况就难于控制，所以要求型孔内只能稳定放入一层种子，这样种子间的相互作用就不会对型孔内的种子数量有明显的影响。经过测量，干种垦鉴稻 5 号的厚度为 2.3~2.5mm，V7 的厚度为 2~2.3mm，所以型孔板播种盘的厚度水平范围选择 3~4mm。

型孔板播种盘直径参数范围的确定，主要通过理论分析和该播种机的结构要求来确定。根据农业生产的实际需要，型孔内每穴 4 粒±1 粒种子为合格。由于水稻种子品种的多样性及在型孔内种子状态的不确定性，难于找到通用的计算公式，以便找到确定的型孔直径的尺寸。通过试验观察水稻种子在型孔内的状态，利用极限的方法来确定型孔直径的下限。方法如下所述。

由于型孔内最少 3 粒种子为合格，通过试验观察型孔内种子的情况，发现 3 粒水稻种子的稳定结构如图 9-7 所示呈三角形结构，此极限状态是保证型孔内

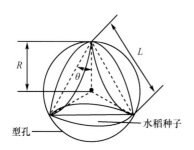

图 9-7　型孔内 3 粒种子的状况分析

Fig. 9-7　Cell-type analysis of the three seeds

种子合格率的最小型孔直径的状态。为了适应两种水稻品种，对水稻长度进行了理论的近似。因此三角形近似为等边三角形。

由图 9-7 可知：

$$\cos\theta = \frac{L/2}{R} \qquad (9\text{-}1)$$

式中，L 为水稻种子长度；R 为型孔半径；θ 为水稻轴心线与型孔直径间的角度。

图中 θ 是 30°，V7 水稻种子平均长度为 8.84mm，因此型孔直径为 10.21mm。

以上分析了最小的允许型孔直径，因此在选择型孔直径水平时，根据其理论分析及参照播种机型孔板原有尺寸，选择型孔直径的下限为 10.5mm。型孔直径的下限主要是通过型孔板下转轴位置及播种盘型孔数量的实际情况来确定的。因此型孔直径的参数范围确定在 10.5~11.5mm 内。

除了确保型孔内种子数量的精确性外，保证型孔内种子顺利流出型孔落入水稻植质钵育秧盘，也是很重要的环节。由于传统机械结构在排种时会有破碎种子的情况，所以该播种机在排种结构上进行了改进（张波屏，1982），采用翻板式的结构。由于机器播种是对出芽后的种子进行播种，种子是湿种，在实际工作时发现，部分湿种会粘连在翻板上，不能保证顺利投种。为了改善投种的状况，在翻板上设计了清种舌，原有播种机清种舌的位置是在翻板边上。通过试验观察，如果将其改在中间型孔板位置就可对进入型孔内的种子有一定的导向作用，稳定性可以提高。根据此想法将清种舌的两种位置作为两个水平来进行试验对比。

该播种装置翻板结构及清种舌的设置，使得漏播率为零。由于钵育栽培农艺要求每穴 3~4 粒为合格，所以选定充种性能指标为充种合格率。该试验选择 $L_9(3^4)$ 正交表进行试验，型孔厚度及型孔直径的选取采用了均值法，清种舌的位置采用了拟水平方法。选择的因素及水平如表 9-3 所示。

表 9-3　型孔板正交试验因素水平

Table 9-3　Factor level of experiments for orthogonal designs of cell plate

水平	因素		
	A 型孔直径/mm	B 型孔厚度/mm	C 翻板清种舌位置
1	10.5	3	中间
2	11	3.5	边
3	11.5	4	中间

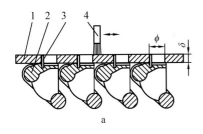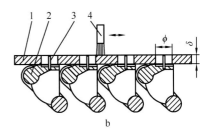

图 9-8　型孔板结构参数试验

Fig. 9-8　Experimental sketch of cell plate parameters

1. 型孔板；2. 转轴；3. 清种舌；4. 板刷；ϕ. 型孔直径；δ. 型孔板厚度

图 9-8 是型孔板播种盘结构参数试验简图，图 9-8a 是翻板合上后，清种舌在型孔边上靠近翻板侧型孔边上（后面简称边上）的简图；图 9-8b 是翻板合上后，清种舌在型孔中间（后面简称中间）的简图。图 9-8 中型孔直径为 ϕ，型孔厚度为 δ。板刷与型孔板无间隙接触，模拟实际播种装置刷轮的状态。

（3）试验结果及分析

a. 垦鉴稻 5 号

试验时漏播率为零，所以以合格率作为指标，根据农业实际生产需要，分别对水稻品种垦鉴稻 5 号及 V7 进行了正交试验。选择 $L_9(3^4)$ 正交表的设计，并选择空列用以计算实验误差。

表 9-4 中，$\bar{y}_{jk}$ 为第 j 因素 k 水平对应的试验指标的平均值；R_j 为第 j 因素的极差：

$$R_j = \left[\bar{y}_{j1},\ \bar{y}_{j2},\ \bar{y}_{j3}\right]_{\max} - \left[\bar{y}_{j1},\ \bar{y}_{j2},\ \bar{y}_{j3}\right]_{\min} \tag{9-2}$$

极差 R_j 反映了第 j 因素水平变动时试验指标的变动幅度。R_j 越大，说明该因素对试验指标的影响越大，也就越重要。因此最佳的生产条件组合为 A1B1C1，此组合在正交表中存在，合格率为 98%。由于清种舌的位置 C_1 实际上就是 C_3，所以理论上两者的均值 $\bar{y}_{c1}$ 与 $\bar{y}_{c3}$ 应该相等，但实际上往往不等，如表 9-4 所示。二者的差值为 5.334，比空列的极差值小得多，说明试验干扰较小，试验数据可靠。

表 9-4　型孔板正交试验实施方案及试验结果

Table 9-4　The implementation of programs and test results for orthogonal designs of cell plate

试验号	A 型孔直径	B 型孔深度	因素	C 清种舌位置	合格率
1	1	1	1	1	0.99
2	1	2	2	2	0.95
3	1	3	3	3	0.87
4	2	1	2	3	0.81

试验号	A 型孔直径	B 型孔深度	因素	C 清种舌位置	合格率
5	2	2	3	1	0.51
6	2	3	1	2	0.36
7	3	1	3	2	0.28
8	3	2	1	3	0.23
9	3	3	2	1	0.25
$\bar{y}_{j1}$	93.667	69.333	52.667	58.333	
$\bar{y}_{j2}$	56.000	55.333	67.000	52.000	
$\bar{y}_{j3}$	25.333	49.333	55.333	63.667	
R_j	68.334	20.000	14.333	10.667	

极差分析虽然可以确定主次因素的顺序，甚至根据水平平均值可以确定最佳水平组合。但是这种方法不能找出摒弃因素，缺少用数据证明的评价的置信概率，也不能对最佳生产条件做出精确的预报等，因此对试验结果的研究和评价需要依靠方差分析。

试验数据总变差的自由度为全体数据个数 n 减去 1，即

$$f_T = n - 1 = 8 \tag{9-3}$$

同样，因素变差的自由度为其水平数减去 1，由于三因素是同等水平，则

$$f_A = f_B = f_C = 3 - 1 = 2 \tag{9-4}$$

空列即实验误差的自由度为总变差自由度与全体因素自由度代数和之差，这里只有一个空列，所以：

$$f_e = f_T - (f_A + f_B + f_C) = 8 - 6 = 2 \tag{9-5}$$

垦鉴稻5号的方差分析如表9-5所示。

表9-5 型孔板正交试验方差分析
Table 9-5 Variance analysis of experiments for orthogonal designs of cell plate

因素	偏差平方和	自由度	方差	F 值	显著性
型孔直径	7028.667	2	3514.334	20.159	***
型孔深度	618.000	2	309	1.772	
清种舌位置	170.667	2	85.333	0.489	
误差（S_e）	348.670	2	174.335		

方差的大小反映该因素对试验指标均值偏离的程度，数值越大，表明该因素水平的微小变动会导致指标值的较大波动，即所谓灵敏度很高。因此，方差最大的称为主要因素；相反，方差值很小，甚至比实验误差 S_e 的计算值还小，说明该因素水平值很大的变动所导致的试验指标的波动却很微弱，反应十分迟钝（刘

彩玲等，2005）。因此可以判断，这一因素的方差值不是由因素本身水平变化所引起的，而是实验误差的一种反应，与实验误差一样来自同一个样本总体。于是可以将这类因素的方差合并到实验误差之中，记为当量误差 $S_{e\Delta}$，这一类因素被称为摒弃因素，即摒弃在优选型孔参数之外。在主要因素和摒弃因素之间的属于次要因素。

由表 9-5 的结构可以看出 $\bar{S}_e >> \bar{S}_c$，可见翻板清种舌的位置 C 是摒弃因素，于是：

$$S_{e\Delta} = S_e + S_c = 519.337 \qquad (9-6)$$

由于 C 占据的列各个水平作用的实验结果属于实验误差，所以这一列数据变差的自由度也应归并到实验误差中，即

$$f_{e\Delta} = f_e + f_c = 4 \qquad (9-7)$$

于是实验误差的方差为

$$\bar{S}_{e\Delta} = \frac{S_{e\Delta}}{f_{e\Delta}} = 129.834 \qquad (9-8)$$

统计量为

$$F_A = \frac{\bar{S}_A}{\bar{S}_{e\Delta}} = 27.068 \qquad (9-9)$$

$$F_B = \frac{\bar{S}_B}{\bar{S}_{e\Delta}} = 2.380 \qquad (9-10)$$

根据显著水平 $\alpha = 0.01$ 和 $\alpha = 0.1$，查 F 检验的临界值表，得

$$F_{0.01}(2,4) = 18 < F_A \qquad (9-11)$$

$$F_{0.1}(2,4) = 4.32 > F_B \qquad (9-12)$$

由此可见，型孔直径 A 因素在型孔板播种盘参数的试验中属于特别显著的因素，如表 9-5 所示，而型孔厚度属于不显著因素即次要因素。

贡献率计算：贡献率是指纯变差 $S_{因} - f_{e\Delta} \times \bar{S}_{e\Delta}$（从方差中扣除实验误差的干扰部分）占总变差的百分比，即该因素对试验指标的贡献率。

贡献率的因素公式为

$$\eta_{因} = \frac{S_{因} - f_{e\Delta} \times \bar{S}_{e\Delta}}{S_T} \qquad (9-13)$$

本研究中因素 A 的纯变差为

$$S'_A = S_A - f_{e\Delta}\bar{S}_{e\Delta} = 6509.331 \qquad (9-14)$$

同理因素 B 的纯变差为

$$S'_B = S_B - f_{e\Delta}\bar{S}_{e\Delta} = 98.664 \qquad (9-15)$$

由此可得剩余实验误差的数值：

$$S'_{e\Delta} = S_T - S'_A - S'_B = 1559.009 \qquad (9-16)$$

因素 A、因素 B 及实验误差对指标的实际贡献率为

$$\eta_A = \frac{S'_A}{S_T} = 79.7\% \tag{9-17}$$

$$\eta_B = \frac{S'_B}{S_T} = 1.2\% \tag{9-18}$$

$$\eta_e = \frac{S'_{e\Delta}}{S_T} = 19.1\% \tag{9-19}$$

由此可见，该实验中合格率的变化由于型孔直径在 10.5 ~ 11.5mm 内变化而起的作用占 79.7% ，这就进一步证实了因素 A 是实验中的主要因素，因此最佳的型孔板播种盘的关键是型孔直径的取值。至于因素 B ，其贡献率远远比不上实验误差，进一步说明了因素 B 是一个次要因素，实验误差对试验结果也是个不可小视的影响因素。

b. V7

对水稻品种 V7 进行上述试验所得结果如表 9-6 所示。

表9-6 型孔板正交试验实施方案及试验结果

Table 9-6 The implementation of programs and test results for orthogonal designs

试验号 / 因素	A 型孔直径	B 型孔深度	因素	C 清种舌位置	合格率
1	1	1	1	1	0.98
2	1	2	2	2	0.95
3	1	3	3	3	0.92
4	2	1	2	3	0.98
5	2	2	3	1	0.79
6	2	3	1	2	0.68
7	3	1	3	2	0.52
8	3	2	1	3	0.49
9	3	3	2	1	0.48
$\bar{y}_{j1}$	95.000	82.667	71.667	75.000	
$\bar{y}_{j2}$	81.667	74.333	80.333	71.667	
$\bar{y}_{j3}$	49.667	69.333	74.333	79.667	
R_j	45.333	13.334	8.666	8.000	

表 9-6 中 C_1 与 C_3 两者的差值为 4.667 ，比空列的极差值小得多，说明试验干扰较小，试验数据可靠。从正交试验数据表可知，水平均方行 $\bar{y}_{jk}$ 中水平数值最高的为最佳水平，因此最佳的生产条件的组合为 A1B1C1，此组合在正交表中存在，合格率为 99% 。

水稻品种 V7 的方差分析如表 9-7 所示。

表9-7　型孔板正交试验方差分析

Table 9-7　Variance analysis of experiments for orthogonal designs of cell plate

因素	偏差平方和	自由度	方差	F 值	F 临界值	显著性
型孔直径	3256.889	2	1628.445	27.549	19.00	*
型孔深度	272.222	2	136.111	2.303	19.00	
清种舌位置	96.889	2	48.4445	0.820	19.00	
误差	118.22	2	59.11			

由表9-7 的结构可以看出 $\bar{S}_e \gg \bar{S}_c$，可见翻板清种舌的位置 C 是摒弃因素，于是：

$$S_{e\Delta} = S_c + S_c = 215.109 \tag{9-20}$$

$$F_A = \frac{\bar{S}_A}{\bar{S}_{e\Delta}} = 30.281 \tag{9-21}$$

$$F_B = \frac{\bar{S}_B}{\bar{S}_{e\Delta}} = 2.531 \tag{9-22}$$

根据显著水平 $\alpha = 0.01$ 和 $\alpha = 0.1$，查 F 检验的临界值表，得

$$F_{0.01}(2, 4) = 18 < F_A \tag{9-23}$$

$$F_{0.1}(2, 4) = 4.32 > F_B \tag{9-24}$$

由此可见，型孔直径 A 因素在型孔板播种盘参数的试验中属于特别显著的因素，如表9-7 所示，而型孔厚度属于不显著因素即次要因素。

贡献率计算：型孔直径因素 A 的纯变差为

$$S'_A = S_A - f_{e\Delta}\bar{S}_{e\Delta} = 3041.78 \tag{9-25}$$

同理因素 B 的纯变差为

$$S'_B = S_B - f_{e\Delta}\bar{S}_{e\Delta} = 57.113 \tag{9-26}$$

由此可得剩余实验误差的数值

$$S'_{e\Delta} = S_T - S'_A - S'_B = 645.327$$

因素 A、因素 B 及实验误差对指标的实际贡献率为

$$\eta_A = \frac{S'_A}{S_T} = 81.3\% \tag{9-27}$$

$$\eta_B = \frac{S'_B}{S_T} = 1.5\% \tag{9-28}$$

$$\eta_e = \frac{S'_{e\Delta}}{S_T} = 17.2\% \tag{9-29}$$

由此可见，该实验中合格率的变化由于型孔直径在 $10.5 \sim 11.5\mathrm{mm}$ 内变化而起的作用占 81.3%，这就进一步证实了因素 A 是实验中的主要因素，因此最佳的型孔板播种盘的关键是型孔直径的取值。至于因素 B，其贡献率远远比不上实验误差，进一步说明了因素 B 是一个次要因素，实验误差对试验结果也是个不可

小视的影响因素。

c. 两种水稻品种因素水平对比

两品种的因子趋势图见图9-9~图9-11。由图可看出，充种的合格率最低点出现在型孔直径最大和型孔板厚度最厚时。在试验的过程中发现，其主要原因是型孔的空间增大，每穴囊入种子数量增多，种子间相互作用增强（Guarella et al.，1996），使得每穴2粒、6粒及7粒的增多。由图9-9可以看出，型孔直径11mm和11.5mm的V7的充种合格率比垦鉴稻5号的都要高，这主要是由于V7种子长度比垦鉴稻5号长，经测量大约长1.5mm，随着孔径的增加，其对V7的影响比垦鉴稻5号要小。如图9-10所示，随着厚度的增加，充种合格率降低，厚度增加每穴囊入V7的种子数比垦鉴稻5号要多，这主要是由于垦鉴稻5号种子要比V7厚；并且V7的合格率一直比垦鉴稻5号高，这主要是由于型孔直径对合格率的影响要比型孔厚度这个因素要大。由图9-11可知，清种舌在中间位置时的充种率要略差于在边上的情况。整个试验充种率为100%，清种舌解决了种子架空的问题。

经上述分析得：型孔的厚度不宜超过种子厚度的1.5倍；型孔的直径与种子的长度有关系；型孔直径对充种合格率影响最大。

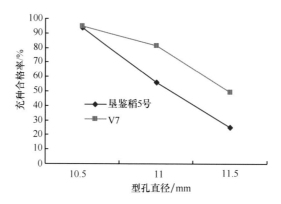

图9-9 型孔直径与充种合格率的关系

Fig. 9-9 The relationship between the filling qualified rate and cell diameter

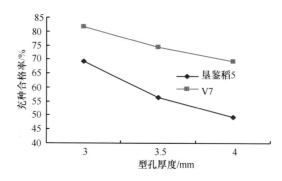

图9-10 型孔厚度与充种合格率的关系

Fig. 9-10 The relationship between the filling qualified rate and cell board

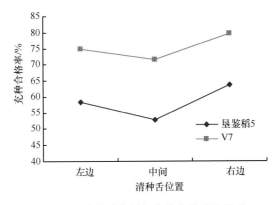

图 9-11　清种舌位置与充种合格率的关系

Fig. 9-11　The relationship between the filling qualified rate and position

9.2.2　翻板和清种舌

为了避免机械伤种现象发生，播种装置设计了翻板式结构（图 9-12），其工作状态如图 9-3 所示。翻板表面采用橡胶覆盖（宋建农，2002），翻板在推拉条的作用下在型孔板下垂直缓慢开闭，能够有效地避免机械碰种。种子是经浸种催芽处理的，湿度很大，使型孔板内出现空穴，从而导致水稻植质钵育秧盘穴内出现空穴，为此在翻板上设计了清种舌，清种舌为橡胶圆柱形，随翻板一起运动，能够有效地清除粘连和架空的种子，从而能很好地解决空穴问题，提高播种合格率（吴文福等，2001）。根据以往试验，清种舌在保证一定强度的前提下，外形尺寸越小对播种质量影响也越小。为进一步研

图 9-12　翻板装置结构

Fig. 9-12　Diagram of turning board

1. 翻板总成；2. 清种舌；3. 转轴；4. 导向板

究清种舌安装位置对播种质量的影响，安排了两种安装位置试验。试验表明，当清种舌安装在型孔左侧的位置时播种精度明显好于安装在型孔中间位置时的（表9-8）。

表 9-8　清种舌不同安装位置播种精度试验结果

Table 9-8　Test results of seeding precision in different cell plate position

（单位：%）

清种舌安装位置	3～5 粒百分率
安装在型孔左侧	96.3
安装在型孔中间	53.2

9.2.3　动力传递系统

水稻植质钵育秧盘精量播种机动力传递路径如图 9-2 所示。电动机的额定功率为 0.75kW，转速为 1200r/min。两级变速器是由链轮、两对锥齿轮来实现两级和两个方向的转换（马成林等，1990），最后输出轴的转速为 840r/min。推盘连杆和推杆主要完成动力向推板和种箱的传递，完成推盘板和种箱的往复运动，从而完成播种过程。曲柄、凸轮和摆杆主要是将动力传递到推拉条，然后传递给翻板和清种舌，实现翻板和清种舌上、下垂直开闭。

9.3　参数优化

从经济性和加工工艺考虑，一般选用深度较小的型孔板，因此基于以上考虑，型孔板孔径的深度确定为 3.0mm。

通过两种水稻品种在孔深 3.0mm 条件下的不同孔径投种概率试验比较（表 9-9），选择型孔直径 $R = 10.5 \sim 11$mm，即可满足播种精度要求。从加工工艺角度考虑，选择 $R = 10.7$mm。清种舌采用天然橡胶制成，圆柱形，直径为 1.0mm，长度为 3.0mm，安装在型孔板水稻植质钵育秧盘直线移动方向的左侧。

表 9-9　不同稻种在不同型孔直径投种概率的对比

Table 9-9　Postural probability of different rice seeds and different cell size

型孔直径 /mm	水稻品种					
	V7			垦鉴稻 5 号		
	0 ~ 2 粒	3 ~ 5 粒	>5 粒	0 ~ 2 粒	3 ~ 5 粒	>5 粒
<10.5	0.725	0.074	0.202	0.650	0.058	0.292
10.5 ~ 11.0	0.023	0.920	0.057	0.016	0.931	0.053
>11.0	0.232	0.006	0.762	0.249	0.011	0.740

9.4　试验检测

对设计的水稻植质钵育秧盘型孔式播种机的各项性能进行试验检测，检测地点为海南省三亚市林旺镇试验基地，检测时间为 2012 年 10 月 24 日。

9.4.1　试验材料和方法

试验用种为垦鉴稻 5 号，该品种由黑龙江八一农垦大学水稻研究中心提供，试验用种经过脱芒、盐水选种、消毒和催芽等处理（张德文等，1982），含水率为 15%，千粒重 24.2g。底土需经过 1mm 细筛，与壮秧剂等辅助肥料混拌均匀；底土要有一定的湿度，判断方法是抓把底土，用力握紧，然后扔到地面（依靠重力），底土均匀分为 2~3 块为宜；底土准备好后用塑料布盖好备用。表土需要经过 2mm 细筛，无秸秆残渣即可。水稻植质钵育秧盘以水稻秸秆为原料压制，共406 穴。

9.4.2　试验方法

试验材料准备完毕后，将水稻植质钵育秧盘型孔式播种机开动 15min 左右进行磨合，同时将水稻植质钵育秧盘整理成摞放在推板凹槽处，待播种机稳定后把试验用种放在种箱中，把底土和表土分别放在底土箱和表土箱中。首先，播 4~5 盘只覆盖底土，以便检测覆底土质量；然后，4~5 盘只覆底土和种子，以便检测覆播种质量；最后，4~5 盘覆底土、种子和表土，以便检测覆表土质量（杨德，2002）。

9.4.3　检测工具

钢卷尺（5m），盘秤（分度值为 20g），电子秒表（精度为 0.01s），GSI-200 型电子天平，101-1 型干燥箱（分度值为 5℃）等。

9.4.4　主要检测指标

1. 充土均匀度

水稻植质钵育秧盘覆完底土后，底土高度大于穴深 2/3 的穴数占水稻植质钵育秧盘总穴数的百分比，可根据下式计算：

$$C = \frac{C_1}{406} \times 100\% \tag{9-30}$$

式中，C 为充土均匀度；%；C_1 为底土高度大于穴深 2/3 的穴数，穴。

2. 播种均匀度

水稻植质钵育秧盘播完种后，内含 3~5 粒种子的总穴数占水稻植质钵育秧盘总穴数的百分比，可根据下式计算：

$$B = \frac{B_1}{406} \times 100\% \tag{9-31}$$

式中，B 为播种均匀度，%；B_1 为内含 3~5 粒种子的穴数，穴。

结果如表 9-10 所示。

表 9-10 检测结果

Table 9-10 Test result

序号	项目	检测结果
1	每秧盘用土量/kg	0.47
2	充底土均匀度/%	95.6
3	充底土空穴率/%	0.18
4	播种均匀度/%	98.2
5	播量稳定性变异系数	3.1
6	播种空穴率/%	0.01
7	单粒率/%	0
8	压实均匀度/%	98.7
9	空压率/%	0.2
11	每秧盘所用种子的重量/g	30.8
12	播种生产率/（盘/h）	420

9.5 家庭式水稻植质钵育秧盘型孔式播种机

目前，水稻生产模式一般都是家庭式的，即一家 3～5 口人从事水稻种植，随着人工费的不断攀升，水稻种植户不愿意雇佣短工。针对这种情况，原来的工厂化水稻植质钵育秧盘型孔式播种机就不适用于这种水稻生产模式。因此，调整研究思路，在原有机型的基础上，研制出新型的家庭式水稻植质钵育秧盘型孔式播种机（第Ⅳ代水稻植质钵育秧盘型孔式播种机，见图 9-13），新机型确保了精量播种的功能，只需 1～3 人进行操作，一天能够完成一个标准化大棚播种的工作量，提高了效率，降低了成本。不同的种植户可以根据自己的人力情况选择不同播种机类型。

9.5.1 基本结构

家庭式水稻植质钵育秧盘型孔式播种机主要由播种装置、导轨和控制系统组成，播种装置如图 9-14 所示，动力采用电驱动，其安装方法如图 9-14 所示；导轨如图 9-15 所示，主要由横向导轨、纵向导轨、行走轮、动力轴及行走轮等组成。

9.5.2 工作原理

工作前需先分别将纵向导轨（2 根，最少需要 4 根，每根长约 10m）放置在大棚中间过道和里侧过道（水稻植质钵育秧盘已在大棚内摆放完毕）；放置完毕后将横向导轨放置在纵向导轨上，行走轮起运载和限位作用；然后将播种装置放置在横向导轨上，连接控制柜和电源（播种装置由独立电动机带动），将种子放在种箱内，点击控制柜启动按钮，家庭式水稻植质钵育秧盘型孔式播种机开始播种作业，播种装置工作原理与 9.1 节相同，播种装置整体沿横向导轨横向移动，横向导轨在行走轮的作用下沿纵向导轨纵向移动，当横向导轨移动到纵向导轨末端时，需将另外两根纵向导轨延续，依此类推，从而完成一个播种作业程序。

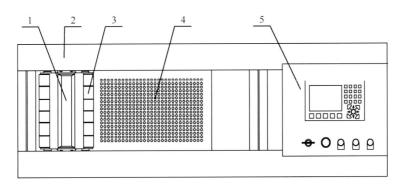

图 9-13 家庭式水稻植质钵育秧盘型孔式播种机

Fig. 9-13 Cell type seeder of the seedling-growing tray made of paddy-straw for household

1. 种箱；2. 轨道；3. 压土轮；4. 型孔板；5. 控制柜

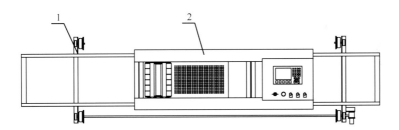

图 9-14 播种装置安装方法

Fig. 9-14 Installation method of seeder

1. 纵向导轨；2. 播种装置

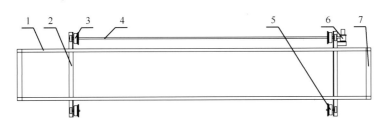

图 9-15 导轨合成

Fig. 9-15 Synthetic guide rail

1. 横向导轨；2. 纵向导轨；3. 行走轮；4. 动力轴；5. 行走轮；6. 行程开关；7. 横梁

9.5.3 育秧工艺对比

工厂化育秧和家庭式育秧对比如图 9-16 和图 9-17 所示。

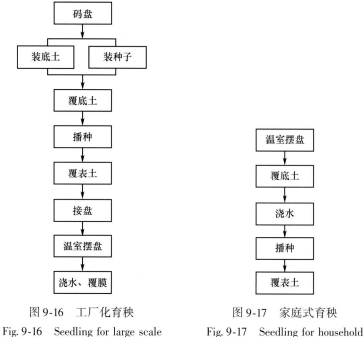

图 9-16　工厂化育秧

Fig. 9-16　Seedling for large scale

图 9-17　家庭式育秧

Fig. 9-17　Seedling for household

9.6　小结

（1）对水稻植质钵育秧盘型孔式播种机进行了整机设计，该机一次作业能够完成覆底土、播种及覆表土等播种程序。

（2）对影响播种性能的关键部件和参数进行了设计和讨论，并对型孔板型孔的形状、型孔直径、孔深进行了试验，确定了参数范围并进行了参数优化。

（3）为了避免磕种和空穴现象设计了翻板式的结构，其能够有效地避免机械磕种问题，在翻板上设计了清种舌部件，很好地解决了空穴问题，提高了充种率与投种率，并对清种舌不同位置对播种质量的影响进行了试验研究，确定了清种舌安装位置（廖庆喜，2005）。

（4）样机进行检测，各项指标均达到设计技术标准。

（5）对家庭式水稻植质钵育秧盘型孔式播种机进行研制，各项指标满足家庭式育秧需要。

参 考 文 献

李志伟，邵耀坚．2000．电磁振动式水稻穴盘精量播种机的设计与试验．农业机械学报，31（5）：32-34.

廖庆喜．2005．免耕播种机锯切防堵装置的高速摄影分析．农业机械学报，36（1）：46-49.

廖庆喜，邓在京．2004．高速摄影在精密排种器性能检测中的应用．华中农业大学学报，23（5）：570-573.

刘彩玲，宋建农，张广智，等．2005．气吸式水稻钵盘精量播种装置的设计与试验研究．农业机械学报，36（2）：43-46.

马成林，王十周，张守勤，等．1990．气力轮式排种器试验研究．农业机械学报，（3）：28-34.

邱兵，张建军，陈忠慧．2002．气吸振动式秧盘精播机振动部件的改进设计．农机化研究，（2）：66-67.

宋建农．2002．针状气吸式精密播种装置．01222990.3.

王立臣，刘小伟，魏文军，等．2000.2ZBZ-600型水稻播种设备的试验与应用．农机化研究，（1）：70-72.

吴文福，左春柽，阎洪余，等．2001．YB-2000型简塑秧盘自动精密播种生产线的研制．农业工程学报，17（6）：69-72.

杨德．2002．试验设计与分析．北京：中国农业出版社：101-103.

张波屏．1982．播种机械设计原理．北京：机械工业出版社：78-79.

张德文，李林，王慧民．1982．精密播种机械．北京：中国农业出版社：80-81.

Guarella P，Pellerano A，Pascuzzi S. 1996. Experimental and theoretical performance of a vacuum seeder nozzle for vegetable seeds. J Agric Eng Res，（64）：29-30.

第10章　水稻植质钵育栽植机的改进

水稻植质钵育秧盘在大棚播种育秧结束（30～35 天）后，需要进行移栽。由于水稻植质钵育秧盘独特的结构，现在市面上的水稻插秧机很难直接使用，需要对其进行结构改进。本章将简单介绍国内外水稻插秧机研究现状，并详细阐述以国产和国外两种插秧机为样机的结构改进（汪春等，2003）。

10.1　国内外插秧机研究现状

高速水稻插秧机的研究主要集中在日本、韩国和中国。日本在水稻生产机械的研究处于世界前沿，其生产已高度现代化；中国从 20 世纪 80 年代才开始起步，目前主要以引进为主。现分别对这几个国家的高速水稻插秧机研制和生产情况加以论述。

10.1.1　国外插秧机研究现状

1. 日本水稻插秧机研究现状

日本是当今世界上水稻移栽机械科研、生产、推广和应用水平处于领先地位的国家。早期日本引进意大利插秧机及中国转臂滑道式插秧机进行研究，20 世纪 60 年代初开始研究带土中、小苗插秧机，于 60 年代末确定了工厂化育秧和机械插秧技术，从而使水稻生产机械化得到迅速发展。到 70 年代末，机械插秧程度达到 90%，1985 年已基本实现了水稻生产机械化。工厂化育秧技术和机械插秧技术的结合，使水稻栽培方法在日本全国基本形成一致，研究人员建立了一整套高度稳定的水稻生产技术体系。目前，日本水稻种植除个别不适应机械化的地方外都实现了插秧机械化，机械化程度高达 98%。日本机械化种植方式主要是带土苗工厂化育秧和机械插秧，普遍采用旱育稀植和侧施肥技术。

日本插秧机主要有乘坐式和步行式两大类。根据不同的插秧要求和用户的使用层次，带土苗插秧机高、中、低档规格俱全，每种机器各具特色。尽管日本的插秧机有很多种型号，但其原理和结构基本类似，主要生产厂有久保田、洋马和井关等。日本带土苗插秧机主要特点有以下几点。

1）水稻插秧机的高速化

曲柄摇杆机构插秧速度可达 270 次/min，但随着作业速度的提高，机身振动加剧、插秧精度下降。日本在 20 世纪 80 年代初提出了以偏心非圆行星齿轮系机构代替曲柄摇杆机构，采用回转双插头装置，插速高达 400~600 次/min，最高作业速度 1.4m/s，插秧速度提高 50%。由于有对称的两只栽植臂，既实现高效率作业，又减少了由插秧机惯性力引起的振动，所插秧苗稳定、插秧质量好、作业效率高。

2）工作可靠性高、作业质量好

广泛使用液压技术、自动控制和安全装置，如自动仿形控制插深、机体水平自动控制、插秧离合器分离及转弯自动减速、秧爪安全分离装置等，当遇到超负荷（如石块）时，秧爪能在任一位置停止运动，这样可避免损坏秧爪和其他机件。

3）产品多样化，以适应不同地区对机器的需要

步行机二轮驱动，有 2 行、4 行、6 行。乘坐型插秧机二轮、四轮驱动，有 4 行、6 行、8 行、10 行。行距 300mm，株距 120~200mm，可调。普遍可配带化肥深施装置，所施肥料有液体肥料和颗粒肥料。

4）四轮液压驱动底盘的乘坐型插秧机

近两年，日本开发的高速水稻插秧机乘坐式底盘都采用液压无级变速驱动装置，田间作业和转移速度快，机手操作轻便，工作效率大大提高。

5）底盘与插秧部分采用液压浮动悬挂

在一般田里工作时，不会发生秧船奎泥现象。插秧部分能左右摆动，因此在犁沟不平的田间作业时能够保持水平。

6）电子监视装置

安装缺秧、施肥等监视装置，乘坐型插秧机的秧箱底板处装有传感器，当秧箱内的秧苗快插完时能自动停车，并向驾驶员发出信号。

7）采用新材料和先进制造工艺

广泛采用高强度轻金属、塑料制板和型材等，零件采用压铸、粉末冶金等工艺制造，零件精密、轻巧，适合水田作业。

2. 韩国水稻插秧机研究现状

韩国高速水稻插秧机的生产技术走的是一条引进的道路，它从日本全套引进该技术。因此，机型和结构与日本插秧机类似。韩国企业在引进日本技术后，逐步致力于改进提高和关键技术的国产化，努力降低成本和价格，目前产品的质量和性能已基本接近日本同类产品水平。但由于受日本技术母公司的制约，产品一般比日本落后一两代，并且在市场分配上也受到日方的控制。为改变这种状况，韩国企业在努力开发自主产品的同时，近年来已成功实现了部分技术来源的多样化。韩国目前规模较大的生产插秧机的企业有 5 家，这 5 家公司早期都是从日本全面引进技术的。其中，国际株式会社采用的是日本洋马的技术，东洋株式会社采用的是日本井关的技术，大同工业株式会社采用的是日本久保田的技术，LG 采用的是日本三菱株式会社的技术。

10.1.2 国内水稻插秧机研究现状

中国在水稻种植机械的研究方面做得是比较早的。20 世纪 50 年代，中国就开始研究水稻洗根苗机械插秧技术。随着技术的不断进步，水稻种植机械化有了较大发展。1976 年，全国水稻插秧机械保有量已达 10 万余台，机械化插秧种植面积约 35 万 hm^2，机插程度达 1.1%。由于洗根苗机械插秧技术对插秧的要求高，机插很难达到农艺要求，同时拔秧费工费时，实际上从拔秧到插秧，机器作业效率只比人工提高 0.87 倍，农民很难接受。中国洗根苗机械插秧技术没能推广的主要原因是育秧与机插不配套，经济效益差。70 年代末，农村实行联产承包责任制，国有农场兴办家庭农场。由于水稻种植面积受粮价偏低，以及资金投入少、生产批量小和使用成本高等因素制约，中国的水稻种植机械化进入低潮。80 年代初，中国引进日本工厂化育秧和机械插秧成套技术并取得成功，解决了育秧与机插的配套问题，但日本工厂化育秧一次性投资大，与当时中国农业发展水平差距太大，使得中国机械化插秧一直徘徊不前，发展缓慢。中国目前使用的大多数水稻插秧机是在吸收日本插秧机的插秧工作部件、结合中国 22 系列插秧机行走机构的基础上研制的机动带土苗水稻插秧机。例如，延吉插秧机制造有限公司在吸收日本井关 PL620 型和 PL820 型乘坐式插秧机的连杆式插秧工作部件的基础上研制的 2ZT-9376 型、2ZT-7358 型水稻插秧机，这也是中国目前唯一一批量生产的机动水稻插秧机型，该机插秧性能指标达到日本同类产品的水平，采用柴油机为动力，结构简单、成本低。进入 20 世纪 90 年代，中国东北地区开始引进和研究开发高速插秧机，并开发出应用回转式双栽植臂的高速插秧机构，但仍采用国内传统的独轮驱动加拖板仿形结构，尚未获得大面积推广应用。此外，还有几家公司着手开发或合资引进，其中江苏东洋插秧机有限公司发展比较快，其与韩国合资引进手扶式插秧机并已开始批量生产。还有江苏无锡市政府与日本洋马合资办厂，开始组装生产四轮驱动六行高速插秧机。目前，国产插秧机可加装施肥装置。黑龙江省水田机械化研究所开发了 ZZTF 系列水稻苗带侧、深施肥机。该机安装在相应型号的水稻插秧机上，在插秧的同时深施化肥。水稻深施肥机已形成系列，ZZTF-6 型水稻深施肥机和 2ZT-9356 型水稻插秧机配套，ZZTF-8 型水稻深施肥机和 2ZT-9358 型水稻插秧机配套，ZZTF-4 型水稻深施肥机和日本洋马、三菱、久保田、井关等步行四行插秧机配套。近年来，农机研究人员结合农业研究人员推广新的水稻生产技术，从减轻劳动强度、提高作业效率、降低生产成本等几个方面出发，向着高速插秧、钵苗移栽和插秧施肥联合作业方面发展，研究设计了许多新的水稻生产机械。为适应中国水稻生产的需要，还出现了一些其他水稻插秧机。

1. 多熟制插秧机

为适应中国南方稻区双季晚稻插秧的需要，浙江金华农业机械化研究所曾研制ZZTPB-6358 型多熟制插秧机。该机吸收吉林机动插秧机的技术，以 2ZT-7358 型为基础，改变曲柄等结构尺寸，重新设计分插机构的运动轨迹，加高分插机构的运动轨迹至 276cm，以适应苗高 10～30cm 苗的机插。

2. 适应多种秧苗的插秧机

为提高插秧机对秧苗的适应能力，华南农业大学研制了适应多种秧苗的 2Z-728A 型机动水稻插秧机。该机适用于栽插水稻苗高度低于 35cm 的拔取苗，经增加并更换一些部件后，可栽插无土育秧（营养液培育）小苗和薄土（床土或覆盖土厚 3cm）育秧小苗，实现无土或薄土育秧小苗少株（杂交水稻每穴 1～3 株）的插秧。

3. 稀插插秧机

为适应旱育稀植的要求，需要增大插秧株距。目前，国内是在现有的插秧机上采用减少插秧频率的方法实现大株距，如在 2ZT-9356 型插秧机上加装减速器使插秧穴距提高到 20cm 和 25cm，以满足稀插的需要，但每穴苗数不能满足要求。

4. 高速插秧机

为进一步使水稻插秧机系列化，引进、消化和吸收日本新技术，出现了高速水稻插秧机和步行插秧机。例如，黑龙江省农垦科学院与依兰收获机厂共同研制的 ZZZB-6 型高速水稻插秧机，该机是在吸收日本高速插秧机的插秧工作部件、结合中国 22 系列插秧机行走机构的基础上研制的机动水稻插秧机，采用非圆行星齿轮式双插机构。赵匀课题组研制的具有自主知识产权的高速插秧机已在国内得到了应用，并得到了专家的高度评价。

10.2 基于 2ZT-9356 型插秧机水稻植质钵育栽植机的改进

为适应 406 孔穴（横向 14 穴、纵向 29 穴）水稻植质钵育秧盘移栽要求，以延吉系列 2ZT-9356 型插秧机为基础机型进行改进（陈恒高，2007），改进后2ZD-6 型水稻植质钵育栽植机如图 10-1 所示。

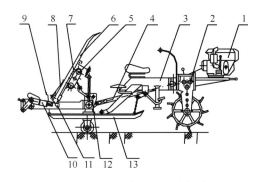

图 10-1　2ZD-6 型水稻植质钵育栽植机

Fig. 10-1　Structure of 2ZD-6 transplanting machine

1. 发动机；2. 行走变速箱；3. 机架；4. 动力输出轴；5. 纵向进给轮；6. 秧箱；
7. 栅板式橡胶带；8. 横向进给分秧支撑切割装置；9. 小型扶苗器；10. 栽植臂；
11. 平台与滑道间缝隙；12. 工作箱；13. 船板

栽植机工作时，动力由发动机通过皮带输入行走变速箱后，分两路输出：一路是经过变速后驱动行走轮，共有 3 个前进速度；另一路是与行走速度无关的独立输出量，通过动力输出轴进入工作箱驱动供秧系统和分秧系统，使其完成供秧、分秧和栽植运动。该机的工作过程是：将植质钵育钵苗放置在栽植机秧箱的栅板式橡胶带上，胶带由纵向进给轮通过工作箱输出的棘轮棘爪摆动动力驱动。栽植前，首先由人工将水稻植质钵育秧盘移动至栽植位置，此位置水稻植质钵育秧盘的横向由横向进给分秧支撑切割装置定位。栽植臂工作时驱动秧针进行分秧作业。与此同时，横向进给机构驱动秧箱带动秧盘进行横向进给，每插完一排机器自动进行纵向进给。由于该机械完成的分秧栽植是定量、精确过程，所以对栽植机纵横向进给、水稻植质钵育秧盘定位支撑及分秧时秧钵分离切割均需设置机构完成（宋来田，2000）。

10.2.1　横向进给机构改进

采用2ZT-9356 型插秧机为基础机型，主要通用件如秧箱、链箱、栽植臂等参数不变，但秧箱机构参数中原机分秧次数为 18 次，横向进给量 15.6mm，406 空穴水稻植质钵育秧盘分秧次数要求 14 次，横向进给量为 20mm，横向移动总量为 260mm，为此改进的任务之一是改变工作箱中双向螺旋轴的基本参数与相应量的结构，使其达到所要求的横向移动量（陈恒高，1996）。

10.2.2　纵向进给机构改进

为确保每排钵苗能同步精确进给，研制了专用的栅板式橡胶带，如图 10-2所示。该装置位于栽植机秧箱下方的秧门附近正中央，其带面为栅板形（陈恒高，1998）。

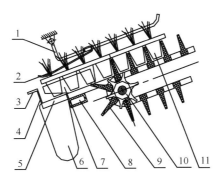

图 10-2　纵向进给机构（栅板式橡胶带）

Fig. 10-2　Vertical feed mechanism（grid plate type of rubber ring belt）

1. 长扶苗器；2. 小型扶苗器；3. 滑道；4. 秧门；5. 秧箱；6. 护秧舌；7、9. 栅板式橡胶带；
8. 方管；10. 栅板驱动轮；11. 分秧支撑切割装置

封闭的橡胶栅板分别套在秧箱背面的两根步进轴的驱动轮上，其动力由工作箱输出的摆动力，通过摆臂及棘轮机构提供（陈恒高，2005a，2005b）。橡胶栅板间距与水稻植质钵育秧盘上的钵块尺寸相吻合。每排钵块均与栅板啮合，并随胶带前进无相对滑差，进给准确。胶带的进给是靠胶带两边各有 1 排等距型孔，使进给轮爪插入其中。当进给轮转过 1 个角度（1 齿）时，通过轮爪拨动胶带前进 1 个行距，秧钵被推进 1 排。

10.2.3　横向进给分秧支撑切割装置

横向进给量的精确与否是分插过程中能否保证秧苗完整性的关键。为此，该机设置了专用横向进给分秧支撑切割装置（图 10-3）。横向进给量与水稻植质钵育秧盘上钵块的横向间距相等，是通过工作箱中双向螺旋轴的导程保证的。但若水稻植质钵育秧箱上的水稻植质钵育秧盘横向自由度太大，则严重影响栽植臂的准确分插。专用横向进给分秧支撑切割装置是由横向为等距排列的，并由垂直于秧箱上平面顺纵向布局的若干钢条组成，其间距亦等于钵块的横向间距。该装置位于秧箱的最下端秧门上方，通过螺钉固定在秧箱上。当水稻植质钵育秧盘纵向进给时，两个钵块之间缝隙可沿支撑切割钢条下滑，同时钵盘横向移动自由度受到限制，实现横向定位。当栽植臂的分秧爪在秧门处分秧时，其钵块因其两侧有钢条支撑，便形成有支撑切割，从而避免了钵块连带现象，使其顺利分秧并植入田间，有效地保证了立苗度和均匀度（陈恒高，2004）。

10.2.4　平台与滑道间缝隙

该机设有平台式秧门滑导（图 10-4），其平台略低于钵块高度。使钵块上部的平纸盘部分残余物由平台上方滑落到田间，平台与平台滑道之间有一定的缝隙，使滑道上的残余纸盘碎屑从缝隙中推出并落入田间，确保分插过程中产生的

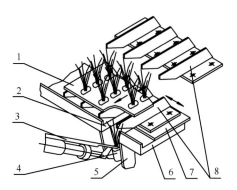

图 10-3　横向进给分秧支撑切割装置

Fig. 10-3　Horizontal feed into sub-fields to support cutting devices

1. 水稻植质钵育秧盘；2. 秧门；3. 栽植臂；4. 秧苗；5. 护秧舌；6. 秧箱；

7. 分秧支撑切割装置；8. 秧苗导向切割器

残留物不影响水稻植质钵育秧盘的纵向和横向进给。

10.2.5　栽植臂运动分析

1. 建立位移方程

秧苗载体采用的是水稻植质钵育秧盘，传统的机插育秧盘栽植时秧苗是由泥土承载的，前者分秧过程比较复杂，需要将秧钵与秧钵之间整体分离，分离过程实质上是撕裂过程，因此除了需要上述特殊装置之外，对栽植臂也进行了运动、速度和加速度的定量分析。

栽植臂可简化为如图 10-5 所示。

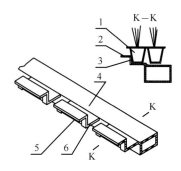

图 10-4　平台与滑道间缝隙

Fig. 10-4　Seam between platform and slideway

1、5. 水稻植质钵育秧苗；2、6. 平台；

3. 缝隙侧壁；4. 滑道

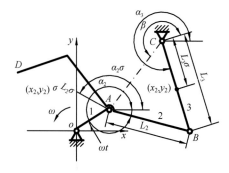

图 10-5　移栽臂简图

Fig. 10-5　Mechanism sketch of transplanting arms

向量方程为：$OA + AB = OC + CB$

$$\begin{cases} x_A = R\cos\omega t \\ y_A = R\sin\omega t \end{cases} \quad (10\text{-}1)$$

$$\begin{cases} x_B = x_C + L_3\cos\alpha_3 = x_A + L_2\cos\alpha_2 \\ y_B = y_C + L_3\cos\alpha_3 = y_A + L_2\sin\alpha_2 \end{cases} \quad (10\text{-}2)$$

其中 α_2 和 α_3 为未知数，将式（10-1）和式（10-2）联立后得

$$(x_C - x_A)^2 + (y_C - y_A)^2 - L_2^2 + L_3^2 + 2L_3[\cos\alpha_3(x_C - x_A) + \sin\alpha_3(y_C - y_A)] = 0$$

设

$$\mathrm{tg}\,\beta = \frac{y_A - y_C}{x_A - x_C}$$

$$\cos(\alpha_3 - \beta) = \frac{L_3^2 + (x_A - x_C)^2 + (y_A - y_C)^2 - L_2^2}{2L_3\sqrt{(x_A - x_C)^2 + (y_A - y_C)^2}} \quad (10\text{-}3)$$

$$\cos(\alpha_3 - \beta) = A$$

$\alpha_3 - \beta$ 为 $0 \sim \pi$，α_3 可求解（从略）。

2. 建立速度方程

A 点：

$$\begin{cases} x'_A = -R\omega\sin\omega t \\ y'_A = R\omega\cos\omega t \end{cases} \quad (10\text{-}4)$$

B 点：

$$\begin{cases} x'_B = x'_A - L_2\alpha'_2\sin\alpha_2 \\ y'_B = y'_A + L_2\alpha'_2\cos\alpha_2 \end{cases} \quad (10\text{-}5)$$

OA 质心：

$$\begin{cases} x'_1 = -R_1\omega\cos\omega t \\ y'_1 = R_1\omega\sin\omega t \end{cases} \quad (10\text{-}6)$$

AB 质心：

$$\begin{cases} x'_2 = x'_A - L_2\alpha'_2\sin(\alpha_2 + \alpha_{2A}) \\ y'_2 = y'_A + L_2\alpha'_2\cos(\alpha_2 + \alpha_{2A}) \end{cases} \quad (10\text{-}7)$$

BC 质心：

$$\begin{cases} x'_3 = -L_{3C}\alpha'_3\sin\alpha_3 \\ y'_3 = L_{3C}\alpha'_3\cos\alpha_3 \end{cases} \quad (10\text{-}8)$$

BC 杆角速度：

$$\alpha'_3 = \frac{x'_A\cos\alpha_2 + y'_A\sin\alpha_2}{L_2\sin(\alpha_2 - \alpha_3)} \quad (10\text{-}9)$$

AB 杆角速度:

$$\alpha'_2 = \frac{x'_A\cos\alpha_3 + y'_A\sin\alpha_3}{L_2\sin(\alpha_2 - \alpha_3)} \tag{10-10}$$

3. 建立加速度方程

A 点:

$$\begin{cases} x''_A = -R\omega^2\cos\omega t \\ y''_A = -R\omega^2\sin\omega t \end{cases} \tag{10-11}$$

OA 质心:

$$\begin{cases} x''_1 = -R_1\omega^2\sin\omega t \\ y''_1 = -R_1\omega^2\cos\omega t \end{cases} \tag{10-12}$$

BC 角加速度:

$$\alpha''_3 = \frac{C_1\cos\alpha_2 + C_2\sin\alpha_2}{L_3\sin(\alpha_2 - \alpha_3)} \tag{10-13}$$

AB 角加速度:

$$\alpha''_2 = \frac{C_1\cos\alpha_3 + C_2\sin\alpha_3}{L_2\sin(\alpha_2 - \alpha_3)} \tag{10-14}$$

通过对栽植臂的运动、速度和加速度的分析与实际试验求出的运动轨迹，按实际轨迹制造出适合植质钵育栽植时的栽植臂护秧导轨，使栽植后的立苗率、空穴率等指标均达到或超过国家标准，如表 10-1 所示。

表 10-1 2ZT-9356 型插秧机主要技术参数

Table 10-1 Main parameter of 2ZT-9356 type transplants machine

项目	设计值	测试结果
整机质量/kg	290	286
配套动力/kW	2.4	2.4
栽植行数/行	6	6
行距/mm	300	300
穴距/mm	120	116
栽植深度/mm	—	11
伤秧率/%	≤4	1.8
勾秧率/%		2.0
漏插率/%	≤5	3.2
全漂率/%		0
翻倒率/%		7.2
均匀度合格率/%	≥85	94.6

10.3 基于东洋和洋马系列高速插秧机水稻植质钵育栽植机的改进

以 2ZT-9356 型插秧机为基础机型改进的 2ZD-6 型水稻植质钵育栽植机虽然能够很好地满足水稻植质钵苗的移栽需要（高连兴和赵秀英，2002），但也存在着速度低和结构改进困难（需要专业人士）等问题。为解决这一问题，课题组依据国外插秧机横向进给要求，一方面对水稻植质钵育秧盘结构进行调整，另一方面为适应高速插秧需要对秧针进行了改进，从而达到只需更换秧针即可满足水稻植质钵苗移栽的需要，达到一机两用的目的。

10.3.1 水稻植质钵育秧盘的改进

原有的水稻植质钵育秧盘为了满足 2ZD-6 型水稻植质钵育栽植机需要，即横向 14 行，就需要对原有插秧机纵向进给机构进行改进，这很难做到，需要专门的机构和人士才能够做到。为此，转变思路，将水稻植质钵育秧盘横向设计为 18 行，只需要对成型模具进行改造即可，原有的水稻植质钵育秧盘成型工艺不需进行任何改进。

10.3.2 秧针改进

传统秧针（图 10-6）在剪切水稻植质钵育秧盘时，由于水稻植质钵育秧盘构造材料与传统育秧载体不同，在高速运行的环境下，传统秧针容易损坏，剪切效果较差。在此情况下，需要对传统秧针进行改进。新型秧针如图 10-7 所示。

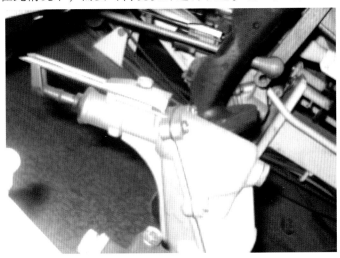

图 10-6　传统秧针

Fig. 10-6　Traditional seedling needle

图 10-7　新型秧针

Fig. 10-7　New seedling needle

新型秧针在切口开度、剪切角度方面均进行了改进。

10.4　小结

（1）该项研究以稻草为原料制造钵育秧盘，以稻壳为原料进行育秧，解决了育秧用土短缺的问题，并保护了自然生态环境，是一种促进水稻种植绿色化的先进技术。

（2）创新设计出水稻植质钵秧栽植的机械，并按照钵苗栽植机的总体设计要求进行了纵向进给机构改进、对进给滑差采取防止措施、对钵块的横向定位与切分秧钵的支撑结构进行改进、对纵向进给中分切秧钵后残余物进行处理，完成了试验和试制工作。

（3）分析了影响空穴率、立苗率的主要原因，通过对栽植机构的运动分析设置相应的导苗机构，并通过栽植机的生产性试验，达到和超过了技术标准。

参 考 文 献

陈恒高.1996. 机制钵苗式水稻抛秧机的研究. 农业机械学报，27（3）：47-49.

陈恒高.1998. 机械手式水稻抛秧机的研究. 农业机械学报，29（3）：48-52.

陈恒高.2004. 水稻植质钵育栽植技术的探讨. 黑龙江八一农垦大学学报，16（3）：37-41.

陈恒高.2005a. 钵育水稻栽秧机分秧进给机构的设计. 机械设计与制造，171（5）：87-88.

陈恒高.2005b. 新型水稻栽植机的研究. 黑龙江八一农垦大学学报，17（4）：39-41.

陈恒高 . 2007. 水稻植质钵育栽植机栽植机构的研制 . 现代化农业，34（11）：37-38.

高连兴，赵秀荣 . 2002. 机械化移栽方式对水稻产量及主要性状的影响 . 农业工程学报，18（3）：45-48.

蒋彭炎，姚长溪 . 1981. 水稻稀播少本插高产技术的研究 . 作物学报，7（4）：241-242.

宋来田 . 2000. 水稻钵秧行抛机的研究 . 农业工程学报，16（2）：72-74.

汪春，张锡志，丁元贺，等 . 2003. 水稻植质钵育乳苗机械栽植技术的研究 . 黑龙江八一农垦大学学报，15（3）：40-43.

第11章 水稻植质钵育机械化栽培技术操作规程

在水稻植质钵育秧盘、水稻植质钵育秧盘播种机及栽植机研制成功的基础上，经过多年田间试验，总结各环节操作流程，最后形成成熟的水稻植质钵育机械化栽培技术操作规程。本章将详细介绍水稻植质钵育机械化栽培技术体系从育秧到本田管理各个环节的具体操作。

11.1 育秧准备

11.1.1 选地

要求选择地势较高且平坦、背风向阳、有充足水源、便于集中管理的秧田地。如果在本田内设置秧田地，也要修出高于地面50cm的高台，秧田的四周要挖截水沟、排水沟。

11.1.2 做床

要秋整地、秋做床。在秋收后进行粗耕整平，粗糙表面越冬，以改善土壤理化性状；在结冻前按育苗棚型确定好苗床的长、宽，拉线修成高8~10cm的高床。大棚要在结冻前打好埋柱孔眼，做好准备。春季再细致整平，做到床面平坦，无大土坷垃和残枝落叶，设置3级排水沟，做到沟沟相通。

11.1.3 苗棚

钵苗培育，最好选用钢骨架大棚，大棚、中棚棚膜最好由3块（顶膜1块、裙膜2块）构成，便于通风管理和培育壮苗。秧田苗床面积一般按照本田插秧面积的1/80比例确定，稀植栽培时可大些，反之小些。要在播种前20天扣好大棚。一般3月10日前扣好大棚，要求使用3膜覆盖，促使床土、盘土化冻及增温。

11.1.4 置床

按棚型设计面积做床，植质钵苗与常规秧苗生长一样，要求能够及时从苗床土及置床土中吸收养分和水分，因此要求置床平整度较高，以保证植质钵盘底面与床面都能充分接触，同时置床要进行浇底水、消毒、调酸和增施营养元（方法与用量同常规置床）。做好置床后，在置床上要铺一层断根网再摆植质钵盘。

11.1.5　育秧土

1. 土质选择及有机肥含量要求

底土一定要加有机肥或草炭，否则若土壤砂性较强将影响机械播种质量。土和有机肥要过 4mm 筛，按土与有机肥（或草炭）3∶1 或 4∶1 的比例混合配成营养土。

2. 底土配制

盘土要求调酸、消毒、施肥。选用营养齐全、调酸消毒效果好的壮秧剂，按说明书用量与营养土进行均匀混拌制成底土盖好待用，底土用量约为普通子盘旱育苗用土量的 1/2（加覆盖土后全盘用土量 1.5kg 以上）。不用壮秧剂则每平方米施用 46.4% 尿素 13g、46% 磷酸二铵 33g、50% 硫酸钾 17g 进行调肥；调酸则用 98% 硫酸将盘土酸度调至 pH4.5～5.5。施用土壤杀菌剂（移栽灵、30% 土菌消、3% 育苗灵、30% 瑞苗清等）进行底土消毒，以防立枯病。

3. 底土水分调整

由于使用机械装底土，所以底土一定要过筛、不可过湿。底土的水分含量应调至 22% 左右，用手攥成团，落地散成 2～3 块为宜。

11.2　种子处理及播种

要想培育健壮的钵育秧苗，优良种子是关键。

11.2.1　品种选择

水稻植质钵育苗与以往塑料钵盘育苗相同，应以适应本地的可用于钵育大苗的高产、优质、综合抗性好的早熟、中熟品种。品种选定后，对种子一定要做发芽试验。种子在出库前后各做一次发芽试验，种子的发芽率应确保在 90% 以上。

另外，要选晴天晒种 2～3 天，可平衡水分使吸水发芽整齐、提高发芽率和发芽势，同时有消毒的作用。

11.2.2　盐水选种

种子晒好后，要严格进行盐水选种，盐水的相对密度 1.13，方法是用 100kg 水加 25kg 大粒盐。测定盐水的相对密度，可在配制好的盐水中放入新鲜鸡蛋，鸡蛋横卧水面露出 3cm 为宜。此时，将种子倒入调好的盐水中充分搅拌，捞出飘浮的空秕粒，再将沉在下面的饱满种子捞出，用清水洗两遍。选好一批种子后，选下批种子时要适当加盐加水，使盐水相对密度保持 1.13，以确保选种质量。

11.2.3 浸种消毒和催芽

浸种时间按 4 月 1 日的播种要求进行。100kg 选好的种子用 25% 咪鲜胺（施保克、使百克）25ml 兑水 125kg 浸种、消毒，浸种温度控制在 11～12℃。浸种时间 7～8 天（需积温 80～100℃）。若使用烘干的种子则浸种时间应延长，至少延长 1～2 天。应用智能化集中浸种、催芽设施，以确保浸种条件及种子萌动质量。浸好的种子，透过颖壳可以看到胚，用手能碾成粉状，没有生心。

通过 30～32℃ 高温破胸、25℃ 适温催芽使幼根、幼芽长度控制在 1mm 左右，不要超过 2mm，露白后在 25℃ 左右催芽，为保证播种质量需凉芽，提高播种精确度和防止种子幼根或幼芽受伤。

11.2.4 播种期

水稻植质钵育大苗要适时早播，要求在 4 月 1 日（插秧前 35～40 天）播种，通过 3 膜覆盖等提升温度的方法，使棚内温度达到粳稻出苗的最低要求（12℃）。

11.2.5 播种量

要严格控制水稻植质钵育苗的播种量。播种量以每穴 3～5 粒为好，每穴粒数少，才能育出健壮的钵苗，提高钵苗的素质。

11.2.6 摆盘

置床经调酸、消毒、浇足底水后，趁湿将水稻植质钵育秧盘摆在放有断根网的置床上，植质钵盘要摆放整齐，不出现空隙，盘底要与置床紧密接触，边缘用细土封好。然后进行机械装盘土、浇底水、播种、覆土、封闭除草，封闭除草用法用量与常规钵育苗相同。推荐的除草方法为：可选用目前较常用、较安全的苗床封闭除草剂如 50% 杀草丹，用法是每亩用 50% 杀草丹 300～400ml 加水 10～15L 喷雾。注意喷药要匀。

按计划要求的密度进行播种，要求播得均匀，播后覆土厚 0.7cm 左右。

11.2.7 覆地膜及扣棚

封闭除草后及时盖好地膜，同时扣小棚（要求棚高 80cm 以上），以增温保湿。

11.3 秧田管理

11.3.1 壮苗标准

采取早扣棚、早播种、精量稀播的措施，按旱育规范去操作，就能培育出带蘖大壮苗。大壮苗的素质标准是：育苗天数 35～40 天；叶龄 4.1～4.5 叶；株高 15～16cm；秧苗带蘖 1 个；秧苗根数 16～17 条，不少于 13 条。从出苗到移栽前是秧田管理时期，重点要抓好温度、水分和植保管理。

11.3.2　温度和水分管理

为培育壮苗必须抓住如下 5 个关键时期，调节好温度、水分，做好施肥、防病等工作。

1. 种子根发育期：播种后出苗，7～9 天

种子根发育的好坏对秧苗素质的影响很大，所以此时关键是促进种子根的发育，保证每一株苗都有一条健壮的根，及时揭地膜。

这一时期管理重点是促进种子根长粗、根伸长、须根多、根毛多，吸收更多养分，为壮苗打下基础。此期除个别过干处需补水外，一般不浇水；如床面有积水，要散墒；发现覆盖土被苗抬起时应趁土未干燥时，及时敲落或浇水使其落下；露籽处覆土补水。

温度管理是以封闭保温为主。提早播种，要采用双层棚膜的大棚或采取增温措施；棚温控制在 30～32℃，超过 35℃时要开口通风，最低温度不低于 10℃。

2. 第 1 完全叶伸长期：1 叶露尖至叶枕抽出，5～7 天

在此期间，水稻秧苗正在进行第 1 叶鞘和第 2 叶片的伸长，同时鞘叶节上将长出 5 个分蘖。此时若遇高温、高湿环境，第 1 叶鞘和第 2 叶片将大幅度加长形成徒长苗；此时苗床若温度过低或湿度过大将阻碍鞘叶节根发出，所以应注意调温控水工作，确保第 1 叶鞘高度在 2.5cm 以内，第 2 叶长度在 5cm 以内，到第 1 叶展开时鞘叶节上发出 5 条根。此期管理重点是棚温一般控制在 25～22℃，最高温度不超过 28℃，最低温度不低于 10℃，温度超过 25℃时，应及时通风。

日照强的天气，苗盘温度容易过高，要经常检查，及时通风降温。通风方法是从棚的肩部开口通风换气，控制温度不超过 25℃。苗棚不能遮阴，充足的阳光是非常必要的。

水分管理原则是：盘土既不能过干也不能过湿，过干将阻碍生长，而过湿又导致鞘叶节根发育不良，故一般早晨要浇足水，白天过于干燥可补水，但要避免傍晚浇水，防止夜间水分过多。补水时水温最好在 16℃ 以上。

齐苗以后调温控水十分重要，补水时以早晨浇水、傍晚干爽为宜，晴天中午苗钵干燥发白应补水，同时进行通风。从出苗开始就要防止秧苗的徒长，避免低温和夜间水分过多，有日照时，应注意通风炼苗。

3. 离乳期：2 叶露尖至 3 叶展开，12～15 天，经历 2 个叶龄期

水稻秧苗长至第 1 叶完全展开后，胚乳残留量仅有 50% 以下，胚乳营养供给

量越来越少，至第 3 叶完全展开，胚乳完全消尽，所以第 2、第 3 叶长出过程可看作是离乳期。此时秧苗地上部将长出第 2、第 3 片叶，地下部不完全叶节发根；同时，此期是秧苗抗逆性最差的时期，高温易导致秧苗体内营养的过分消耗，低温下水分过多，根系发育不良，高温多水容易发生徒长，易发立枯病。这一时期应避免环境因素的急剧变化，如高温、低温、干燥等。低温时应避免夜间水分过多。所以，秧田管理的重点是调温、控水、施肥、防病。通过调温，防止秧苗徒长，确保第 1～2 和第 2～3 两叶枕间距在 1cm 左右，地下部促发不完全叶节根 8 条；防止秧苗脱肥和立枯病的发生。

调温：2 叶期棚温控制在 25～22℃、3 叶期棚温控制在 22～20℃，最高温度不超过 25℃，最低温度不低于 10℃；特别是在 2.5 叶期，温度不宜超过 25℃，以免出现早穗；要据天气温度变化情况多设通风口。通风方式为：以肩部通风换气为原则，随着秧苗生育进程的推移，要逐步加大通风量，同时注意防风，高温强风天气，应在避风侧通风。

控水：尤其应避免低温天气夜间水分过多，以促进不完全叶节长出较多的根。床土表面发白或中午稻叶卷曲、早晚叶尖吐水少或不吐水，即应进行浇水。浇水时间以晴天的早晨和上午为宜。

施肥：由于钵盘体积有限，植质钵盘保肥能力强，易表现脱肥症状，故当秧苗长至 1 叶 1 心、2 叶 1 心、3 叶 1 心时应进行秧田施肥，每平方米用硫酸铵 30g 兑水 3～6L 浇施或每盘用尿素 2～3g 兑水 100～200 倍，施后喷清水清洗叶片。可结合浇水进行。

4. 第 4 叶长出期：4 叶露尖到展开，6～8 天

秧苗 3 叶龄后，进入旺盛生长时期，管理目标是防止第 3、第 4 叶耳间距过分拉长，应控制在 1cm 左右。

进入 4 叶龄后，温度应控制在 18～20℃；秧苗在 3.5 叶以后，进入旺盛生长时期，温度应控制在 17～20℃；进入练苗后期，棚内最高温度不宜超过 20℃，这一时期以裙部换气为主，异常低温天气，应在两肩部换气，在晴天时要充分进行通风换气，进行低温炼苗，温暖的夜晚要进行肩部换气，使秧苗尽快硬化，但要注意防止霜害。在移栽前 4～6 天苗棚应全部打开，使棚内温度逐渐与环境温度接近。

此时钵内秧苗根多，易造成缺水，应及时补水，否则会出现秧田停止分蘖或停止发根的现象，及时浇水是十分重要的。植质钵盘由于持水能力强，表现出了较强的缓冲性，可减少浇水次数。同时应避免低温天气和夜间水分过多，在不使秧苗蔫萎的前提下，不浇水利于根系发育，可达到蹲苗壮根的目的，移栽后返青快、分蘖早。

5. 移栽前准备期

移栽前一天做好"秧苗三带"：一带药防潜叶蝇。二带增产菌壮苗促蘖，可选用不同配方，每 100m² 苗床用 70% 艾美乐 4g+益微 150g 或康凯 30g 喷雾；或每 100m² 苗床用 25% 阿克泰 6～8g+益微 150g 或康凯 30g 喷雾；或每 100m²30% 呋喃丹 1500g。三带肥：每平方米追施磷酸二铵 125～150g，追肥后浇水。

起苗前几日不要浇水过多，少浇水使水稻植质钵育秧盘硬化，防止其过湿过重造成起盘时搬运不便或水稻植质钵育秧盘断裂。注意不要使秧苗长时间被大风直接吹，以免秧苗受害。

11.4　病虫草防治

11.4.1　草害防除

防除草害，每 100m² 苗床用 50% 杀草丹 30～45ml + 20% 敌稗 45～75ml，水稻苗后、稗草 1.5～2 叶期前施药；或每 100m² 苗床用 96% 禾大壮 15ml + 48% 排草丹（灭草松）25 ml，水稻苗后、稗草 3 叶期前施药；或每 100m² 苗床用 10% 千金 6～9ml，水稻苗后、稗草 3 叶期前施药；或每 100m² 苗床用 10% 千金 6～9ml + 48% 排草丹（灭草松）25ml，水稻苗后、稗草 3 叶期前施药。

11.4.2　病害防治

主要是防治立枯病，方法为：在秧苗 1 叶 1 心、2 叶 1 心时，浇施 pH4.5 左右的酸水各一次（3L/m²），预防病害，可结合补水施肥进行。在秧苗 1.5 叶和 2.5 叶龄期，各喷施杀菌剂（移栽灵、30% 土菌消、3% 育苗灵、30% 瑞苗清等）一次，用量按普通盘育苗的 2/3 计算。

11.4.3　虫害防治

在移栽前一两天，每 100m² 苗床用 70% 艾美乐 4g+益微 150g 或康凯 30g 喷雾；或每 100m² 苗床用 25% 阿克泰 6～8g+益微 150g 或康凯 30g 喷雾；或每 100m² 30% 呋喃丹 1500g，防治本田潜叶蝇为害。

11.4.4　苗床防鼠

播种后在苗床四周撒鼠药。

总之，在一定技术允许范围内，温度宁低勿高、水分宁少勿多，同时要早炼苗、炼小苗、低温炼苗，按壮苗标准控制好秧苗的生长，就能培育出带蘖的健壮钵育秧苗，为高产优质奠定基础。

11.5 本田管理

从钵苗移栽开始就进入了水稻的本田管理。本田建设与耕作栽培管理的规范化是实现高产优质的保障。本田管理要实施以叶龄为指标的计划管理，即以水稻主茎叶龄来表达水稻的生育进程，并要求水稻的叶龄进程要与农时季节相吻合。农时措施要以主茎叶龄为指标来实施，从而确保安全抽穗期。

11.5.1 本田建设与耕作规范化

水田田间灌排体系要配套，实现单排单灌，降低地下水位，提高通透性。若排水不良、稻田冷僵，则根系发育不好。串灌问题很多，如排水不畅，调控手段不能及时应用，除草剂、肥料分布不均，稻田温度分布不均等，导致水稻生长发育进程、长势长相差异大。

关于耕层深度，15～20cm 比较理想，过深不利于机械作业，保水性差；过浅，通透性不良、根系生长空间小，保水保肥能力差，水稻养分供应不平稳，多年生杂草日益严重。老稻田产量低的主要原因是耕层变浅。要注意地力培肥与维持，秸秆还田 3 年后尿素施用量可降至 90～120kg/hm^2。但第一年还田时会产生秸秆分解与水稻生长争氮的问题，要注意氮肥的施用。此外，秸秆直接还田，未腐熟有机质一次性过多进入土壤，易产生土壤还原性过强的问题，有条件的情况下最好进行秸秆堆腐还田。结合水稻保护性耕作栽培技术的实施，进行秸秆表面还田将有更好的水稻产量。

11.5.2 本田管理规范化

1. 移栽前本田的准备

本田准备同常规生产。

2. 本田基肥施用

与常规施肥相比，宜减少基肥氮用量，比常规减少 25%～30%，占全生育期用氮量的 30%，磷肥全部施入，钾肥占全生育期的 60%。将基肥混匀后于最后一次水耙地前施入，进行全层施。

3. 栽植密度及栽植方式

钵育苗移栽是利用 4 叶以上的大苗，没有植伤、初期生育旺盛、保证个体有足够的生长空间是高产优质的重要条件，与常规栽培方法相比，密度应适当减少，寒地钵苗的栽植密度为 25～30 穴/m^2。

植质钵苗移植的方式是采用换装植质钵育栽植专用秧针的洋马、东洋等六行快速插秧机进行机械栽植，秧苗栽植深度以 2cm 为宜，最深不得超过 3cm，栽植过深影响分蘖。机械栽植较人工插秧省时、省力、工效高、均匀质量好。

植质钵苗栽植由于是带钵体一同移栽，秧苗根系无植伤，移栽后根系很快可以发挥吸水、吸肥的作用，所以钵苗移栽没有缓苗现象，这与普通移栽方式大部分根受损待发出新根后秧苗才能继续生长是明显不同的。

4. 栽植时期

适时早栽是寒地水稻优质高产的保障，当日平均气温稳定通过 13℃时即可移栽，5 月 15～25 日是寒地水稻的最佳移栽时期，钵育秧苗素质好，可适当早栽。

5. 返青期、分蘖期诊断与管理技术

水稻分蘖期生长经历了返青、有效分蘖和无效分蘖的发生及营养生长转向生殖生长的过程。在寒地，分蘖期叶龄进程晚限为 11 叶品种 6 月 10 日最晚要达 6 叶龄，6 月 15 日 7 叶展开，6 月 20 日 8 叶展开，6 月 27 日前 9 叶展开（12 叶品种 9 叶在 6 月 25 日前展开，10 叶在 7 月 2 日前展开）。11 叶品种 7.5 叶龄后、12 叶品种 8.5 叶龄后进入生育转换，开始幼穗分化。

分蘖期叶龄及分蘖进程：水稻返青后平均 4～5 天增加一个叶龄，需活动积温 85℃左右。11 叶品种进入 4 叶龄，1 叶节上有部分分蘖发生；5 叶龄（12 叶品种为 6 叶龄）田间茎数达计划茎数的 30% 左右；6 叶龄（12 叶品种为 7 叶龄）田间茎数达计划茎数的 50%～60%，其中 5.5 叶龄和 6 叶龄（11 叶品种为 5.5 龄，12 叶品种为 6 叶龄）为分蘖盛期，是争取有效分蘖的关键时期；7 叶龄（12 叶品种为 8 叶龄）田间茎数达计划茎数的 80%，这时晾田控制无效分蘖；7.5 叶龄（12 叶品种为 8.5 叶龄）前后，田间茎数达计划茎数。

分蘖期栽培管理目标：壮苗、浅插、保水，力争水稻早返青；浅水增温、早施蘖肥，确保水稻叶龄进程，促进分蘖早生快发，在有效分蘖临界叶龄期基本达到计划茎数，及时控制无效分蘖，及时转入幼穗分化。

1）分蘖期灌溉增温

返青后浅灌增温，水层深度 3～5cm，灌溉水温不低于 16℃。田间穗数达计划穗数的 80% 左右时，晾田或晒田控制无效分蘖，达到晾田标准恢复灌溉，防止幼穗分化期土壤干裂。盐碱地不宜晒田。

2）按叶龄施用分蘖肥

分蘖肥基本可以不施或少施，应视苗情而定。蘖肥用量为全生育期氮肥用量的

20%~30%。分蘖肥要求早施，可分两次进行：第一次施分蘖肥总量的70%~80%，于栽植后2~3天施用；第二次施分蘖肥总量的20%~30%，11叶品种于5.5叶龄、12~13叶品种于6.0叶龄施于色淡、生长差、分蘖少处。机插侧深施肥免施分蘖肥，因为已同基肥一同施入。

3）分蘖期病、虫、草防治

预防水稻赤枯病、细菌性褐斑病、胡麻斑病、水稻潜叶蝇、负泥虫等。插秧前水整地后第一次封闭灭草，选择安全性高、防效好的除稗剂，如50%瑞飞特、30%阿罗津等。用毒土法施用，水层3~5cm，保水5~7天，等水自然渗降成花达水时进行插秧。插秧后10~20天，根据苗情、草情进行第二次灭草，选择安全性高的杀稗剂，与防治阔叶杂草的除草剂如太阳星等混配，采用毒土法，水层3~5cm，保水5~7天。

4）分蘖期叶长、叶态、叶色

此期叶片长度依次呈递增规律，增幅为5cm左右，叶耳间距逐渐拉大，返青后叶色逐渐加深，至6叶龄达到青绿色，叶态弯披，功能叶叶色较叶鞘深，至7叶龄（12叶品种为8叶龄）后叶色平稳略浅。

5）分蘖期生长异常及其调控措施

分蘖期生育延迟：由苗弱、插秧过深、低温、药害、虫害等造成生育延迟。在栽培过程中应注意规范操作，早施分蘖肥，同时注意及时灌浅水和井水增温。由药害等原因造成生育延迟时，应换水，并喷施天然芸薹素或解毒降残剂等，解除药害，注意及时防治病虫草害。

分蘖期生育不足：主要表现是植株矮小、叶色浅淡、茎数不足、生长量不够。可能的原因是耕层过浅、土壤漏水、水温低、地温低、氮磷钾缺乏或由病、虫、草、药害所造成。要弄清原因，采取针对性措施，同时注意井水增温浅灌，防渗漏。在前期氮肥已足量施用的情况下，因低温影响，不可增氮促长。

分蘖期生长过旺：施用氮肥过多，而导致叶片过长、叶色过浓、生育转换前叶色不退，应提早进行晾田或晒田。

6. 生育转换期诊断与管理技术

生育转换期叶龄进程晚限：11叶品种，6月15日达7叶，6月20日达8叶，6月27日达9叶。12叶品种10叶定型最晚界限为7月2日。

生育转换期栽培管理目标：在前期早发基础上，控制无效分蘖，提高成穗率，争取秆粗、穗大；调整氮素，控制营养生长，确保适时完成生育转换，为搭好水稻高产架子和安全抽穗奠定基础。

1）生育转换期的灌溉

11 叶品种 7 叶龄（12 叶品种为 8 叶龄）田间穗数达计划穗数 80% 左右，晾田控蘖，抑制氮肥吸收，使叶色平稳退淡，以顺利完成生育转换。

2）生育转换期的调节肥（接力肥）

11 叶品种 7.1~8.0 叶龄（12 叶品种为 8.1~9.0 叶龄），防止中期脱氮，施肥量为全生育期施氮量的 10%~20%，根据功能叶片（11 叶品种为 6 叶、12 叶品种为 7 叶）颜色酌施调节肥，当功能叶叶色较浓、叶尖下垂时不施；当功能叶上半部叶色退淡时，施全生育期用氮量的 10%；当功能叶叶色全部退淡时可施全生育期用氮量的 20%。

3）生育转换期的植保

预防水稻叶瘟病的发生，继续搞好负泥虫及田间杂草防治，同时进行稻瘟病的预测预报，及时防治。

4）生育转换期的叶长、叶态、叶色

11 叶品种叶龄第 9 叶（12 叶品种第 10 叶）时叶片长度达最长（倒 3 叶），几年高产攻关结果表明高产典型的叶长序发生了变化，表现为：倒 2 叶 ≥ 倒 3 叶；功能叶（11 叶品种为 7 叶，12 叶品种为 8 叶）颜色不深于叶鞘颜色，退淡不超过 2/3，叶态为弯挺。

5）生育转换期生长异常的诊断

生育转换期叶龄进程晚限：正常条件下最晚在 6 月 15 日前应达到 7 叶龄，6 月 20 日达 8 叶龄，如遇低温寡照，叶龄进程将会变晚拖后；遇高温条件叶龄进程将提前。

此期药害症状主要表现是心叶筒状、扭曲、黑根、抑制生长、不分蘖等。解救措施：喷施叶面肥（爱丰、丰业等）；喷施天然芸薹素或康凯等；施生物肥。推荐使用解毒降残剂。

生育转换期的增叶与减叶现象：在营养生长期由于高温、密播、苗弱、苗老化、密植、晚栽、成活不良、氮素不足等原因，会出现减叶现象，使幼穗分化提前一叶；在低温、稀植、氮素过高的情况下会出现增叶现象，使幼穗分化拖后一叶。

减叶：11 叶品种于 7~8 叶龄（12 叶品种于 8~9 叶龄）连续数日在全田不同 10 处取样，每处取主茎 2~3 个剥出生长点，若见生长点已变成幼穗，出现苞毛即可确定减叶。

增叶：11 叶品种于 8～9 叶龄（12 叶品种于 9～10 叶、13 叶品种于 10～11 叶）采用同样方法观察，若生长点未变成幼穗，即可确定增叶。

50% 以上减叶，穗肥可提早 2～3 天施用；50% 以上增叶，穗肥可延迟 2～3 天施用。叶增减 10%～20% 的，穗肥按常规施用。

7. 长穗期诊断与管理技术

长穗期生育进程晚限：11 叶品种 6 月 20 日达 8 叶龄，12 叶品种 6 月 25 日达 9 叶龄，此后，平均 7 天增加一个叶片。11 叶品种，到 7 月 11 日叶龄达 11 叶，7 月 20 日达出穗期；12 叶品种 7 月 16 日叶龄达 12 叶，7 月 25 日前达出穗期。

11 叶品种 6 月 17 日达 7.5 叶龄（12 叶品种 6 月 23 日达 8.5 叶龄），开始进入幼穗分化期，若发生减叶现象，将提前一个叶龄进入幼穗分化；若发生增叶现象，将推迟一个叶龄进入幼穗分化。

11 叶品种 6 月末、7 月初随 10 叶的伸出（12 叶品种 7 月 2～9 日 11 叶伸出）基部第一节间开始伸长。

剑叶露尖为封行适期。

倒 1 叶与倒 2 叶叶耳间距在 ±10cm 时为减数分裂期，叶耳间距在 ±5cm 时为小孢子初期，即低温最敏感时期。

11 叶品种 7 月 12 日（12 叶品种 7 月 17 日）剑叶叶枕露出开始进入孕穗期，约经 9 天，即 7 月 21 日（12 叶品种 7 月 26 日）达到抽穗期。

始穗至齐穗期需 8 天左右。

长穗期栽培管理目标：促进水稻健壮生育，构建高光效群体，协调个体与群体矛盾，壮秆促大穗，防御障碍型冷害，确保适期安全抽穗，提高穗粒数，结实率和千粒重。

1）长穗期的灌溉

既要保证水稻生长发育，又要满足水稻对水的需求，还要防止土壤过分还原，产生黑根、烂根现象。同时要在低温敏感期预防障碍型冷害。

在减数分裂期以前实施间歇灌溉，灌水深度为 3～5cm，自然落干至地面无水、脚窝有水，再补水 3～5cm。

进入减数分裂期，若有 17℃ 以下低温，灌深水防冷害，水深 17cm 以上，水温在 18℃ 以上，剑叶叶耳间距 ±5cm 以后恢复间歇灌溉，至始穗期实施浅水灌溉。

2）长穗期施肥

长穗期施肥的主要环节是在抽穗前 20 天，倒 2 叶长出一半（11 叶品种 9.5 叶、12 叶品种 10.5 叶）时追施穗肥。一般穗肥分两次施用：第一次于倒 2 叶长一半后施用，占总穗肥用量的 70%~80%；第二次在抽穗前 10~13 天（剑叶即将展开）时施用 20%~30%。

施肥量为全生育期施氮量的 20% 和全生育期施钾量的 40%。

施肥时要做到三看：一看拔节黄，叶色未褪淡不施，等叶色褪淡再施；二看底叶是否枯萎，如有枯萎，说明根系受损，可先撤水晾田壮根，然后再施穗肥；三看水稻有无病害（稻瘟病），如有病害，可先用药防治再施穗肥。

3）长穗期植保

防治水稻叶部、穗部病害。

稻瘟病防治选用 2% 的加收米；叶鞘腐败病及小球菌核病防治选用 25% 的施保克；纹枯病防治选用 30% 爱苗乳油等，水稻健身防病相结合，坚持预防为主、综合防治的方针。

AA 级绿色稻米，其病害要选用生物农药进行防治。

4）长穗期的叶长、叶色、叶态、茎秆与株高

11 叶品种第 9 叶长度最长达 35cm 左右（12 叶品种 10 叶最长达 40cm，其后以 5cm 的进程递减），剑叶长度为 25cm 左右（12 叶品种为 30cm 左右）。近几年高产攻关结果：后 4 叶的叶长序为：倒 2 叶≥倒 3 叶>倒 1 叶>倒 4 叶；叶面积指数应达到 6 以上；后 4 叶的叶态为弯、弯、挺、挺。

若穗分化期氮素含量过高，叶色过浓，会导致 11 叶品种第 10 叶（12 叶品种为 11 叶）乃至剑叶过长。此期正常的叶色变化是拔节期叶色平稳褪淡，孕穗期叶色转浓。叶态为倒 4 叶、倒 3 叶弯，倒 2 叶、倒 1 叶挺。

若拔节期叶色不褪淡，呈一路青现象，将有倒伏、无效分蘖多、上部叶片弯披、群体郁闭、贪青晚熟之危险，若叶色过淡将导致穗粒数明显减少。

茎秆粗壮，株高和节间长度适宜是良好的长相。标准是：幼穗分化期达定型株高的 55% 左右，孕穗期达 75% 左右，齐穗期株高定型。

剑叶节距地面的高度占定型株高的 1/2 以内，是高产长相。

8. 结实期诊断与管理技术

结实期生育进程：生育晚限 11 叶品种 7 月 20 日左右（12 叶品种 7 月 25 日）进入始穗期。11 叶品种 7 月 24 日左右（12 叶品种 7 月 29 日）进入抽穗期。11 叶品种 7 月 28 日前（12 叶品种 8 月 2 日前）进入齐穗期。开花授粉后 7~9 天子房纵向伸长，12~15 天长足宽度，20~25 天厚度定型，籽粒鲜重在抽穗后 25 天达最大，35 天左右干重基本定型。从抽穗到最终成熟需 40~50 天，需活动积温 900~1000℃。

结实期栽培管理目标：养根、保叶、防早衰，保持结实期旺盛的物质生产和

运输能力，保证灌浆结实过程有充足的物质供应，确保安全成熟，提高稻谷品质和产量。

1）结实期的灌溉

主要是养根保叶。乳熟期要间歇灌溉，即灌 3～5cm 浅水，自然落干至地表无水再行补水，如此反复；蜡熟期间歇灌溉，灌 3～5cm 浅水自然落干，脚窝无水再行补水，如此反复；直至蜡熟末期停灌，黄熟初期排干。抽穗后 30 天以内，不可停灌，防止撤水逼熟。

2）结实期施肥

叶色正常的情况下不需施肥。剑叶明显褪淡、脱肥严重处，抽穗期补施粒肥，用量不超过全生育期施氮量的 10%；若脱肥不严重，于齐穗后一周内施用即可。但在优质米生产中要慎用粒肥。

3）结实期的植保

防治穗颈瘟、枝梗瘟、粒瘟及其他穗粒部病害，与喷施叶面肥、水稻促早熟技术相结合进行。

4）结实期的诊断

始穗到齐穗经 8 天左右，如遇低温天气，抽穗速度变慢，齐穗期拖后。

开花期需要较高的温度和充足的光照，此时如遇低温、连续阴雨，将增加空粒率。

灌浆结实过程，以日平均温度 20℃ 以上为好。温度低，灌浆速度变慢。日平均气温降至 15℃ 以下，植株物质生产能力停止，这是水稻安全成熟的界限期。日平均气温降至 13℃ 以下，光合产物停止运转，灌浆随之停止，这是水稻成熟的晚限。

结实期叶长与叶态都已定型，正常的叶色为绿而不浓。抽穗期主茎绿叶数不少于 4 片，功能叶为剑叶。

各叶对产量的贡献度：剑叶为 52%、倒 2 叶为 22%、倒 3 叶为 7.7%、倒 4 叶为 17.7%。因此要防止叶片衰老，保持活叶成熟。

若长期淹水、过早停灌，或严重脱肥，叶片衰老速度加快，将导致物质生产不足，秕粒增多，千粒重降低，减产降质。

若后期施氮过多，叶色过浓，则光合产物向籽粒的分配减少，灌浆速度减慢，秕粒增多，千粒重降低，稻米蛋白质含量提高，食味下降。

5）结实期生育异常的调控措施

因抽穗晚、抽穗后低温寡照、抽穗期叶色过浓而出现灌浆延迟或贪青晚熟危险时，应叶面喷施磷酸二氢钾等促早熟，必要时实施化学调控剂促熟，同时注意提高水温、地温。

9. 收获阶段：收获、脱谷、干燥、贮藏

（1）水稻成熟适期收割的标准：95% 以上的粒颖壳变黄，2/3 以上穗轴变黄，95% 小穗轴和副护颖变黄，即黄化完熟率达 95% 为收割适期。

（2）收割后捆、码或放铺晾晒，水分降到 16% 以内，经过脱谷晾晒使水分达到 14.5% 的标准。用烘干机干燥，每小时降低一个水分，温度控制在 45℃ 以内，以免品质降低。整个晾晒过程，防止湿、干反复而增加裂纹米率。

（3）按品种分别脱谷，换品种时必须清扫场地及机具，防止异品种混杂，降低产品等级。脱谷机转数每分钟控制在 500r 以内，谷外糙不得超过 2%。

（4）粮食入库贮藏，最晚在结冻前完成，防止冰冻、雪捂而降低品质。

（5）水稻种子要割在霜前、脱在雪前、藏在冻前，水分降到 14.5% 的标准。

第12章　水稻植质钵育机械化栽培技术综合应用及效益分析

本章将以日本塑料钵育秧盘和常规平育纸盘为参考对象，研究水稻植质钵育秧盘对水稻秧苗素质和产量构成等方面的影响，并对其生产成本和效益进行综合比较分析（袁钊和等，1998），以期为水稻植质钵育机械化栽培技术大面积推广提供理论与技术依据。

12.1　材料与方法

12.1.1　材料

水稻植质钵育秧盘，以稻草粉为原料压制，共406穴；日本钵育秧盘和平育纸盘，为市售产品；试验用种为垦鉴稻10等，该品种由黑龙江八一农垦大学水稻中心提供。

12.1.2　方法

试验于2008年在黑龙江省大庆市杜尔伯特县江湾乡试验点进行，试验设水稻植质钵育秧盘（CK）、日本塑料钵盘（CK1）和平育纸盘（CK2）3个处理，随机区组排列，每小组大棚试验面积120m²，试验用种经过脱芒、盐水选种、消毒、催芽4个过程，于2008年4月22日进行播种；2008年6月20日和7月10日分别选取10株长势平衡的植株测定秧苗素质，取平均值；2008年9月27日收获，收获时分小区采收，计算实收产量（程泽强等，1999）。

12.2　结果与分析

12.2.1　不同育秧载体育苗期秧苗素质

将3种育秧盘在插秧前同时期（2008年5月27日）内取样（100株）进行秧苗素质考察（王吉祥，2000），主要测定株高、叶色、叶龄、分蘖数、根数、根长、茎基宽、充实度和百株鲜（干）重，秧苗素质性能比较结果如表12-1所示，分析如下。

表 12-1　不同育秧载体的秧苗素质调查表

Table 12-1　The questionnaire of different raising-seedling carrier on rice-seedling qualities

处理	品种	株高 /cm	叶色	叶龄/ 叶	分蘖/ (个/株)	根数/ (条/株)	根长 /cm	茎基宽 /cm	充实度/ (g/cm)	百株鲜重/g		百株干重/g	
										地上	地下	地上	地下
植质钵 育秧盘 （CK）	垦鉴 稻10	15.24	绿	4.3	0.37	19.2	4.62	3.52	0.36	19.78	14.12	5.51	3.14
日本塑 料钵盘 （CK1）	垦鉴 稻10	14.12	绿	4.1	0	18.2	4.12	3.32	0.29	18.65	13.21	4.12	3.01
常规平 育纸盘 （CK2）	垦鉴 稻10	13.85	绿	3.9	0	9.2	3.98	2.35	0.27	15.76	9.78	3.79	2.45

　　由表 12-1 的可知，CK、CK1 的秧苗素质均好于 CK2，而 CK 的秧苗素质又均好于 CK1。其中 CK 株高比 CK1 育苗高出 1.12cm，比 CK2 苗高出 1.39cm；叶色基本一致，都是绿色，色差不明显；育苗叶龄比 CK1 增加 0.2 叶，比 CK2 增加 0.4 叶；育苗最佳性状是每株带有 0.37 个分蘖数；根数比 CK1 每株平均多 1 条，比 CK2 每株平均多 10 条；根长比 CK1 长出 0.5cm，比 CK2 长出 0.64cm；茎基宽比 CK1 增加 0.2cm，比 CK2 增加 1.17cm；充实度比 CK1 增加 0.07g/cm，比 CK2 增加 0.09g/cm；地上、地下鲜重比 CK1 重 1.13g 和 0.91g，比 CK2 重 4.02g 和 4.34g；地上、地下干重比 CK1 重 1.39g 和 0.13g，比 CK2 重 1.52g 和 0.69g。

　　由图 12-1 的秧苗素质比较中可以看出，水稻植质钵育秧盘育出的水稻幼苗素质明显好于对照 CK1 和 CK2，壮秧性状更加明显，秧苗可带蘖移栽，根系发达，抗倒伏能力强，叶龄大，干重大，这些性状说明水稻植质钵育秧盘具有培育壮苗的优势。

12.2.2　不同育秧载体本田管理期水稻苗素质

　　本研究分别在移栽大田后两个不同时期（6 月 20 日和 7 月 10 日）考察稻苗素质变化，在每个育秧盘的试验区域内取 10 穴稻苗，主要考察叶龄、株高及分蘖数（王小宁，1998），结果如表 12-2 所示。

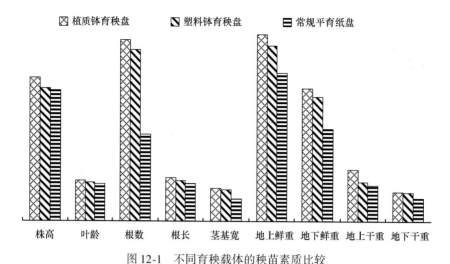

图 12-1   不同育秧载体的秧苗素质比较

Fig. 12-1   The comparison of raising-seedling carrier on rice-seedling qualities

表 12-2   不同育秧载体水稻本田秧苗素质调查表

Table 12-2   The questionnaire of different raising-seedling carrier on
rice-seedling qualities in paddy field

处理	6 月 20 日			7 月 10 日		
	叶龄/叶	株高/cm	分蘖/（个/株）	叶龄/叶	株高/cm	分蘖/（个/株）
植质钵育秧盘（CK）	7.7	43.5	20	10.9	78	22
塑料钵盘（CK1）	7.3	38.2	15	10.5	77	19
常规平育纸盘（CK2）	7.1	35.8	11	10.3	76	17

从表 12-2 中的数据对比来看，两个不同考察期内的秧苗素质比较中，CK 的叶龄、株高和分蘖数都优于 CK1 和 CK2，CK1 次之，CK2 的秧苗素质相对较差。在 6 月 20 日，CK 的叶龄比 CK1 多出 0.4 叶，比 CK2 多出 0.6 叶；株高比 CK1 高出 5.3cm，比 CK2 高出 7.7cm；分蘖比 CK1 每株多出 5 个，比 CK2 每株多出 9 个。在 7 月 10 日，CK 的叶龄比 CK1 多出 0.4 叶，比 CK2 多出 0.6 叶；株高比 CK1 高出 1cm，基本接近，比 CK2 高出 2cm；分蘖比 CK1 每株多出 3 个，比 CK2 每株多出 5 个。

从图 12-2 中可以看出，两个不同时期考察的稻苗素质均有不同，CK 移栽后的稻苗叶龄大于 CK1 和 CK2 的稻苗；6 月 20 日的 CK 稻苗株高比 CK1 和 CK2 都高，但在 7 月 10 日考察后，3 种育秧盘的稻苗株高基本接近，CK 的稻苗株高略高些；CK 由于移栽前就带蘖移栽，所以后期分蘖也明显多于其他两种育秧盘苗，随着生长期的推进，分蘖数也增加。通过上述比较及插秧后连续几天的实际观察记录，CK 苗移栽后，具有不伤根、不断根、无缓苗期、无植伤、分蘖早等特点，这些特点促使稻苗吸水吸肥能力强，稻苗素质高，前期生长旺盛为水稻的高产和高品质奠定了生长基础。在考察稻苗时发现，植质钵盘随秧苗插入大田后，随着水稻的生长逐渐降解消失，移栽初期可以在稻苗的根部找到部分秧盘的残体，但到后期在稻苗根部基本无法找到秧盘钵体，说明秧盘已经完全降解到土壤中，在稻苗的附近形成肥料促使水稻苗生长（陈万胜，2001）。

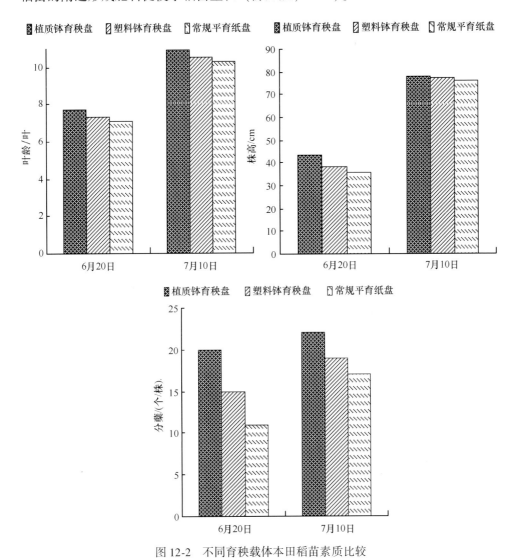

图 12-2　不同育秧载体本田稻苗素质比较

Fig. 12-2　The comparison of different raising-seedling carrier on rice-seedling qualities in paddy field

12.2.3　收获期的生育性状及产量

通过对收获期水稻生育性状的调查并在室内考苗，随机取 10 穴，主要考察测量株高、穗粒数、穗数、结实率和千粒重，根据各调查值可以得出 3 种育秧盘的水稻理论产量，在单独试验区域进行产量单测得出实际产量，试验结果如表 12-3 所示。

表 12-3　不同育苗载体的水稻性状及产量调查表
Table 12-3　The questionnaire of different raising-seedling carriers on rice properties and yield

处理	株高 /cm	穗粒数 /粒	穗数 /穗	结实率 /%	千粒重 /g	理论产量 /（kg/hm²）	实际产量 /（kg/hm²）	增产 /%
植质钵盘（CK）	92.4	79.1	608.5	88.23	25.5	10 829.13	10 245.12	
塑料钵盘（CK1）	88.7	78.7	603.6	86.12	24.3	9 941.09	9 264.36	10.59
常规平育纸盘（CK2）	83.5	77.6	600.7	82.71	24.1	9 291.68	9 023.14	13.54 *

　* 为 CK 相对于 CK2 的增产

从表 12-3 中可以看出，CK 的稻苗株高比 CK1 高出 3.7cm，比 CK2 高出 8.9cm；穗粒数比 CK1 平均每穗多出 0.4 粒，比 CK2 平均每穗多出 1.5 粒；穗数平均每平方米比 CK1 多出 4.9 穗，比 CK2 多出 7.8 穗；结实率比 CK1 多出 2.11%，比 CK2 多出 5.52%；千粒重平均比 CK1 重 1.2g，比 CK2 重 1.4g。上述结果表明，水稻植质钵育秧盘稻苗较其他两种育苗盘的性状都较高，说明水稻植质钵育秧盘的稻苗素质明显高于其他两种育秧盘，成穗率高，稻米千粒重也高。而塑料钵盘 CK1 的稻苗素质又普遍高于常规平育纸盘 CK2 的稻苗素质，说明钵育栽植技术本身就比常规平育苗素质高，稻苗的素质直接影响水稻产量，素质越高产量也越高。从表 12-3 中可以更直观地看出 3 种育秧盘的水稻产量差异性，CK 产量居首位，比 CK1 增产 10.59%，比 CK2 增产 13.54%，增产明显；而 CK1 比 CK2 增产 2.67%，也有增产效果，这一现象说明钵育栽植对水稻产量的影响比较显著。虽然同样都是钵育秧盘，但水稻植质钵育秧盘的水稻增产效果更明显些，说明水稻植质钵育秧盘育出的秧苗素质更高。

12.2.4　生产成本、产出和效益分析

对不同育苗方式的水稻的生产投入、产出和效益进行分析（金京德和张三元，2000），结果见表 12-4。水稻植质钵育秧盘应用于水稻育苗移栽后，水稻产量显著增加，按 2008 年市场价格计算，水稻产出比日本塑料育苗钵和平育秧盘分别高 2730 元/hm² 和 4095/hm² 元。以总投入而言，水稻植质钵育秧盘比日本塑料育苗钵节省 232 元，比平育秧盘高 10.8 元。综合比较净收益，水稻植质钵育秧盘育苗移栽后，水稻分别比日本塑料育苗钵和平育秧盘高 231 元/hm² 和 252 元/hm²。进一步分析投入成本构成发现，育苗移栽播种量少，种子用量仅为平育秧盘的 1/3，但需要增加水稻植质钵育秧盘及相关材料成本，水稻植质钵育秧盘和日本塑料育苗钵材料费分别比平育秧盘增加 242.8 元和 10.8 元，同时温

室管理及移栽需要较多劳动力投入，导致平均劳动成本分别增加 762 元/hm² 和 1185 元/hm²。

表 12-4　不同育苗移栽方式对水稻生产投入、产出和净收益的影响

Table 12-4　Effect of different transplanting models on the input, output and net revenue in rice production

育苗方式	产值/（元/hm²）	投入合计/（元/hm²）	净收益/（元/hm²）
植质钵育秧盘（CK）	19 656	13 470	6 186
日本塑料钵盘（CK1）	17 574	14 853	2 721
常规平育纸盘（CK2）	16 993.5	14 587.5	2 407.5

注：2008 年大庆市水稻平均价格为 1.82 元/kg，日本塑料钵盘 18 元/个（使用 3 年），水稻植质钵育秧盘 0.3 元/个，平育秧盘 0.09 元/个（使用 3 年），按 600 个/hm² 计算

12.3　讨论

12.3.1　不同育秧载体育苗期秧苗素质

由 12.2.1 节可知，在同样的育苗环境下，水稻植质钵育秧盘育出的水稻秧苗素质明显好于日本塑料钵育秧盘和平育纸盘，壮秧性状更加明显，秧苗带蘗移栽，根系发达，抗倒伏能力强，叶龄大，干重大。其主要原因是：①在育秧期内，同等条件下浇水，水稻植质钵育秧盘浸透水后，较日本塑料钵育秧盘和常规平育纸盘保水能力强，同时保肥能力也比日本塑料钵盘和常规平育纸盘有明显优势（杨明金等，2003）。②水稻植质钵育秧盘采取"稀植"，从试验用种量就能得知。稀植的好处在于，在育苗期苗间空气通透性更强，阳光采集更充分，这都有利于秧苗的生长，更有利于培育壮苗。

12.3.2　不同育秧载体本田管理期水稻苗素质

同期水稻植质钵育秧盘大田移栽后水稻秧苗素质明显好于日本塑料钵育秧盘和常规平育纸盘。其主要原因是：①由于日本塑料钵脱壳时和常规平育纸盘移栽时易造成根际土壤散落，根系易受伤害，而水稻植质钵育秧盘移栽时不需要脱壳，对根系伤害相对较少；②水稻植质钵育秧盘具有良好的持水性和透气性，使秧苗移栽到大田后仍处于一个相对稳定的微环境中，这种环境与育苗期的环境类似，所以无缓苗期，这也使得水稻植质钵育秧盘苗较其他盘苗而言，生长期增加，从而同期秧苗素质优于其他秧苗。

12.3.3　收获期的生育性状及产量

收获期，植质钵育苗较其他两种育苗盘的性状要好；而日本塑料钵盘的稻苗

素质又普遍高于平育纸盘的稻苗素质，说明钵育栽植技术本身就比常规平育苗素质高。稻苗的素质直接影响水稻产量，素质越高产量也越高。从图12-3中可以更直观地看出3种育秧盘的水稻产量差异性，水稻植质钵育秧盘的产量居首位，比日本塑料钵盘增产10.59%，比平育纸盘增产13.54%，增产明显。而日本塑料钵盘比平育纸盘增产2.67%。由此可见，育苗移栽产量提高主要是前期秧苗素质提高的结果，而水稻植质钵育秧盘的产量高于日本塑料钵盘的原因更多的是分蘖数增加的贡献。

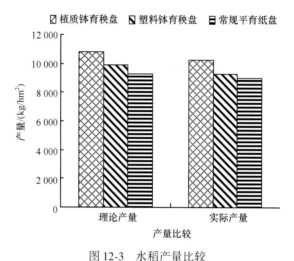

图 12-3　水稻产量比较

Fig. 12-3　The comparison of rice yield

12.3.4　生产成本、产出和效益分析

与玉米、小麦等普通大田作物相比，水稻栽培是一项高投入、高产出、劳动密集型的工作。本研究结果表明，植质钵育苗移栽后，水稻净收益分别比日本塑料钵盘和平育纸盘高3465元/hm²和3780元/hm²，单位面积产出显著高于日本塑料钵苗和平育纸盘，总投入也相应较小。投入成本中，育苗移栽由于采用精量播种，种子用量少，成本低。由此可见，水稻植质钵育秧盘育苗移栽纯收益高主要得益于产量增加显著、种子用量有效减少、水稻植质钵育秧盘成本占投入的比例相对较小及劳动成本相对低廉等因素。

12.4　小结

（1）采用水稻植质钵育秧盘进行水稻育苗，可显著提高幼苗素质。秧苗可带蘖移栽，根系发达，抗倒伏能力强，叶龄大，干重大，这些性状说明水稻植质钵育秧盘具有培育壮苗的优势。

（2）在本田管理期和收获期，水稻植质钵育秧盘苗的素质明显高于其他秧盘苗；产量上，水稻植质钵育秧盘的产量比日本塑料钵盘增产 10.59%，比平育纸盘增产 13.54%。

（3）水稻植质钵育苗移栽后，水稻净收益分别比日本塑料钵盘和平育纸盘高 3465 元/ hm² 和 3780 元/ hm²，单位面积产出显著高于日本塑料钵苗和平育纸盘。水稻植质钵育秧盘育苗移栽纯收益高主要得益于产量增加显著、种子用量有效减少、水稻植质钵育秧盘成本占投入的比例相对较小及劳动成本相对低廉等因素。

参 考 文 献

陈万胜.2001.浅谈水稻直播栽培的三大难点及对策.中国稻米，(1)：33-34.

程泽强，唐保军，尹海庆，等.1999.水稻塑料软盘旱育壮秧培育技术.农业科技通讯，(11)：9-10.

金京德，张三元.2000.浅谈日本水稻生产概况及吉林省水稻生产发展方向.吉林农业科学，25 (5)：18-22.

王吉祥.2000.水稻塑料软盘稀植旱育秧技术.山东农机，(2)：8-9.

王小宁.1998.日本的水稻生产及对我们的启示.科技与经济，(5)：30-32.

袁钊和，陈巧敏，杨新春.1998.论我国水稻抛秧、插秧、直播机械化技术的发展.农业机械学报，9 (3)：181-183.

Yang M J，Yang L，Li Q D，et al. 2003. Agricultural mechanization system of rice production of Japan and proposal for China. Transaction of the CSAE，19 (5)：77-82.